Transmission Control Protocol／Internet Protocol

TCP/IP

ネットワーク

[改訂第5版]

ステップアップ ラーニング

三輪賢一［著］

技術評論社

ご注意：ご購入・ご利用の前に必ずお読みください

- Microsoft、Windowsは米国Microsoft Corporationの米国およびその他の国における登録商標または商標です。

- UNIXは、The Open Groupの米国ならびにその他の国における登録商標です。

- その他、本文中に記載されている会社名、製品名は、すべて関係各社の商標または登録商標、商品名です。なお、本文中には™マーク、®マークは記載しておりません。

- 本書に記載された内容は、情報の提供のみを目的としています。したがって、本書を参考にした運用は必ずご自身の責任と判断において行ってください。本書記載の情報に基づいた結果、万が一障害が発生した場合でも、弊社および著者は一切の責任を負いません。

- 本書に記載されている情報は、特に断りの無い限り、2025年3月時点での情報に基づいています。ご利用時には変更されている場合がありますので、ご注意ください。

- 本書は著作権法上の保護を受けています。本書の一部あるいは全部について、いかなる方法においても無断で複写、複製などを行うことは禁じられています。

はじめに

　朝、ニュースアプリで最新情報を得て、通勤時にストリーミングサービスで音楽を聴き、ランチはグルメサイトで評判のお店を探し、仕事ではクラウドツールでチームと連携し、夜は動画配信サービスで映画を楽しむ。インターネットという目に見えないネットワークを通じて、世界と繋がり、豊かな生活を送っています。

　振り返るとインターネット黎明期、技術者たちはRFCやTCP/IP解説書を頼りに、シリアルコンソールを接続してルーターを設定し、プロトコルアナライザーを起動してパケットを解析し、時にはLANケーブルを自作し、ネットワーク機器をラックマウントする日々でした。しかしクラウド化により、TCP/IPは少々縁遠い言葉になりました。

　それでも、生成AIが膨大なデータをやり取りする裏側では、TCP/IPは今もなお、情報社会を支える基盤技術として生きています。現代のエンジニアがクラウド、仮想化、コンテナを駆使しても、その根底にあるのは、TCP/IPという技術です。AWSやAzureなどのクラウドネットワークサービスも、TCP/IPの知識なしには理解できません。

　本書「TCP/IPネットワーク　ステップアップラーニング」の執筆は、2002年に始まりました。当時、ADSLが普及し始めたものの、インターネットの普及率はまだ50%以下。しかしその後、インターネットは飛躍的な進化を遂げ、今回2017年発行の改訂4版に続き改訂第5版を執筆しました。

　本書はTCP/IP技術を中心に、インターネットの仕組みを自習形式で学べるよう構成されています。イーサネット、無線LAN、IPアドレス、TCPコネクション、ルーティング、アプリケーションなどを、図や具体例を豊富に取り入れ、初めて学ぶ人にもわかりやすく説明しました。各章の確認問題と練習問題を解くことで、本書で学習するポイントを確実に習得できます。

　改訂第5版ではクラウド関連技術や、ゼロトラストアーキテクチャなどの新しいネットワークセキュリティ概念も追加しました。

　インターネットで使われる技術は広範であり、本書だけですべてを網羅することはできません。幸いにもインターネット上には膨大な量の情報が公開されています。さらに知りたい情報があれば、Web検索で調べたり、生成AIに聞いてみるとよいでしょう。

　本書の内容は2025年3月現在のものです。ネットワーク技術の進歩は早く、新たに策定されるネットワーク規格も多くあります。最新の情報についてもインターネットを通して確認してみてください。ネットワーク技術に初めて触れる人はもちろん、IT、ソフトウェア、クラウド、開発に携わるエンジニアの皆様や、ネットワーク関連の資格取得を目指している方々にも、本書を教科書や参考書として利用していただければ幸いです。

　本書の完成は、技術評論社の皆様の長年にわたるご支援の賜物です。書籍執筆の機会を与えてくださったこと、そして20年以上にわたる改訂作業を支えてくださった春原氏に、改めて感謝の意を表します。

2025年3月

三輪　賢一

本書の使い方

本書は、TCP/IPを理解する上で必要不可欠な知識を図を交えてわかりやすく解説しています。本書の読み方／使い方は次の通りです。

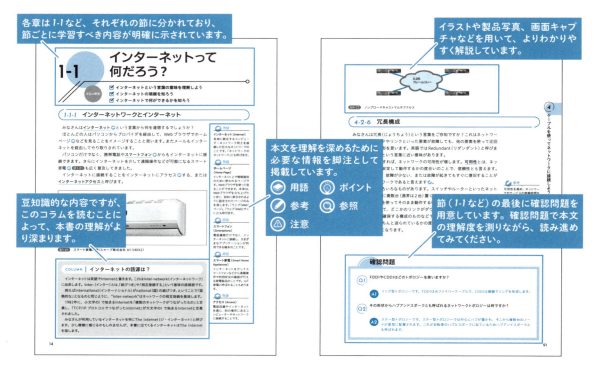

各章末にある練習問題です。その章で学んだ知識がすぐに復習できるようになっています。別冊として練習問題の解答／解説集を用意しています。詳しい解説を読みながら、答え合わせをしていきましょう。

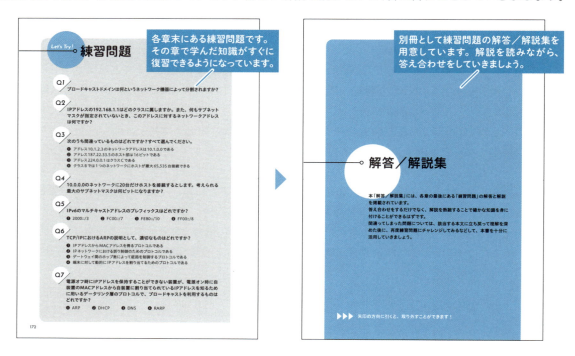

目 次

はじめに ………………………………………………………………………… 3

本書の使い方 …………………………………………………………………… 4

PART 1 インターネットの世界へようこそ！

1-1 インターネットって何だろう？ ………………………………… 14

1-1-1 インターネットワークとインターネット ……………………… 14

1-1-2 世界規模の"雲"の集まりがインターネット ………………… 15

1-1-3 インターネットの大きさはどのくらい？ …………………… 15

1-1-4 インターネットって何ができるの？ ………………………… 17

確認問題 ……………………………………………………………… 19

1-2 インターネットの成り立ち ………………………………………… 20

1-2-1 最初4台のコンピューターから始まった …………………… 20

1-2-2 アメリカを越えたインターネット …………………………… 20

1-2-3 イーサネットの発明 …………………………………………… 21

1-2-4 TCPの発明 ……………………………………………………… 22

1-2-5 UNIXとUUCP …………………………………………………… 23

1-2-6 ARPANET以外のネットワーク ……………………………… 24

1-2-7 ドメイン名の歴史 ……………………………………………… 26

1-2-8 WWWの登場 …………………………………………………… 27

1-2-9 Webブラウザの登場 …………………………………………… 27

確認問題 ……………………………………………………………… 29

練習問題 ………………………………………………………………… 30

PART 2 ネットワークの基本を学ぼう

2-1 パソコンとネットワーク ………………………………………… 32

2-1-1 リンクで結ぶ ………………………………………………… 32

2-1-2 無線の場合 …………………………………………………… 33

2-1-3 有線の場合 …………………………………………………… 34

確認問題 ……………………………………………………………… 35

2-2 パソコンについて詳しく学ぼう ……………………………… 36

2-2-1 コンピューターの頭脳「CPU」 ……………………………… 36

5

目 次

2-2-2	作業机にあたるメモリ	38
2-2-3	道具箱にあたるHDD/SSD	39
2-2-4	ネットワークコントローラー	40
	確認問題	40

2-3 2進数を学ぼう ⋯⋯ 41

2-3-1	0と1の世界	41
2-3-2	ビットとバイト	42
2-3-3	2進数を計算してみよう	43
2-3-4	16進数を学ぼう	45
	確認問題	47

2-4 "とびら"の住所 ⋯⋯ 48

2-4-1	MACアドレスを知ろう	48
2-4-2	ベンダコード+製品番号=MACアドレス	48
	確認問題	49

練習問題 ⋯⋯ 50

PART 3

プロトコルって何だろう？

3-1 TCP/IPはインターネットの核 ⋯⋯ 52

3-1-1	プロトコルはネットワークの約束ごと	52
3-1-2	どうやってプロトコルができるのだろう？	53
3-1-3	RFCって何だろう？	54
3-1-4	インターネットの標準化団体	55
3-1-5	他にどんな標準化団体があるのだろう？	56
	確認問題	57

3-2 OSI参照モデルを学ぼう ⋯⋯ 58

3-2-1	なぜ階層型モデルが必要なのだろう？	58
3-2-2	OSI参照モデルをマスターしよう	59
3-2-3	物理層 (Physical Layer)	61
3-2-4	データリンク層 (Data Link Layer)	62
3-2-5	ネットワーク層 (Network Layer)	63
3-2-6	トランスポート層 (Transportation Layer)	63
3-2-7	セッション層 (Session Layer)	63
3-2-8	プレゼンテーション層 (Presentation Layer)	64
3-2-9	アプリケーション層 (Application Layer)	65
	確認問題	67

3-3 インターネットのプロトコル構造 ⋯⋯ 68

Contents

	確認問題	68

3-4 階層別ネットワーク機器 69

3-4-1	リピーター (Repeater)	69
3-4-2	ブリッジ (Bridge)	70
3-4-3	ルーター (Router)	72
3-4-4	ゲートウェイ (Gateway)	73
	確認問題	73

練習問題 74

PART 4 ケーブルを使ってネットワークに接続しよう

4-1 どんな種類のケーブルがある？ 76

4-1-1	ツイストペアケーブル (Twisted Pair Cable)	76
4-1-2	同軸ケーブル (Coaxial Cable)	82
4-1-3	光ファイバーケーブル (Fiber Cable)	82
	確認問題	85

4-2 ネットワークのいろいろな形態 (トポロジー) ... 86

4-2-1	バス型トポロジー	86
4-2-2	スター型トポロジー (ハブアンドスポーク)	87
4-2-3	リング型トポロジー	88
4-2-4	メッシュ型トポロジー	89
4-2-5	その他のトポロジー	89
4-2-6	冗長構成	91
	確認問題	91

4-3 LANって何だろう？ 92

4-3-1	CSMA/CDとは？	92
4-3-2	どんなデータが流れているのだろう？	95
4-3-3	セグメント内のデータの流れを見てみよう	97
4-3-4	ブロードキャストとマルチキャスト	99
	確認問題	100

4-4 LANの規格を学ぼう 101

4-3-1	IEEE 802.3はイーサネットの規格	101
4-4-2	「1000BASE-T」ってどんな意味？	102
4-4-3	10Mbpsイーサネット	103
4-4-4	ファストイーサネット	104
4-4-5	ギガビットイーサネット	105
4-4-6	10ギガビットイーサネット	107

7

目 次

4-4-7	その他のイーサネット規格	108
4-4-8	トランシーバー（Transceiver）	108
	確認問題	109

練習問題 110

PART 5

無線を使ってネットワークに接続しよう

5-1 無線LANって何だろう？ 112
5-1-1 2つの無線LAN通信モード 113
5-1-2 CSMA/CAとは？ 114
5-1-3 無線LANの規格 115
5-1-4 Wi-Fiとは？ 118
確認問題 119

5-2 無線LANアクセスポイントへはどのように接続される？ 120
5-2-1 アソシエーションとは？ 120
確認問題 121

5-3 無線LANはどの範囲で使える？ 122
5-3-1 無線LANの最大通信速度 122
5-3-2 無線LANのチャネル 123
5-3-3 アクセスポイントの最大通信範囲 125
確認問題 126

5-4 無線LANは盗聴される？ 127
5-4-1 アクセスポイントにおけるアクセス制御 127
5-4-2 アクセスポイントにおけるユーザー認証 129
5-4-3 無線LAN通信の暗号化 130
確認問題 133

練習問題 134

PART 6

インターネットプロトコルとIPアドレスを学ぼう

6-1 IPはネットワークを越えた通信 136
6-1-1 ネットワークを細かく分割する？ 136
6-1-2 ブロードキャストの流れる範囲 137
6-1-3 OSI参照モデルで見てみよう 140

Contents

| 6-1-4 | IPv4とIPv6 | 141 |
| | 確認問題 | 141 |

6-2 IPv4アドレスを理解しよう　142

6-2-1	IPアドレスを学ぼう	142
6-2-2	IPv4における3種類のネットワーク	144
6-2-3	ネットワークアドレスとブロードキャストアドレス	148
6-2-4	サブネットマスクって何だろう？	149
	確認問題	151

6-3 IPv6アドレスを理解しよう　153

6-3-1	IPv6アドレスを学ぼう	153
6-3-2	IPv6アドレスの種類	153
6-3-3	IPv6のプライベートアドレスとグローバルアドレス	154
6-3-4	IPv6アドレスはどのように生成されるのだろう？	156
	確認問題	157

6-4 IPにおけるデータの流れとは？　158

6-4-1	各層ごとのデータの形	158
6-4-2	IPヘッダーを見てみよう	160
	確認問題	164

6-5 どのとびらからデータを流そう？　165

6-5-1	データがカプセル化される流れ	165
6-5-2	ARP (Address Resolution Protocol)	166
6-5-3	RARP (Reverse Address Resolution Protocol)	168
6-5-4	DHCP (Dynamic Host Configuration Protocol)	169
	確認問題	171

練習問題　172

PART 7 TCP・UDPって何だろう？

7-1 TCPとUDPの違い　174

7-1-1	トランスポート層の働き	174
7-1-2	使い道が異なるTCPとUDP	175
7-1-3	コネクション型とコネクションレス型	176
	確認問題	177

7-2 TCPの役割　178

| 7-2-1 | TCPは信頼できる通信 | 178 |
| 7-2-2 | TCPではどんなデータが流れるのだろう？ | 178 |

9

目次

| 7-2-3 | TCPヘッダーを見てみよう | 180 |
| | **確認問題** | 182 |

7-3 TCPポートって何だろう？ 183

7-3-1	アプリケーションの識別子	183
7-3-2	ウェルノウンポート番号	183
	確認問題	184

7-4 TCPはどのように信頼性を確保するのだろう？ 185

7-4-1	コネクションの確立と終了	185
7-4-2	シーケンス番号を使ったデータ転送	187
7-4-3	ウィンドウ制御	190
7-4-4	輻輳制御	192
	確認問題	194

7-5 リアルタイム通信に適したUDP 195

7-5-1	何もしないUDP	195
7-5-2	UDPではどんなデータが流れるのだろう？	195
	確認問題	197

練習問題 198

PART 8 ルーティングって何だろう？

8-1 データにも"道順"がある 200

8-1-1	地下鉄で目的地まで移動するとき	200
8-1-2	ルートとルーティング	201
8-1-3	人間が地下鉄で移動する場合	202
8-1-4	インターネット上でパケットが移動する場合	202
	確認問題	203

8-2 道順を決めよう 204

8-2-1	ルーティングテーブルとは？	204
8-2-2	ルーティングテーブルの要素	205
8-2-3	道順がわからないときは？	208
	確認問題	209

8-3 道順を決めるのはルーター 210

8-3-1	ルーターの役割	210
8-3-2	ルーティングテーブルはどう作られる？	210
8-3-3	スタティックルーティングとは？	211
8-3-4	ダイナミックルーティングとは？	212
	確認問題	213

Contents

8-4	**ルーティングプロトコルを学ぼう**	214
8-4-1	ルーティングプロトコルとは？	214
8-4-2	ルーティングプロトコルの種類	215
8-4-3	ディスタンスベクタ型でのルーティング	217
8-4-4	ディスタンスベクタ型の問題とその対策	218
8-4-5	リンクステート型でのルーティング	221
8-4-6	スタティックルートの設定例	222
	確認問題	223
練習問題		224

PART 9 インターネット上で何ができる？

9-1	**サーバーについて理解しよう**	226
9-1-1	サーバーの役割と種類	226
9-1-2	オンプレミスでのサーバー構築時の注意点	229
9-1-3	サーバーの仮想化	230
9-1-4	コンテナ型仮想化	231
9-1-5	サーバーレスアーキテクチャ	232
	確認問題	233
9-2	**ホームページはどうして表示される？**	234
9-2-1	ホームページを見る仕組み	234
9-2-2	HTMLって何だろう？	235
9-2-3	HTTP/HTTPS = ポート番号 80/443	237
9-2-4	ホームページはどうやって表示される？	237
	確認問題	240
9-3	**URLって何だろう？**	241
9-3-1	"http://www.……"の意味	241
9-3-2	ドメイン名って何だろう？	243
	確認問題	245
9-4	**送ったメールはどうやって処理される？**	246
9-4-1	メールアドレスを学ぼう	246
9-4-2	メールはどうやって送信される？	246
9-4-3	パソコンでメールを受信しよう	248
9-4-4	添付ファイルはどんな形で送られる？	250
	確認問題	251

目 次

9-5 クラウドコンピューティングとは？ ······ 252
9-5-1 クラウドの分類 ······ 252
9-5-2 クラウドの利用形態 ······ 254
9-5-3 クラウドで利用されるさまざまな仮想化 ······ 255
　　　確認問題 ······ 259

練習問題 ······ 260

PART 10 ネットワークセキュリティを理解しよう

10-1 情報セキュリティって何だろう？ ······ 262
10-1-1 情報セキュリティの三大基本理念 ······ 262
10-1-2 セキュリティ脅威の種類 ······ 263
10-1-3 人的なセキュリティ脅威とは？ ······ 265
10-1-4 コンピューターウイルスって何だろう？ ······ 269
　　　確認問題 ······ 271

10-2 ネットワークでセキュリティ対策を行おう ······ 272
10-2-1 ウイルスから防御しよう ······ 272
10-2-2 VPN ······ 273
10-2-3 ファイアウォール ······ 276
10-2-4 IDS/IPS ······ 281
10-2-5 URLフィルタリング ······ 282
10-2-6 DLP ······ 283
　　　確認問題 ······ 284

10-3 境界型セキュリティモデルとゼロトラストモデル ······ 285
10-3-1 境界型セキュリティモデル ······ 285
10-3-2 ゼロトラストモデル ······ 287
10-3-3 サイバー攻撃対策のフレームワーク ······ 290
　　　確認問題 ······ 291

練習問題 ······ 292

索引 ······ 293

PART 1

インターネットの世界へ
ようこそ！

ようこそ、インターネットの世界へ。
この Part ではインターネットの現在とその歴史を紹介します。
みなさんはインターネットを使って何かを行ってみた経験はありますか？
インターネットでどのようなことができるのでしょうか？
どのようにしてインターネットはできたのでしょうか？
ここではそのような疑問をひもといていきましょう。

1-1 インターネットって何だろう？
1-2 インターネットの成り立ち

1-1 インターネットって何だろう？

学習の概要
- ☑ インターネットという言葉の意味を理解しよう
- ☑ インターネットの規模を知ろう
- ☑ インターネットで何ができるかを知ろう

1-1-1 インターネットワークとインターネット

みなさんは**インターネット**🔵という言葉から何を連想するでしょうか？

ほとんどの人はパソコンからプロバイダーを経由して、Webブラウザでホームページ🔵などを見ることをイメージすることと思います。またメールもインターネットを経由してやり取りされています。

パソコンだけでなく、携帯電話や**スマートフォン**🔵からもインターネットに接続できます。さらにインターネットを介して遠隔操作などが可能になるスマート家電🔵 図1-01 も広く普及してきました。

インターネットに接続することをインターネットにアクセス🔵する、または**インターネットアクセス**と呼びます。

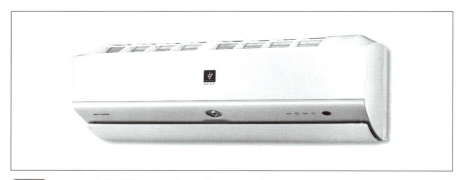

図1-01　スマート家電の例（シャープ株式会社 AY-S40X2）

> **COLUMN　インターネットの語源は？**
>
> インターネットは英語でInternetと書きます。これはinter-network（インターネットワーク）に由来します。inter-（インター）とは、「結びつき」や「相互接続する」という意味の接頭語です。
>
> 例えばinternational（インターナショナル）がnational（国）の結びつき、ということで「国際的な」となるのと同じように、"inter-network"はネットワークの相互接続を意味します。
>
> 1982年に、小文字のiで始まるinternetを「複数のネットワークがつながったもの」と定義し、「TCP/IPプロトコルでつながったinternet」が大文字のIで始まるInternetと定義されました。
>
> みなさんが利用しているインターネットを特にThe Internet（ジ・インターネット）と呼びます。少し複雑に感じるかもしれませんが、本書に出てくるインターネットはThe Internetを指します。

📘 用語

インターネット（*Internet*）
各地に散在するコンピューターネットワーク同士を接続した巨大なネットワークのことです。「ネットワークのネットワーク」とも呼びます。

📘 用語

ホームページ
（*Home Page*）
インターネット上で情報提供のために使われるページです。Webブラウザを使って見ることができます。本来は、Webブラウザを立ち上げたときに、初めに表示されるように設定されたページのみを指します。「ウェブ(Web)ページ」、「ウェブ(Web)サイト」とも呼びます。

📘 用語

スマートフォン
（*Smartphone*）
電話機能だけでなく、インターネットに接続し、さまざまなアプリケーションが利用できる端末のことです。

📘 用語

スマート家電（*Smart Home Appliances*）
インターネットを介してスマートフォンなどから遠隔操作や利用状況の確認が行える家電製品のことです。IoT家電と呼ばれることもあります。

📘 用語

アクセス（*Access*）
電話回線やインターネットを通じ、別の場所にあるコンピューターやネットワークに接続することです。

インターネットの実体とは

ほとんどの人がイメージできるほど身近になったインターネットですが、実体はどういうものなのでしょうか？その答えは世界中にあるたくさんのネットワークがつながり合っているものと言えます。

ネットワークという言葉にはいくつかの意味がありますが、ここではコンピューターネットワークを指します。コンピューターネットワークとは、複数のコンピューターがお互いにつながり合ったものという意味です。

これらのネットワーク同士がさらにつながり合ってインターネットは構成されています。つまりインターネットには無数のコンピューターがつながり合っているのです。

1-1-2　世界規模の"雲"の集まりがインターネット

インターネットを図に例えると 図1-02 のようになります。

インターネットワークの世界ではたびたび、1つのネットワークを雲で示します。この雲の中に、ネットワークを構成するルーターやスイッチといった機器とそれらを結ぶリンク（配線）があるわけです。

図1-02 では小さい雲が3つしかありませんが、実際のインターネットではこれが無数にあります。

インターネットが普及する前から、学校や会社、研究所などさまざまな場所でコンピューターネットワークが使われていました。それぞれのネットワーク（雲）がお互いに接続してできあがった世界規模の巨大なネットワークがインターネットなのです。

> **参照**
> ルーターやスイッチの説明は **3-4-2**（71ページ）、**3-4-3**（72ページ）で行います。

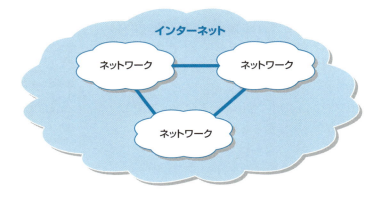

図1-02　たくさんの「雲」がつながり合っているのがインターネット

1-1-3　インターネットの大きさはどのくらい？

2025年2月現在、世界では200以上の国や地域で約55.6億人の人がインターネットを利用していると言われています。

また日本では、総務省の情報通信白書によると、2023年末時点で約9割の

> **参考**
> 出典：**Statista**
> https://www.statista.com/statistics/617136/digital-population-worldwide/

PART 1　インターネットの世界へようこそ！

人がインターネットを利用し、スマートフォンの保有率は90％以上とパソコンの約65％を大きく上回り、スマートフォンからのインターネット接続が中心となっています 図1-03 。

総務省「情報通信白書」
http://www.soumu.go.jp/johotsusintokei/whitepaper/

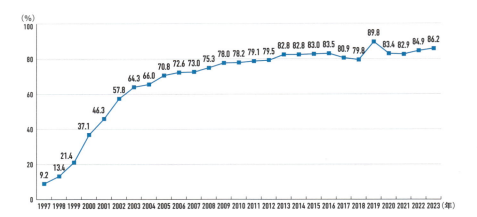

図1-03　日本におけるインターネット利用率の推移（総務省資料より）

インターネットに接続できるコンピューターは無限ではない？

ところで、インターネットに接続できるコンピューターの数には制限があることをご存知でしょうか？

インターネットに接続しているコンピューターは、1台1台に**IPアドレス** という番号が割り当てられます。この番号は世界で唯一のものが使われます。つまり、インターネットにアクセスしているコンピューターの中で、同じIPアドレスが2台以上で使われることはありません。

*Part 6*で詳しく説明しますが、現在一般的に使われているIPv4のIPアドレスは現在、約43億個用意されていて、そのうちの約30数億個を個人個人のパソコンに割り当てることができます。この数は世界のインターネット利用ユーザー数を下回っており、すべてのユーザーが同時にインターネットにアクセスすることができません。

でも心配しないでください。IPアドレスが足りないという問題は30年以上前から指摘されており、これを解決するための技術もあります 。

プロバイダーからIPアドレスが割り振られる

インターネットへ接続するサービスを提供する業者を一般に**プロバイダー** と呼んでいます。これはみなさんもよく耳にしたことがあると思いますが、正式にはインターネットサービスプロバイダー（ISP） と呼びます。このプロバイダーがみなさんのパソコンにIPアドレスを割り振っているのです。

インターネットに接続できる通信機器（無線アクセスポイントやルーターなど）を介して、パソコンやスマートフォンなどの端末をプロバイダーのアクセスポイント  （インターネットとの接続点）に接続すると、自動的にIPアドレスが割り振られます 。

IPアドレス（*IP Address*）
インターネット上でコンピューターを識別するための番号です。現在一般的に使われているIPv4のIPアドレスは32ビットで表現され、「192.168.1.5」のように8ビットごとに区切った4つの数字で表記します。このIPv4の他にIPv6というIPアドレスもあります。詳しくは*Part 6*で説明します。

10-2-3（279ページ）では、IPアドレスの不足を解決するNATという技術を説明します。

プロバイダー（*Provider*）
インターネットアクセスプロバイダー、インターネットサービスプロバイダーとも呼びます。インターネットへの接続サービスを提供する会社や組織のことです。

ISP
（*Internet Services Provider*）

アクセスポイント
以前は電話回線などを経由したインターネット接続を受け付ける設備を指していました。現在はインターネットに接続するゲートウェイ（ルーター）のことを言います。

これはDHCPという機能です。DHCPについては、6-5-4（169ページ）を参照してください。

インターネットとの接続を終了すると、IPアドレスは解放され、また別の人が接続したときに使われます。この方法だと一度にIPアドレスが使い切られることはありません。

光ファイバーを介してインターネットへ常時接続しているユーザーが多くなると、IPアドレスは解放されなくなり、プロバイダーが持っているIPアドレスが足りなくなる可能性があります。そのような場合に備えて、プライベートアドレスやNAT、NAPTなどの技術を使って対応しています。

参照
NAT、NAPTについては **10-2-3**（279ページ）を参照してください。

1-1-4　インターネットって何ができるの？

インターネットでは、さまざまな情報のやりとりができます。まずは身近なものを挙げてみましょう。

1. メールやチャットのやりとりをする

メール（Eメール／電子メール）を使ってメッセージのやり取りができます。かつてはOutlookなどのメーラーと呼ばれる専用ソフトウェアが主に使われていました。現在はGmailやYahoo！メールなどのWebメールサービスが主流になっており、Webブラウザさえ入っていれば、すぐにメールのやり取りが可能です。

参照
メールの仕組みは **9-4**（246ページ）で詳しく説明します。

2. 直接会話をする（チャットやコミュニケーションツール）

インターネット上で他のユーザーと文字などでコミュニケーションをとることをチャットと呼び、主に2つの種類があります。1つ目は、Webブラウザからアクセスするチャットサイトで、リアルタイムで他のユーザーとの会話が可能です。2つ目は、LINEやMessengerなどのメッセージアプリで、文字によるチャットだけでなく、音声通話やビデオ通話、写真や動画の共有も可能です。

ビジネスでは、Slack、Microsoft Teams、Chatworkといったツールが社内のコミュニケーションやファイル共有、タスク管理を支援し、業務効率を高めています。さらに、ZoomやGoogle Meetなどのビデオ会議ツールも、会議やセミナー、授業などで活用されています。

このようにインターネット上の会話ツールはさまざまな形で進化を遂げており、現代社会におけるコミュニケーション手段として重要な役割を担っています。

参考
LINE
https://www.line.me/ja/
Slack
https://slack.com/intl/ja-jp/

用語
タスク管理
プロジェクトや仕事を進めるために必要な作業を、期限や重要度などを考慮しながら管理していくことです。

参考
Zoom
https://www.zoom.com/ja

3. 知りたいことを調べる（検索）

WebブラウザからGoogleやYahoo！などのWebサイトで検索することができます 図1-04 。これらのサイトにあるテキストボックスに知りたいことを入力して検索ボタンを押すと、関連するWebサイトが一覧で表示されます。

さらに近年では、ChatGPTやGeminiのようなAIツールの登場により、検索エンジン以上に高度で正確な情報の入手が可能になってきました。これらのAI技術の進化により、単なる検索だけでなく、複雑な質問に対する解答や洞察を提供するなど、情報収集の手段がより多様化し、高度化しています。

参考
主な検索サイトのWebサイト
Google
http://www.google.co.jp/
Yahoo!Japan
http://www.yahoo.co.jp/

PART 1　インターネットの世界へようこそ！

　また、検索方法も多様化しています。従来のテキスト検索に加えて、画像検索、動画検索、音声検索など、さまざまな方法で情報を探すことができます。さらに、Wikipedia、専門サイト、オンライン百科事典など、情報源も多様化しており、目的に応じて適切な情報源を選択することが重要です。

図1-04　Google（左）、Yahoo!Japan（右）

④ 商品を購入する・サービスを利用する

　インターネット上では、衣類、家電、食料品、日用品など、あらゆる商品を購入できます。Amazonや楽天市場のような総合ショッピングサイトだけでなく、ZOZOTOWNのようなファッションに特化したサイト、メルカリやラクマのような個人間取引のサイトなど、多種多様なサイトが存在します。

　音楽は、iTunes Storeなどのサイトでダウンロード販売されていましたが、最近ではSpotifyやApple Musicなどの定額制音楽配信サービスを利用する人が増えています。またAmazon Prime VideoやNetflixなどの動画配信サービスで映画を視聴するのが一般的になってきました。

　これらのショッピングサイトでは、購入したい商品を選択し、氏名や住所などの情報を入力して注文します。支払いは、クレジットカード、銀行振込、コンビニ決済、電子マネーなど、さまざまな方法から選択できます。

⑤ ホテルや飛行機の予約を行う

　インターネットを活用すれば、旅行や移動の計画から予約、そして旅先での情報収集まで、すべてをスムーズに行うことができます。

　航空券を予約する前に、スカイスキャナーなどの価格比較サイトで最安値を検索し、航空券を購入すれば航空会社のマイレージを貯めることができます。ホテルの予約には、楽天トラベルやExpediaなどの宿泊予約サイトで、口コミなどを確認しながら予約するのが一般的になり、これらの予約サイトの情報を集約して比較するサービスもあります。

　Google Mapなどの地図アプリではGPS機能と連携して、目的地までの経路検索はもちろん、電車やバスなどの乗換案内も調べることができます。

　電車やバスの予約には、JRの「えきねっと」などのサイトを利用して空席状況

ポイント

オンラインショッピングではクレジットカードによる支払いが一般的です。しかし、にせのショッピングサイトでクレジットカード情報を入力してしまうフィッシング詐欺や、ショッピングサイトに埋め込まれた不正なスクリプトによってクレジットカード情報などが盗み取られるWebスキミングなど、犯罪が高度化しており、必ずしも安全とはいえない時代になっています。

参考

楽天トラベル
http://travel.rakuten.co.jp/

参考

Google Map
http://maps.google.co.jp/

用語

GPS (*Global Positioning System*)
人工衛星からの電波を利用して、現在位置を測定するシステムです。

参考

Skyhook社の技術を利用することによって、Wi-FiでもGPSとほぼ同様に位置測定を行うことができます。

1-1 ｜ インターネットって何だろう？

を確認してからチケットの予約・購入を行うことができます。

⑥ 自分の知っていることを公開する

Webページは、HTMLというマークアップ言語で作成できます。HTMLで記述されたWebページをWebサーバーにアップロードすることで、世界中の人々がインターネットを通じてそのページを閲覧できるようになります。

自分でWebページを作成する知識がなくても、さまざまなサービスを利用して情報を発信することができます。例えば、X（旧Twitter）、Facebook、InstagramなどのSNSでは、テキスト、写真、動画などを投稿して、自分の考えや出来事を共有したり、他のユーザーと交流したりすることができます。これらのSNSを通じて、共通の趣味や関心を持つ人々とつながり、コミュニティを形成することも可能です。

また、YouTubeやTikTokなどの動画配信プラットフォームでは、自分自身で作成した動画コンテンツを世界に向けて発信することができます。動画配信は、個人の趣味や表現活動としてだけでなく、企業のマーケティング戦略としても広く活用されています。

その他にも、インターネットを介して可能になることは紹介しきれないほど存在します。例えばスマートフォンから銀行取引や株式投資を行ったり、病院にいかなくても診療が受けられるオンライン診療など、インターネットは私たちの生活には欠かせないものになっています。

> **用語**
> **マークアップ言語**
> 文書の構造や表現の方法などの情報を定められた規則によってテキスト文書中に記述する言語仕様です。この規則を一般的にタグと呼び、ページを作る人はその仕様に従って情報を正しく伝達することができます。

> **用語**
> **SNS（Social Networking Service）**
> インターネットを通じて人々が交流し、情報共有するためのプラットフォームのことです。

確認問題

Q1 インターネットの世界でWebブラウザはどのような使われ方をされますか？

A1 Webブラウザとは、Webサイトを見るためのソフトウェアです。インターネット上のさまざまな情報を得るために使われます。代表的なWebブラウザに、Microsoft（マイクロソフト）社のEdgeやGoogle（グーグル）社のChromeがあります。

Q2 インターネットに接続されるコンピューターには1台1台、何という識別子が割り当てられますか？

A2 IPアドレスが割り当てられます。インターネットに接続されるコンピューターは、IPアドレスが住所の代わりになります。Aというコンピューターへアクセスしたい場合、Aに割り当てられたIPアドレスあてにデータを送ることになります。

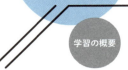

1-2 インターネットの成り立ち

学習の概要
- ☑ インターネットの歴史を学ぼう
- ☑ 現在までどんなネットワークがあったかを知ろう
- ☑ 歴史とともにインターネット技術を簡単に理解しよう

インターネットはどのようにしてできあがったのでしょうか？

発端は1962年、**ポール・バラン**（*Paul Baran*）が核攻撃を受けても反撃部隊が出撃できる体制作りの研究をアメリカ空軍から委託されたことでした。

このとき、現在のインターネットでも使われているパケット通信が考案されました。これは情報をパケットという単位に細かく分けて送信し、相手にそのパケットが届くまで何度でも同じ物を送り続ける、という信頼性の高い通信手段でした。

用語
パケット通信
パケット（Packet）はもともと小包の意味で、やりとりするデータをある一定の大きさに分割し、あて先などの情報を付け足して通信する方法です。送信に失敗したパケットを再送信すればよい、特定の通信で回線を占有しないでよいなどの利点があります。

1-2-1 最初4台のコンピューターから始まった

インターネットの始まりは**1969年**にさかのぼります。今から60年近く前のことです。この年の12月に、アメリカの国防総省内にあるARPA（高等研究計画局）という機関が軍事目的で4台のコンピューターを結んだのが始まりです。

インターネットの起源が軍事目的にあることがポイントです。当時、アメリカとソ連（現ロシア）は冷戦状態でした。戦争によって軍事システムの一部が破壊されても、別のコンピューターを使ってシステムを停止させないようなネットワークの開発が進められていました。その考え方が現在のインターネットの原形となったのです。

4台のコンピューターはそれぞれ、カリフォルニア大学ロサンゼルス校、スタンフォード研究所、カリフォルニア大学サンタバーバラ校、ユタ大学にありました。ARPAのネットワークということで、**ARPANET**（アーパネット）と呼ばれました。

その後1971年には、アメリカ国内の15の大学や研究機関がARPANETに結ばれました。また同じ年に初めてメール（Eメール／電子メール）のプログラムが発明されました。

用語
ARPA（*Advanced Research Projects Agency*）
アメリカ国防高等研究計画局です。後にDARPA（*Defense Advanced Research Projects Agency*）に名称が変更になりました。

1-2-2 アメリカを越えたインターネット

1973年6月にARPANETはアメリカを飛び越え、初の国際接続が行われました。アメリカのバージニア州にあるSDAC（地震データ解析センター）とノルウェーのシェラー（*Kjeller*）村にある**NORSAR**（ノルウェー地震研究所）の間を衛星回線を使用し、9.6kbps の通信速度で接続されました。このあとすぐにNORSARとイギリスのロンドンが接続され、同じ年に衛星回線でハワイとも結ばれました。

用語
NORSAR（*NORwegian Seismic ARrray*）

bps（*bits per second*）
1秒間に転送できるビット数を表す単位です。

1-2-3 イーサネットの発明

1973年5月、コピー機で有名なアメリカのXerox（ゼロックス）社で、**ロバート・メトカフ**（Robert M. Metcalfe）が**イーサネット**（Ethernet）を開発しました。

19世紀に電磁波や光を伝えると考えられていたEther（エーテル）という物質名と、Network（ネットワーク）が合体してEthernet（イーサネット）という言葉が作られたのです。

メトカフ博士は、初期のパソコンを開発していた**PARC** （パロアルト研究所）の研究職員でした。その頃Xerox社は、世界初となるレーザープリンタを開発中で、PARC研究所内のすべてのコンピューターをそのプリンタに接続しようと考えていました。そのためメトカフ博士は研究所のネットワークシステム構築を依頼されていたのです 図1-05 。

> 用語
> PARC（Palo Alto Research Center）

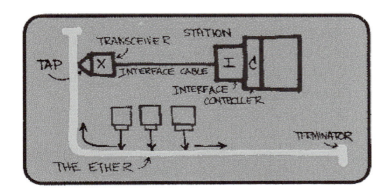

図1-05　メトカフ博士が書いた最初のイーサネット

当時最新の高速レーザープリンタを制御するために十分なスピードがあり、同じ建物の中にある数百台のコンピューターを接続するという過去に例がないネットワークを構築しなければなりませんでした。このネットワークシステムの構築に博士が使った技術が**CSMA** というものです。

メトカフ博士はARPANETとハワイのアロハネット*ALOHA NET*の構築に参加していました。このアロハネットは、無線を使ってハワイにあるいくつかの島々を結んだネットワークで、現在のLAN通信方式と同じ、CSMAが採用されていたのです。

> 用語
> CSMA（Carrier Sense Multiple Access）
> CSMAについては**4-3-1**（92ページ）を参照してください。

この方式を簡単に説明すると、同じ周波数の電波、つまり同じ通信回線を使って複数のコンピューターが自由にデータを送ることができるように、通信の衝突検出と再送信ができる仕組みです。

アロハネットでは、通信を行う通信回線として電波を使いましたが、この代わりに同軸ケーブルを使って高速通信を行うネットワークインターフェイスとして開発されたのがイーサネットです。

同軸ケーブルとは 図1-06 のような、テレビのアンテナ線で使われるケーブルです。発明された1976年当時の伝送速度は2.94Mbpsで、100台以上のワーク

PART 1　インターネットの世界へようこそ！

ステーション（端末）を約1kmのケーブルで接続しました。また、光ファイバーを利用して150Mbpsでの高速通信を行うなど、研究レベルではさまざまなイーサネットネットワークの実験が行われていました。

図1-06　同軸ケーブル

その後、1979年にDEC社とIntel社、Xerox社が共同で、最も経済的な伝送速度として10Mbpsを導き出しました。これを **DIX規格** として策定し、翌1980年に開催されたIEEE 802委員会に「Ethernet 1.0規格」として提出しました。

現在広く普及しているイーサネットは、1982年に提案された「Ethernet 2.0」の規格が基になっており、1983年にIEEE 802.3 CSMA/CDという標準仕様が決定しました。

その後、伝送速度を10Mbpsから100Mbps、1Gbps、10Gbpsなどに高速化したものや、**ツイストペアケーブル** や **光ファイバー** などを伝送媒体に使用した規格などが作られ、現在も発展を続けています。

> **参考**
> DIXはDec社、Intel社、Xerox社の頭文字をとって合わせた用語です。

> **用語**
> **ツイストペアケーブル**（*Twisted-pair Cable*）
> 2本の線を1組として4組合計8本の線を1本のケーブルとして構成しているものです。

> **用語**
> **光ファイバー**
> ガラス繊維でできたケーブルで、光通信の伝送に使われます。一般の電話線の銅線と比べてデータの減衰がなく信号を伝達するため、広帯域・長距離伝送が可能です。詳しくは4-1-3(82ページ)を参照してください。

1-2-4　TCPの発明

1974年に **ビントン・サーフ**（*Vinton Cerf*）と **ボブ・カーン**（*Bob Kahn*）が **TCP** の設計を記した『A Protocol for Packet Network Internetworking』という本を出版しました。

コンピューター通信では、せっかく送ったデータがネットワークの途中で迷子になったり、通信機器のどこかのポイントでうまく制御されないことで、相手先のコンピューターに届かない場合があります。

このような場合に備え、TCPにはデータをもう一度送り直したり、ネットワーク上で渋滞が起きないよう、データを送る間隔を制御する機能があります。

インターネットの標準規格であるRFC では、1974年12月にRFC 675の『SPECIFICATION OF INTERNET TRANSMISSION CONTROL PROGRAM』（インターネット転送制御プログラムの規格）でTCPについて最初の文書が発行されました。

その後1980年1月にRFC 761で、『DOD STANDARD TRANSMISSION CONTROL PROTOCOL』（転送制御プロトコルのDOD 標準）が記され、そして、1981年9月に現在も標準となっているRFC 793『TRANSMISSION CONTROL PROTOCOL』が発表されました。

1982年、ARPANETでの通信の仕組みとして、TCP/IPを使うことが決まりました。このとき、「複数のネットワークがつながったもの」を（小文字のiで始

> **参照**
> TCPについては、Part 7で詳しく説明します。

> **参照**
> RFCについては3-1-3(54ページ)で詳しく説明します。

> **用語**
> **DOD**（*Department of Defense*）
> アメリカ国防総省のことです。

まる）internetと定義し、「TCP/IPプロトコルでつながったinternet」を（大文字のIで始まる）Internetと定義しました。
　翌1983年1月1日、ARPANETにTCP/IPが導入されました。

1-2-5　UNIXとUUCP

　UNIX（ユニックス、Unixとも書く）の登場は、インターネットの歴史に大きな影響を与えました。

　みなさんの多くは、Windows（ウィンドウズ）という **OS**（オーエス、オペレーティングシステム）を使っていると思いますが、このWindowsの前身となる **MS-DOS**（エムエスドス）というOSは、もともとUNIXをパソコン用に改良したものでした。

　UNIXは主にミニコンやワークステーション（業務用コンピューター）に使われているOSです。現在サーバーなどでよく利用されるLinuxもUNIXから派生したOSです。

　UNIXが登場する前は、汎用コンピューターと呼ばれる、部屋全体が埋まってしまうほどの巨大で非常に高価なコンピューターが使われていました。しかし、UNIXの登場で小型の高性能なコンピューターが登場しました　図1-07 。

> **用語**
> OS（*Operating System*）
> コンピューターシステムを管理する「基本ソフトウェア」です。Windowsが代表的で、PC向けOSの9割を占めます。ほかにmacOSや、サーバー向けのLinux系OSやFreeBSD、モバイルデバイス向けのiOSやAndroidが有名です。

> **用語**
> MS-DOS（*Microsoft Disk Operating System*）

図1-07　MC68020を搭載し、BSD UNIXをベースにネットワーク機能を強化したSun OS 4を採用した「SUN3 60C」（1985年）（「情報技術のエポック展」社団法人情報処理学会より転載）

　UNIXの開発は、1969年にアメリカの電話会社AT&T社のベル研究所で始まりました。1976年には同研究所のマイク・レスト（*Mike Lest*）によって、モデムと電話回線を使ってUNIX同士をネットワークでつなぐソフトウェアである **UUCP**が開発されました。

　翌1977年からはUNIXとともにUUCPの配布が始まります。これによって世界各国でUUCPを使ったネットワークが続々と誕生し、インターネットの発展に大きく貢献することになります。

　UUCPのネットワークの速度は当初、300bps～9600bpsと現在と比較して数万分の1ほどに過ぎませんが、テキスト（文字列）だけで構成されるメールやニュースサービスを利用するためであれば十分な速度であり、これが人気を呼んだようです。

> **用語**
> UUCP（*Unix to Unix Copy Protocol*）
> UNIXの端末同士でデータ転送を行う通信プロトコルです。初期のインターネット通信方式として広く使われていましたが、現在ではほとんど使われていません。

1-2-6 ARPANET以外のネットワーク

USENET（ユースネット）

1979年、UUCP接続を使って、アメリカのデューク大学とノースカロライナ大学の2つの大学を結んだ **USENET**（ユースネット）が始まりました。このUSENETはARPANETというアメリカの国家プロジェクトに対抗して、大学院生たちが電話線を使って自力で作ったネットワークです。

1984年、ソ連（現ロシア）がUSENETに接続しました。また、USENETに初めてニュースグループという仕組みが導入されました。

1987年、UUNETがUSENETへの商用接続サービスを初めて開始しました。

用語
USENET
（USER's NETwork）

用語
ニュースグループ
（News Group）
インターネット上で特定のテーマごとに意見交換をする、インターネット全体の電子掲示板のようなサービスのことです。ネットニュースとも呼びます。メールソフトウェアでニュースグループの購読ができました。

BITNET（ビットネット）

1981年、アメリカのニューヨーク市立大学とエール大学にあるIBMのホストコンピューターを専用電話回線で接続した **BITNET**（ビットネット）が始まりました。BITNETは「Because It's Time NETwork」がその由来で、「これからはネットワークの時代だ」という意気込みが感じられます。

このBITNETは、後に世界規模に広がっていきます。日本における接続ポイントは東京理科大学に設置されました。

参考
UUNETはアメリカのインターネットサービスプロバイダー（ISP）です。ISPの中でもインターネットの中核であるバックボーンを提供しています。2007年からはアメリカの通信会社Verizon Communicationsの一事業部門になりました。

CSNET（シーエスネット）

1981年、NSF（全米科学財団）がスポンサーとなって作られた、大学や民間のコンピューター研究グループ用のネットワーク **CSNET** が始まりました。

前述したARPANETは、米軍と関係の深い有力大学しか参加が許されませんでした。そこに入れなかった他の大学が自分たちも同じようにネットワークを作ろうとしたのがCSNETで、開始当初は「貧乏人のARPANET」と呼ばれていました。

CSNETは、ARPANETにアクセスできない科学者たちが主な利用者となり、特に電子メールが利用されていました。1983年には、ARPANETとCSNETがゲートウェイ接続を開始し、相互に通信できるようになりました。

そしてこのとき、ARPANETから軍事機関が切り離されました。もともとARPANETは軍事目的で作られたのを覚えていますか？大学間を結ぶ部分は従来通りのARPANETとして残り、軍事機関のネットワークはMILNET（ミルネット）に移行しました。

用語
NSF（National Science Foundation）
CSNET（Computer Science NETwork）

用語
ゲートウェイ接続
異なるネットワーク同士で相互接続し、お互いのネットワークへ行き来できるようにすることです。ゲートウェイ（Gateway）とは"門、入り口"という意味です。

EUnet（イーユーネット）

1982年4月、パリで開催されたEUUG（ヨーロッパUNIXユーザーグループ）会議で **EUnet** が始まりました。

EUnetはUUCPを使ってメールやニュースグループを提供し、瞬く間にヨーロッパ中に広がりました。1991年に商業化が決定し、翌1992年に法人化されました。

用語
EUUG（European UNIX User's Group）
EUnet（European UNIX Network）

その後の1998年にアメリカの電話会社であるQwest Communications Internationalに買収されました。

FidoNet（ファイドネット）

トム・ジェニングス（*Tom Jennings*）によって **FidoNet**（ファイドネット）が開発されました。FidoNetは、パソコンをBBS（電子掲示板システム）のホストにするためのソフトウェアです。ホスト同士が横につながっていく仕組みをあらかじめ備えていたため、後に世界規模のパソコンネットワークに発展していきました。

ちなみに、Fido（ファイド）というのは、トムが飼っていた犬の名前です。1988年、FidoNetがインターネット（NSFNET）につながりました。

> **用語**
> **BBS（*Bulletin Board System*）**
> 電子掲示板システムと訳されます。BBSでは疑問や提案を投稿したり、投稿した人に返事を書くことができます。匿名BBSとしては5ちゃんねる（https://5ch.net/）が有名です。

JUNET（ジュネット）

1984年、電話回線を介し、東京工業大学、東京大学、慶應義塾大学のコンピューター同士をUUCP接続でつないだ **JUNET** が始まりました。

当時、NTTがまだ電電公社と呼ばれる時代で、法律では電話回線を音声以外の通信に使用することが認められていませんでした。専用回線を使えばデータ通信も可能でしたが、ばく大な費用がかかり、個人的な通信には使えませんでした。

1986年、KDD研究所経由でアメリカのCSNETと接続しました。これは日本で最初の海外接続です。

米国につなぐ際はARPANETとの接続の可能性もありました。ただ、東京大学とARPANETを接続した場合、アメリカの軍用ネットワークと東京大学が結ばれると解釈され、各方面から批判の声があがることは目に見えていました。そのことにより国際接続が実現できないと困るので、米軍と関係ないCSNETとつなぐことになったそうです。

1988年には、JUNETと民間企業をつないだ **WIDE** プロジェクトが始まりました。その後、インターネットの発展にともない、1994年にJUNETは解散しました。

> **用語**
> **JUNET（*Japan University NETwork*）**
>
> **参考**
> 電電公社が民営化されNTTになったのは、1985年のことです。
>
> **参考**
> KDD研究所は、国際電信電話会社（現KDDI株式会社）の研究部です。現在はKDDI総合研究所となっています。
>
> **用語**
> **WIDE（*Widely Integrated Distributed Environment*）**
> http://www.wide.ad.jp/

NSFNET（エヌエスエフネット）

1986年、NSF（全米科学財団）によって **NSFNET** が始まりました。

NSFNETは最初に、プリンストン大学、ピッツバーグ大学、カリフォルニア大学サンディエゴ校、イリノイ大学アーバナシャンペイン校、コーネル大学の5つの大学のスーパーコンピューターセンターを結んでいました。

スーパーコンピューターの共同利用が当初の目的でしたが、その後インターネットのバックボーン（中心となるネットワーク）へと発展していきます。

当初の回線速度は56kbpsでしたが、1988年に1.5Mbps、1991年に45Mbpsと速度が向上しました。なお日本では1989年にJUNETから派生したWIDEプロジェクトによって接続が開始されました。

1995年にアメリカにおいてインターネット接続が完全商用化されたことで、NSFNETは終了しました。

> **用語**
> **NSF（*National Science Foundation*）**
>
> **参考**
> ビットの単位は次のように表されます。
>
> | snbit | ビット | 1bit |
> |---|---|---|
> | kbit | キロビット | 10^3bit |
> | Mbit | メガビット | 10^6bit |
> | Gbit | ギガビット | 10^9bit |
> | Tbit | テラビット | 10^{12}bit |
> | Pbit | ペタビット | 10^{15}bit |

1-2-7 ドメイン名の歴史

インターネットに接続されているコンピューターにはIPアドレス が振られています。IPアドレスは32ビットの数値で、例えば「183.79.135.206」というように、4つに区切った数字で示されます。

これはコンピューターにとっては都合がよい形式です。また、この数値をそのままWebブラウザに入力してもWebページを見ることはできます。

しかし、数値は人間にとって直感的にわかりにくい形式です。例えば、「私のホームページは183.79.135.206で見ることができますよ」と他の人に伝えても、簡単には覚えてもらえないでしょう。

そこで、yahoo.co.jpといった**ドメイン名** を使うことで、例えばYahoo! JAPANを運営する会社のコンピューターだなということがすぐに見当がつくようになります。この機能を**ドメインネームシステム**（**DNS**、*Domain Name System*）と呼び、1984年にインターネットに導入されました。

DNS にはインターネット上のすべてのドメイン名とそれに対応するIPアドレスが登録されており、非常に膨大な数になります。そこでDNSはいくつかの階層に分かれています。

この階層の一番上にあるコンピューターを**DNSルートサーバー**と呼びます。1985年、南カリフォルニア大学のISI （情報科学研究所）にDNSルートサーバーの管理が委託されました。また、SRI （スタンフォード研究所）にNIC （ネットワークインフォメーションセンター）登録業務が委託されました。

NIC登録業務とは、インターネット上で使われるドメインネームやIPアドレスを接続組織に割り当てる作業です。同年3月15日に、世界最初のドメインネーム、symbolics.comが登録されました。

1988年12月、南カリフォルニア大学のISIが担っていたIPアドレスやドメインネームを管理する組織は**IANA** （アイアナ）と呼ばれるようになりました。2025年現在においてもIANAはインターネットで使われるトップレベルドメインネームの割り当て、IPアドレスの割り当てなど、インターネットのアドレスを管理する役割を担っています。なおIANAの理事であった**ジョン・ポステル** （*John Postel*）は「インターネットアドレスの父」とも呼ばれています。

1988年、アメリカの商務省はドメインネームの管理を民営化するための方針を書いたグリーンペーパーを発表しました。その後一般からの意見を反映させたホワイトペーパーを発表し、ドメインネームやIPアドレスの方針を決める団体**ICANN** （ドメインネームとIPアドレスの割り当てに関するインターネット法人）が1998年に設立されています。

1993年、NSFが**InterNIC** （国際ネットワークインフォメーションセンター）を設立しました。InterNICは、インターネットユーザーに対して各種のサービスを無料で提供するという役割を担っています。

また同年、日本では**JNIC** を発展させ、**JPNIC** （日本ネットワークインフォメーションセンター）が設立されました。

1998年、InterNICのドメインネーム登録の有料化をきっかけに表面化したドメインネームの問題を解決するため、IAHC（国際臨時特別委員会）という組織が作られました。

参考
JPNICのホームページ
http://www.nic.ad.jp/ja/

用語
IAHC (Internet International Ad Hoc Committee)

1-2-8　WWWの登場

1989年にCERN（セルン、欧州の高エネルギー物理研究所）のティム・バーナーズ・リー（Tim Berners-Lee）が、WWW（World Wide Web）を提案しました。

それまでインターネットで情報を得るには、キーボードでコマンドを入力する必要がありました。これをマウスのクリック1つで操作でき、しかも文字にリンクを指定しておくと、その文字をクリックするだけで指定したリンク先の情報が表示されるというハイパーテキスト形式、つまり現在みなさんがよく行っているWebブラウザを使ったWebページアクセスが発明されました。

ハイパーテキストを記述するコンピューター言語であるHTMLもこのとき発明され、1990年代に入って徐々に規格化が進んでいきました。

参照
9-2（234ページ）でWebページアクセスを詳しく説明します。

用語
HTML (HyperText Markup Language)

1-2-9　Webブラウザの登場

1993年、イリノイ大学の学生グループによってモザイク（Mozaic）と呼ばれるWWWを見るためのソフトウェアが開発されました。これはUNIX用のWebブラウザでした。

このソフトウェアによってインターネットの利用が急増し、WWWのトラフィックは1年で3,000倍以上に増加したそうです。

1994年にNetscape Navigator 1.0が、1995年にInternet Explorerが発売され、パソコンユーザーの間でも手軽にWebアクセスができるようになりました。

1998年にNetscapeのブラウザがオープンソース化された流れで2003年にMozilla Foundationが設立され、Mozilla Firefoxが登場しました。また2008年にはGoogleからChrome、2015年にはMicrosoftからMicrosoft Edgeがリリースされました。

これらのWebブラウザはその後もバージョンアップを重ねており、現在も進化を続けています 表1-01 。特に、2008年以降のWebブラウザの進化は目覚ましく、以下のような点が挙げられます。

用語
トラフィック（Traffic）
ネットワーク上を移動するデータのことで、データ量を指すこともあります。データ量を示す場合、「トラフィック量」と呼ぶこともあります。

・高速化
　JavaScriptエンジンの改良などにより、Webページの表示速度が大幅に向上しました。
・セキュリティ強化
　フィッシング詐欺やマルウェアなどの脅威からユーザーを守るためのセキュリティ機能が強化されました。

PART 1 インターネットの世界へようこそ！

・**HTML5の対応**

　動画や音声の再生、Webアプリケーションの開発など、Webページの可能性を広げるHTML5に対応しました。

・**モバイル対応**

　スマートフォンやタブレットの普及に伴い、モバイルデバイスでの閲覧に最適化されました。

・**拡張機能の充実**

　広告ブロック、パスワード管理、翻訳など、さまざまな機能を追加できる拡張機能が充実しました。

　その他、2016年に登場したBraveやVivaldiなど、プライバシー保護やカスタマイズに特化したWebブラウザも登場しており、ユーザーの選択肢は広がっています。

　Webブラウザは、高速化やセキュリティ強化、HTML5対応、モバイル最適化、拡張機能の充実を通じて進化を遂げ、ユーザー体験を大幅に向上させています。

表1-01 現在利用されている主なWebブラウザ

Webブラウザ	提供元	説明
Microsoft Edge 図1-08	Microsoft社	2015年7月にリリースされ、Windows 10で標準搭載された。2019年にChromiumベースとなり、高速なレンダリングエンジンを採用し、Webページの表示速度が向上した。また、Chrome Web Storeの豊富な拡張機能が利用可能となり、互換性も改善された。さらに、WindowsだけでなくmacOS、Linux、iOS、Androidでも利用できるクロスプラットフォーム対応となり、2025年現在はWindows 11に標準搭載されている
Chrome	Google社	Chromiumというオープンソースプロジェクトで開発されたWebブラウザ。2008年のリリース以来、高速な動作、シンプルなインターフェイス、豊富な拡張機能を武器に、世界中で多くのユーザーを獲得してきた。2024年現在、デスクトップブラウザ市場で約70%のシェアがある（出典: StatCounter Global Stats）
Firefox	Mozilla Foundation	非営利企業であるMozilla FoundationがリリースしているWebブラウザ。プラグインやアドオンの開発が盛んで多くの製品がリリースされているのが特徴
Safari	Apple社	macOS、iOSプラットフォーム向けのWebブラウザ
Opera	Opera Software ASA社	ノルウェーのOpera Software ASAがリリースしているWebブラウザ。Webブラウザの他にEメールクライアントなども含む

1-2 | インターネットの成り立ち

図1-08　主なWebブラウザ（Microsoft Edge）

確認問題

Q1 NSFNETは1986年当初56kbpsの回線速度でしたが、1988年には1.5Mbpsに、1991年には45Mbpsにアップグレードされました。1986年から1988年の2年間と、1986年から1991年の5年間で、それぞれ何倍の通信速度になったと言えますか？

A1 1.5Mbpsとは1,500kbpsのことですから、1,500÷56＝26.78……で約27倍、45Mbpsは45,000kbpsなので45,000÷56＝803.5……で約804倍の通信速度になったと言えます。

Q2 インターネットの前身のネットワークで、もともとはアメリカの軍事ネットワークであったものを何と呼びますか？

A2 ARPANETです。アメリカの国防総省内にあるARPAという機関が作ったため、ARPANETと呼ばれました。

Q3 アロハネットの技術を応用してできた、ツイストペアケーブルや光ファイバーケーブルを使って10Mbpsから10Gbpsの速度で通信を行う規格を何と呼びますか？

A3 イーサネットです。アロハネットは無線を通信路に使っていましたが、イーサネットは同軸ケーブルを使って始まりました。現在はツイストペアケーブルが主に使われ、LAN（Local Area Network、構内通信網）の基本技術として広く普及しています。イーサネットの詳しい説明は*Part 4*で行います。

Q4 インターネットが普及する前に、日本の大学間で電話回線を使っての最初のコンピューター接続が行われましたが、このネットワークを何というでしょうか？

A4 JUNET（Japan University NETwork）です。1984年に始まり、1994年に解散しました。

Q5 ICANNの一部門で、IPアドレスやドメインネームの管理を行う組織を何と呼びますか？

A5 IANA（Internet Assigned Number Authority）です。プロトコル番号、ポート番号、AS（Autonomous system）番号などの割り当てや、その調整を行っています。

Let's Try! 練習問題

解答は別冊2ページ

Q1

1ギガビットは1メガビットの何倍ですか？

Q2

1973年にXeroxでロバート・メトカフ博士によって開発されたネットワーク技術は何ですか？

Q3

1974年にビントン・サーフとボブ・カーンによって発表されたネットワークの転送制御プロトコルは何ですか？

Q4

1989年にCERNのティム・バーナーズ・リーによって考案された、HTML言語やハイパーリンクが使われるインターネット上の文書閲覧システムを何と呼びますか？

Q5

日本においてIPアドレスやドメインネームの管理を行う機関を何と呼びますか？

PART 2

ネットワークの基本を
学ぼう

この Part では、みなさんが使っているパソコンやモバイル端末などのデ
バイスが世界規模の巨大なネットワークにどのようにしてつながるのか
を詳しく学びます。
デバイスをインターネットにつなぐためには、どのような装置が必要に
なるのでしょうか。
また、たくさんのコンピューターがつながっているネットワークの中で、
どうやって 1 台 1 台のパソコンを見分けることができるのでしょうか。

2-1　パソコンとネットワーク

2-2　パソコンについて詳しく学ぼう

2-3　 2 進数を学ぼう

2-4　"とびら"の住所

2-1 パソコンとネットワーク

学習の概要
- ☑ インターフェイスとは何かを知ろう
- ☑ インターフェイスの種類を知ろう
- ☑ ケーブルの種類を知ろう

2-1-1 リンクで結ぶ

まず 図2-01 を見てください。パソコン同士が1本の線でつながっています。このように線（**リンク**と呼ぶ）でつなぐことによって、小さなコンピューターネットワークができあがるのです。

図2-01　パソコン同士がつながれば、ネットワークが形成される

Part 4で紹介するLANケーブルや、Part 5で紹介する無線LANのアドホックモードを使用して2台のパソコンを接続することで、もっとも単純なネットワークを作ることができます。

小さなコンピューターネットワークを作るときも、インターネットに接続する場合も、パソコン同士、またはパソコンとネットワークをリンクで結んであげる必要があります 図2-02 。

> **参考**
> あるパソコンから別のパソコンにデータを送りたいとき、インターネット接続もUSBメモリなどの外部メディアもない場合、パソコン同士をLANケーブルで接続して、同一サブネットになるよう各パソコンにIPアドレスを割り当てることでネットワーク通信を行わせることができます。

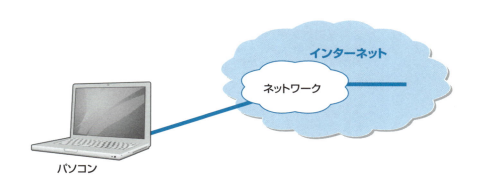

図2-02　巨大なネットワーク（インターネット）にパソコンをつないでみる

では、パソコンをインターネットにつなぐにはどうすればよいのでしょうか？

2-1-2 無線の場合

現在のインターネット接続は、無線LANやモバイルネットワークが主流であり、ほとんどの場合、これらの無線技術が利用されています。ノートパソコン、スマートフォン、タブレット端末など、ほとんどのデバイスに無線LANアダプタが内蔵されていますが、内蔵されていない場合はUSB型の無線LANアダプタ（図2-03）を使えば、インターネットに接続できます。

無線接続のメリットは、LANケーブルによる配線が必要ないため、自宅内だけでなく、外出先でも手軽にインターネットを利用できることです。カフェや空港、ホテルなど、多くの場所でWi-Fiが提供されており、自由にインターネットにアクセスできます。

近年では、無線LANの通信速度も大幅に向上しています。Wi-Fi 7（IEEE 802.11be）などの新しい規格が登場し、従来よりも高速で安定した通信が可能になりました。また、5Gなどのモバイル通信技術の進化により、**モバイルルーター**（図2-04）を使ったインターネット接続も高速化しています。

> **参照**
> 無線LANについては、**Part 5**を参照してください。

図2-03　USB型の無線LANアダプタ（バッファロー　WI-U3-2400XE2）

図2-04　モバイルルーター（NECプラットフォームズ　Aterm MR10LN）

スマートフォンには、モバイルルーターのように機能させる**テザリング**機能があります。ポータブルホットスポット、モバイルホットスポット、インターネット共有などと呼ぶこともあります。この機能を使うと、スマートフォンのモバイルデータ通信やWi-Fi接続を他のデバイスと共有することができます。

例えば、外出先で**フリーWi-Fi**が見つからない場合でも、スマートフォンのモバイルデータ通信をテザリング機能で共有することで、パソコンをインターネットに接続することができます。また、カフェなどでフリーWi-Fiに接続している場合は、そのWi-Fi接続をテザリング機能に使って他のデバイスと共有することもできます。

さらに、**Bluetooth**を使ったテザリングも可能です。Bluetoothテザリングは、Wi-Fiテザリングに比べて通信速度は遅くなりますが、消費電力が少ないというメリットがあります。

> **用語**
> **テザリング**
> スマートフォンなどのモバイルデータ通信回線を介して、パソコンやタブレット端末、ゲーム機などの他のデバイスからインターネットに接続する機能のことです。

> **用語**
> **フリーWi-Fi**
> 駅やお店などに設置され、誰でも無料で利用できるインターネット接続サービスのことです。公衆無線LANや無料Wi-Fiスポットと呼ばれることもあります。

> **用語**
> **Bluetooth**
> 無線通信技術の1つで、近距離のデジタル機器同士を無線で接続して通信を可能にする規格のことです。

2-1-3　有線の場合

　一般には通信事業者が設置する提供・設置するONU やADSL モデムといった**回線終端装置**とパソコンをLANケーブルでつなぎます 💡。回線終端装置は光回線または電話回線を経由して通信事業者の局舎と接続され、サービスプロバイダーのアクセスポイントに接続されます 図2-05 。

用語
ONU（*Optical Network Unit*）
光回線終端装置という意味で、光信号と電気信号を相互に変換し、パソコンと光回線を接続できるようにする装置です。

用語
ADSL（*Asymmetric Digital SubscriberLine*）
電話線を使って高速データ通信が行える技術です。2000年代に広く普及し、インターネット利用拡大に大きく貢献しました。現在は光回線やモバイル通信に置き換わられ、2026年1月にすべてのサービスが停止する予定です。

参考
LANケーブル以外に電話線を直接使ったり、ケーブルテレビ回線や衛星回線のパラボラアンテナを使う場合もあります。

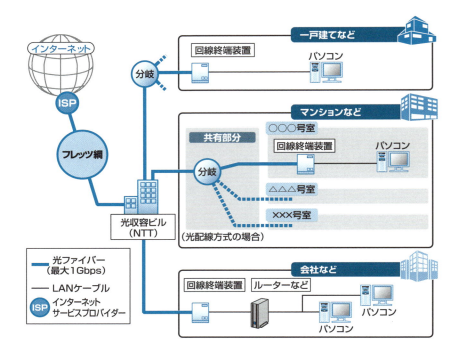

図2-05　インターネットとの接続イメージ（NTTホームページより一部改変）

　LANケーブルについては**Part 4**で詳しく説明しますが、ここでは 図2-06 のようなものだと覚えておいてください。また、LANケーブル以外にも有線LANのポートを備えた無線LANのアクセスポイント 図2-07 があれば、有線LANでアクセスポイントをつなぎ、ここから各機器と無線LANでつないで、インターネットを利用することもできます。

図2-06　LANケーブル
　　　　（サンワサプライ　KB-T6ATS-01BL）

図2-07　無線LAN内蔵ブロードバンドルーター
　　　　（バッファロー　WXR18000BE10P）

2-1 | パソコンとネットワーク

パソコンにはLANケーブルを挿すための穴があります。みなさんのノートパソコンにも 図2-08 のような穴があることを確認できると思います。

図2-08　ノートパソコンに内蔵されているLANインターフェイス

このような穴を**インターフェイス**（Interface）と呼びます。また、ネットワーク用のインターフェイスをとくに**ネットワークインターフェイス**と呼びます。このネットワークインターフェイスがネットワークの出入り口になります。

実際のネットワークインターフェイスを見てみましょう。ネットワークインターフェイスは、**ネットワークインターフェイスカード**（**NIC**、Network Interface Card）という機器に開いた穴です。これをパソコンに取り付けることでネットワークの"とびら"ができあがります。

NICにはいろいろな種類があり、ほとんどのパソコンには、購入時に無線LANインターフェイス（Wi-Fiアダプタ）や有線LANインターフェイスが内蔵されています。もし内蔵されていない場合でも、有線LANはUSBアダプタ型 図2-09 や、拡張ボード型のネットワークインターフェイスカードを追加することでネットワークに接続できます。

> **参考**
> 「インターフェース」や「インタフェース」と表記していることもありますが、本書では「インターフェイス」で統一します。

> **用語**
> **USB**（*Universal Serial Bus*）
> パソコンのシリアルインターフェイスの仕様です。パソコンの電源を入れたままコネクタの抜き差しが可能なホットスワッピングや、初めて使う機器でも接続時に自動的に設定を行ってくれるプラグアンドプレイに対応しています。

図2-09　USBアダプタ型のNIC（バッファロー　LUA5-U3-CGTE-BK）

確認問題

Q1 ネットワークに接続するために、パソコンに内蔵もしくは追加することで使用する部品を何と呼びますか？

A1 ネットワークインターフェイスです。有線LAN用と無線LAN用があり、追加する際はUSB接続のアダプタを利用できます。

35

2-2 パソコンについて詳しく学ぼう

学習の概要
- ☑ パソコンはどのように動くかを簡単に理解しよう
- ☑ パソコンを構成する部品を知ろう
- ☑ パソコン内でどのように中枢の部品が働いているのかを知ろう

2-1でネットワークにパソコンがつながる概念はわかっていただけたと思います。それでは、パソコンの中ではどのような部品で構成されているかを見てみましょう。次の 表2-01 をご覧ください。

表2-01　パソコンの基本スペック（例）

CPU	インテル Core i9-13900K プロセッサー（P8+E16 24コア｜32スレッド｜P3.0+E2.2GHz、TB3.0時最大5.8GHz｜36MB キャッシュ）
メモリ（標準／最大）	DDR5-5600（32GB/128GB）
SSD	NVMe PCIe 4.0 SSD 2TB
無線LAN	Intel Wi-Fi 7 BE200 Wi-Fi 802.11 a/b/g/n/ac/ax/be
LAN	Ethernet 2.5G LAN（IEEE 802.3bz）
グラフィックスチップ	NVIDIA GeForce RTX 4070

これは、パソコン購入時に考慮する基本的な仕様例です。CPU、メモリ、SSD、HDD（ハードディスク）などの言葉がありますが、これらの要素が通信を行う上でどのような働きをしているのか、詳しく見ていきましょう。

用語
SSD（*Solid State Drive*）
HDD（*Hard Disk Drive*）

2-2-1　コンピューターの頭脳「CPU」

最初は **CPU**（シーピーユー）です。CPUはCentral Processing Unit（セントラルプロセシングユニット、中央処理装置）の略です。

CPUには、大きく分けてx86/x64アーキテクチャとArmアーキテクチャの2種類があります。

x86/x64アーキテクチャは、IntelやAMDが開発したアーキテクチャで、パソコンのCPUとして広く使われています。IntelのCore Ultraシリーズ 図2-10 やAMD社のRyzenシリーズなどが、このアーキテクチャを採用した代表的なCPUです。

図2-10　Intel Core Ultraプロセッサ

参考
IntelのWebサイト
http://www.intel.co.jp/
AMDのWebサイト
http://www.amd.com/jp-ja/

Armアーキテクチャは、Armホールディングスが開発したアーキテクチャで、スマートフォンやタブレット端末のCPUとして広く使われています。Armアーキテクチャは、低消費電力性に優れており、バッテリー駆動のモバイルデバイスに

適しています。QualcommのSnapdragonやAppleのAシリーズ、MediaTekのDimensityなどが、Armアーキテクチャを採用した代表的なCPUです。

近年では、Armアーキテクチャを採用したCPUを搭載したパソコンも登場しています。AppleのM3チップは、Armアーキテクチャを採用したCPUで、高い処理能力と低消費電力を両立しています。

CPUはパソコンの中のすべての部品を制御する役割を果たします。メモリに記憶された命令を読み出してそれを解読します。この解読のことを**デコード**（*Decode*）と呼びます。命令解読に従って、メモリのデータ読み書きや、周辺機器を使った入出力などが行われます。

図2-11 でパソコンを構成する部品を簡単に図示しています。

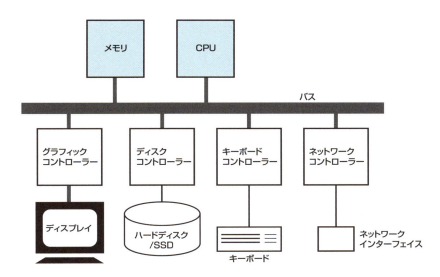

図2-11　パソコンの部品と構成

CPUの性能が良いほど、アプリケーションの処理速度は速くなります。ネットワーク関連のソフトウェアを含め、市販のソフトウェアには推奨するCPUが提示されていることが多く、これは、提示されたCPU性能に満たない場合は、ソフトウェアが快適に動作しない可能性があることを示しています。

CPUの性能を示す指標のひとつに**クロック周波数**があります。クロック周波数は、CPUが1秒間に実行できる処理のサイクル数を表し、単位はGHz（ギガヘルツ）で表されます。同じアーキテクチャのCPUであれば、一般的にクロック周波数が高いほど処理速度が速い傾向があります。

最新のパソコンでは、3GHz～5GHz程度のクロック周波数を持つCPUが主流となっています。なお、CPUの性能は、コア数、キャッシュメモリ容量、アーキテクチャなど、多くの要因に影響されます。

CPUは、アプリケーションの実行だけでなく、通信データの組み立てや、どのインターフェイスにデータを流すかの判断など、さまざまな処理を行います。パソコンだけでなく、ルーターなどの通信機器にもCPUが搭載されており、ネットワーク全体の動作を制御しています。

2-2-2　作業机にあたるメモリ

　例えば、何か作業を行うために必要な道具（ドライバなど）を取り出すとします。その作業が終わり、次に必要な道具（ペンチなど）を取り出します。これを繰り返した場合、それらの道具をどのように扱えば効率的になるでしょうか？

　この場合、ほとんどの人は、再び使うかもしれない道具は道具箱に収めずにそのまま出しっぱなしにしておくと思います。その再び使うかもしれない道具を置いておく場所がコンピューターでは**メインメモリ**にあたります。

　ここからメインメモリを作業机に例えてみましょう。もし作業に行うのに、この作業机の大きさが不足していたらどうなるでしょうか。

　必要な道具をその都度他の場所へ取りに行ったり、使い終わったら元に戻さなくてはならなくなります。その行き来で作業効率が悪くなることは容易に想像できるはずです。

　パソコンで一般的に使われているメモリには**RAM**や**ROM**があり、用途によってさまざまな種類のメモリが存在します。

　RAM（ラム）とはRandom Access Memoryの略で、電気的にデータの読み書きを行うので動作が高速です**図2-12**。おもにメインメモリ、キャッシュメモリ、ビデオメモリ、フラッシュメモリなどに使われています。このRAMにも種類があり、大きく分けて**DRAM**（ディーラム）、**SRAM**（エスラム）があります。

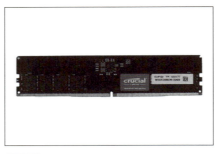

図2-12　パソコンで使われるメモリ（シー・エフ・デー販売　W5U5200CM-32GS）

> 用語
> **ROM**（*Read Only Memory*）
> 工場出荷時に記憶されるプログラムの読み出ししかできないメモリです。

> ポイント
> メモリの大きさ（容量）の単位はbyte（バイト）です。

　DRAMとはDynamic（動的）RAMの略で、データの記憶を**電荷**によって行います。電荷は時間の経過とともに減る特性があるので、DRAMではデータ保持のために一定時間ごとに再書き込みを行う必要があります。また電気が流れている間だけデータ保持が行われるため、パソコンの電源を切ると、DRAMの中のデータは消えてしまいます。このDRAMは主にメインメモリやビデオメモリなどで使用されます。

　一方、SRAMはStatic（静的）RAMの略で、DRAMと違ってデータの保持に操作を必要としません。DRAMと比べて非常に高速で消費電力も少ないというメリットがありますが、価格が高くなるのがデメリットと言えます。

　パソコン内で演算を行うのはCPUで、データは他の機器（記憶装置）から送られてきます。そしてその記憶装置はCPUと同じクロックで動作し、大容量であることが理想的です。しかし、高速な記憶装置はコスト面の問題から十分な容量を搭載できません。

　そこで**図2-13**のように、高速で高価なものほど小さい容量のメモリを使用する一方、低速で安価なものほど大きい容量のメモリを使用することで、最適な価

> 用語
> **電荷**
> 物体が帯びている電気の量のことです。メモリにおける記憶素子では、電荷が蓄えられた状態を「1」、蓄えられていない状態を「0」としてデータを記録しています。

> ポイント
> このような特性を揮発性メモリと呼びます。

> ポイント
> キャッシュメモリにはSRAMが使われます。DRAMメインメモリのアクセス速度はCPU動作の10～100倍程度かかります。多くのCPUは1次キャッシュ、2次キャッシュとキャッシュメモリを階層構造化させることで原価、チップ面積、性能を最適化されるように設計されています。

格で高速なシステムを作ることができます。

　パソコンでプログラム（アプリケーション）を起動すると、ハードディスクから必要なデータが読み込まれます。プログラムで処理されるデータは、ハードディスクより高速な読み書きが可能なメインメモリに渡されます。メインメモリは必要な計算を行わせるために、データをCPUへ受け渡します。

　このとき、DRAMを使用した高速のメインメモリでも、CPUと比べるとデータを読み書きする速度（アクセス速度）が低速であるため、メモリの性能に足を引っ張られてしまい、CPUは本来の処理速度を出せません。

　そこで、より高速で小容量な記憶装置を置きます。それが**キャッシュメモリ**です。キャッシュメモリを使うと、頻繁に使うデータを高速にCPUへ受け渡しでき、結果としてプログラムの処理速度が速くなります。

　CPUやメモリはパソコンだけでなく、ルーターやスイッチといったネットワーク機器にも使われています。パソコンと同様に、CPUであればクロック周波数が大きいほど性能がよくなり、データの転送スピードが速くなります。

　また、メモリであれば容量が大きいほど記憶できる通信データの量が増え、より効率的な転送が行えるようになります。頭の回転スピードが速く、作業机が広いほど、与えられた仕事をより迅速にこなせるということです。

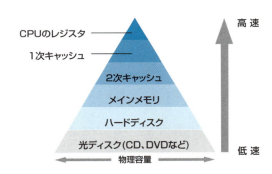

図2-13　理想的なメモリの組み合わせ。上位にいくほど容量は小さくなる

2-2-3　道具箱にあたるHDD/SSD

　パソコンで利用される外部記憶装置としてHDD（ハードディスク）とSSD（エスエスディー）があります　図2-14 。

ポイント
最近のパソコンではHDDは512GB〜8TB、SSDは256GB〜2TBが主流です。

図2-14　HDD（WesternDigital　WD8002FZBX、左）とSSD（Seagate　ZP4000GM3A023、右）

HDDは数枚の金属（あるいはガラス）円盤によって構成され、パソコンに内蔵されたり、USB接続で使用される記憶装置です。また、SSDはFlash SSDやフラッシュメモリドライブとも呼ばれます。

メモリも記憶装置ですが、先ほど「作業台」に置き換えました。これに対して、ハードディスクは「道具箱」という位置付けです。通信制御するにあたり、ハードディスクは仮想メモリとして使用されることもあります。

また、Webアクセスをしたときにホームページの記憶をしたり、履歴を残したり、インターネット上にあるファイルをダウンロードして保存するのにハードディスクは使われます。

> **用語**
>
> **仮想メモリ**
> ハードディスクをメモリ代わりに使うことです。メモリ容量が不足したとき、メモリ上の使っていないデータを一時的にハードディスクに記憶させ、必要なときにメモリに書き戻す仕組みです。

2-2-4 ネットワークコントローラー

ネットワークコントローラーは通信制御を行う部品です。2-1で説明したネットワークインターフェイスカード（NIC）がこれに当たります。また、NICに搭載された通信制御用のLSIと呼ばれる集積回路チップを指す場合もあります。

ネットワークコントローラーは、ネットワークインターフェイスから入ってきた通信データに対して電気的な制御を行います。

> **用語**
>
> LSI（*Large Scale Integration*）

確認問題

Q1 PCのCPUのクロック周波数に関する記述のうち、適切なものはどれですか？

❶ クロック周波数によってCPUの命令実行タイミングが変化する。クロック周波数が高くなるほど命令実行速度が上がる

❷ クロック周波数によってLANの通信速度が変化する。クロック周波数が高くなるほどLANの通信速度が上がる

❸ クロック周波数によって磁気ディスクの回転数が変化する。クロック周波数が高くなるほど回転数が高くなり、磁気ディスクの転送速度が上がる

❹ クロック周波数によってリアルタイム処理の割込み間隔が変化する。クロック周波数が高くなるほど割込み頻度が高くなり、リアルタイム処理の処理速度が上がる

A1 正解は❶です。コンピューター内部に存在する複数の回路間で処理のタイミングを合わせるための周期的な信号をクロックまたはクロック信号と呼びます。クロックとは「時刻」という意味です。クロック周波数はクロック信号が1秒間に何回発生するかを表したもので、CPUのこの値が大きいほど1秒あたりに命令を実行できる回数が増え、結果として処理能力も大きくなると言えます。

Q2 アクセス時間の最も短い記憶装置はどれですか？

❶ CPUの2次キャッシュメモリ　　❷ CPUのレジスタ
❸ 磁気ディスク（ハードディスク）　　❹ 主記憶（メインメモリ）

A2 正解は❷です。図2-14のように、CPUのレジスタが最もアクセス時間が短いです。アクセス時間とはCPUがデータの書き込みや読み込みを行う速度のことです。レジスタ（Register）はCPU内に存在するメモリで、処理データの一部や処理結果を記憶します。メインメモリに比べて小さい領域ですが、読み込みはとても高速です。

2-3 2進数を学ぼう

学習の概要
- ☑ 2進数を理解しよう
- ☑ 16進数を理解しよう
- ☑ 2進数／10進数／16進数の計算ができるようになろう

2-3-1　0と1の世界

　ネットワークの勉強をするにあたり、**2進数**を知っておく必要があります。これは、ネットワークの世界でコンピューターを識別する際に使われるアドレス（住所）が2進数で表現すると都合がよいためです。

10進法／60進法とは？

　私たちは普段、**10進法**（じゅっしんほう）を使っています。10進法とは、**0から9までの10個の数字**を使って数値を表し、9の次になると桁が増えるという数え方です。

　1から9までは1つの数字で表せますが、9の次の10になるとケタが増えて、1と0という2つの数字になります。これを10進法と呼びます。また10進法で表される数値のことを**10進数**（じゅっしんすう）と呼びます。

　ところで、時計の世界では現在でも12進法と60進法が使われています。分や秒の世界では60を一区切りとして、60秒は1分、60分は1時間と単位（桁）が増えます。また、時間の世界では12時間経過するとまた0時に戻ります。午前と午後の区別を考えなければ、24時間経過すると1日経過することから24進法とも言えます。

コンピューターの世界は2進法

　コンピューターの世界では**2進法**（にしんほう）を使います。これは2になると桁が増える数え方です。1の次は10、10の次は11、11の次は100となります。**0と1の2個の数字**しか使っていません。コンピューターで2進数が使われているのは、それにとって都合がよいからです。

　なぜ2進数がコンピューターにとって都合がよいのでしょうか？　それはコンピューターが情報を認識する際、電気が流れたか、流れないかの2通りで判断しているためです。

　スイッチオンして電気が流れた（正確には電圧がかかった）ときを1、スイッチオフして電気が流れないときを0とします。10進法で5という数字を2進法で表すと、"101"という2進数になります（算出方法は**2-3-3**を参照）。この"101"を電気で表すと、オン、オフ、オン（1、0、1）となることがわかります　図2-15　。

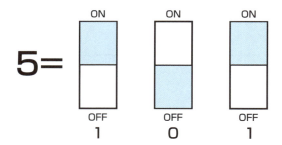

図2-15 コンピューターの世界では数字の5は3つのスイッチで表現される

2-3-2 ビットとバイト

コンピューターではよく**ビット**(bit)という単位が使われます。2進数の1つの桁は、オン(1)とオフ(0)のある1つのスイッチで表すことができ、これを1ビットと定義します。

1ビットは情報量です。101の場合、オン、オフ、オンと3つのスイッチで表現でき、3ビットの情報量となります。2進数の101は10進数の5でした。つまり、10進数で5という数字を表現するには、3ビットの情報量が必要となるのです。

もう1つ、情報量の単位に**バイト**(byte)があります。8ビットを1つの単位として1バイトと定義します 図2-16 。通信の世界では、1バイトを1**オクテット**(octet)という場合もあります。

図2-16 バイトとビットの関連

ところで、1バイトで表現できる10進数はいくつまでかおわかりですか？ 2進数で、"0000 0000"から"1111 1111"まで表現できます。10進数にすると0から255までとなり、「256個」が正解です。

「nビットで表現できる数はいくつあるでしょうか？」と聞かれた場合、その答えは

2^n

となります。8ビット(1バイト)の場合は、

$2^8 = 256$

用語

ビット(bit)

bitの由来は binary digit(2進数)の省略形からきています。

用語

バイト(byte)

byteはもともと8ビットという定義ではなく、コンピューターが一度にbite(かじる；扱える)できる量が由来です。biteだとbitと混同するので、byteに綴りを変えられました。8ビットを1バイトとして処理するコンピューターが普及したことで、1バイトは8ビットである、という認識が広まり、現在に至っています。

用語

オクテット(octet)

octetはラテン語の8を意味するoctoを由来とする単位で、8ビットを表します。バイトは明確に8ビットであるという定義がないため、コンピューターネットワーキングの世界では古くから8ビットのことをオクテットとして規格を制定してきました。

ポイント

nビットで表現できる最大の数は2^{n-1}です。例えばn=8のとき$2^8-1=255$になります。

ポイント

1オクテットは8ビットからなります。各ビットは左から0ビット目、1ビット目……7ビット目と数えます。

となるのです 🔵。

2-3-3　2進数を計算してみよう

先ほど5という10進数が101という2進数で表されると説明しました。これはどのように求めたのでしょうか？まずは 表2-02 をご覧ください。

表2-02　10進数／2進数／16進数の比較（その1）

10進数	2進数	16進数	10進数	2進数	16進数
0	0b 0000	0x 0	8	0b 1000	0x 8
1	0b 0001	0x 1	9	0b 1001	0x 9
2	0b 0010	0x 2	10	0b 1010	0x a
3	0b 0011	0x 3	11	0b 1011	0x b
4	0b 0100	0x 4	12	0b 1100	0x c
5	0b 0101	0x 5	13	0b 1101	0x d
6	0b 0110	0x 6	14	0b 1110	0x e
7	0b 0111	0x 7	15	0b 1111	0x f

2進数の最初に0b（ゼロビー）と付けましたが、これは「2進数です」という記号になります。bは2進数の英語表記binary（バイナリ）の頭文字です。

同様に16進数には0x（ゼロエックス）が付いています。これは16進数を表す記号で、xは16進数の英語表記hexadecimal（ヘキサデシマル）のxです。ちなみに10進数はdecimal（デシマル）でdという頭文字ですが、普通は0dは付けません（付ける場合もあります）。

「16進数だなんて見慣れない数字だ」という方もいると思います。**2-3-4**で詳しく説明するので、今は「そんなものがあるのか」程度にとどめておいてください。

また、2進数だけ4桁の数字でそろえています。例えば、11を"0011"と書いています。これは計算に都合がよいためで、2進数の4桁は16進数の1桁にちょうどあてはまるのです。"0b 0001 0000"は0x10です。次の 表2-03 で2進数と16進数を比べてみてください。

表2-03　10進数／2進数／16進数の比較（その2）

10進数	2進数	16進数
16	0b 0001 0000	0x 10
17	0b 0001 0001	0x 11
18	0b 0001 0010	0x 12
19	0b 0001 0011	0x 13
20	0b 0001 0100	0x 14

2進数を計算するときに、0と1ばかりの長い数字を扱うのが面倒なので、16進数を使うことがよくあります。

はじめて2進数を知った人でも、0から順番に書いていけば難しいことはありません。0の次は1、1の次は2ではなくて10です。2という数字が無いので、2

PART 2 ネットワークの基本を学ぼう

になるときに桁を繰り上げます。10の次は11です。つまり、10 + 1 = 11です。11の次は12ではなくて100です。

11 + 1 = 100、右から1桁目で1回繰り上がって、さらに2桁目も繰り上がって3桁目に1がきます。後はこれを繰り返していけば、101、110、111、1000、…と書いていくことができます。

10進数を2進数にしよう

しかし、ここで突然、「10進数の50を2進数にしたらいくつになるの？」と尋ねられたとき、順番に1、10、11、100、……と書いていっては日が暮れてしまいます。それでは、簡単に筆算できる方法をお教えしましょう。

まず50を2で割って、25余り0、次に25を2で割って12余り1、というように割り算の商（答えのうち余りを除いたもの）を2で割っていきます。

```
50 ÷ 2 = 25    余り0   ①
25 ÷ 2 = 12    余り1   ②
12 ÷ 2 =  6    余り0   ③
 6 ÷ 2 =  3    余り0   ④
 3 ÷ 2 =  1    余り1   ⑤
 1 ÷ 2 =  0    余り1   ⑥
```

0以外のどんな10進数を割っていっても、最後は必ず1 ÷ 2 = 0余り1になります。この余りの部分を⑥から①へと下から上に読んでみましょう。

"110010"となりました。これが50の2進数になります。

2進数を10進数にしよう

今度は逆に、2進数を10進数に変換してみましょう。

```
"0b 10011100"
```
$$(1\times2^7) + (0\times2^6) + (0\times2^5) + (1\times2^4) + (1\times2^3) + (1\times2^2) + (0\times2^1) + (0\times2^0)$$
$$= (1\times128) + (0\times64) + (0\times32) + (1\times16) + (1\times8) + (1\times4) + (0\times2) + (0\times1)$$
$$= 128 + 0 + 0 + 16 + 8 + 4 + 0 + 0$$
$$= 156$$

右から数字に2の0乗、1乗、2乗……を掛け合わせていて、それを足しています。これは10進数で同じことを考えるてみるとよくわかります。

```
156
```
$$= (1\times10^2) + (5\times10^1) + (6\times10^0)$$
$$= 100 + 50 + 6$$
$$= 156$$

2進数のときと同じです。

係数を覚えるとラク

2^7 や 2^6 という係数（掛けられる数）がわかりにくいかと思います。10進数の場合は、「一（いち）、十（じゅう）、百（ひゃく）、千（せん）、万（まん）…」という係数になりますが、2進数の場合は「1、2、4、8、16、32、……」と2倍ずつ増えていく係数になります 図2-17 。

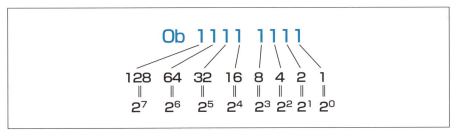

図2-17　2進数の桁と係数の関係

この係数の関係は覚えておくと便利です。慣れてくると2進数をちらっと見ただけで10進数がわかるようになるはずです。係数を使って "0b 0011 0010" を計算してみましょう。

1になっているケタの係数だけを足せば10進数を求めることができます。

> **ポイント**
> 通信の世界では8ケタまでの2進数が計算できればOKです。IPアドレスやMACアドレスの計算に使うのですが、これが8ケタずつに分割して表現されるためです。

2-3-4　16進数を学ぼう

2進数はコンピューターにとって都合がよい数え方だということを先ほど学びました。しかし、128という3桁の10進数が "0b 1000 0000" という8桁の2進数になるように、桁が大きくなるほど、人間にとってわかりづらいという欠点があります。これを補うために16進数が使われます。

16進数の1桁は4ビットで表現できます。2桁の16進数で1バイトの情報が表現できます。例えば、0x83は "0b 1000 0011" です。

2進数で8桁なので8ビット、つまり1バイトです。ここで気付くのは、0x83の8と3という数字をそれぞれ2進数にすると、"1000" と "0011" になることです。これを連結すると "1000 0011" となり、0x83の2進数になります 図2-18 。つまり、16進数の1つの桁に対して、2進数の4つの桁をあててあげればよいのです。

表2-02（43ページ）のように16進数の1桁は、0からf（エフ）までの16個の文字で表されます。9の次はaで、それ以降b、c、d、e、fと続きます。fの次で桁が上がります。0xfの次は0x10です。

PART 2　ネットワークの基本を学ぼう

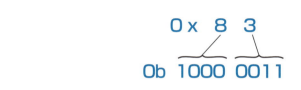

図2-18　16進数の1桁は2進数の4桁と対応する

16進数を2進数にしてみよう

16進数を2進数に変換してみましょう。

今度は0xabで練習します。0xabと並んでいると、なんだこれは？と思うかもしれませんが、れっきとした数値です。

0xは16進数を示す記号なので無視して、abを2進数に変換してみましょう。aは"1010"、bは"1011"なので"0b 1010 1011"が答えになります。

これまでで気になった方がいるかもしれませんが、2進数を表すときは見やすいよう、4ビットごとに空白（スペース）を空けています。絶対にそのように書かなければならない訳ではありませんが、見やすくなるので、このように書いています。

2進数を16進数にしてみよう

次に2進数を16進数に変換してみましょう。

"0b 1111 0100"を16進数に変換してみましょう。"1111"の部分は0xfに、"0100"の部分は0x4になるため、答えは0xf4となります。

16進数を10進数にしてみよう

最後に、16進数を10進数に変換してみましょう。44ページで2進数を10進数にしてみた場合と同様に、各桁の数値に対して係数を掛け、求められた値を加算していけば変換できます。

例えば、0xf4を10進数に変換してみましょう。0xfは10進数で15です。したがって、

```
0xf4 = 15 × 16¹ ＋ 4 × 16⁰
     = 15 × 16  ＋ 4 × 1
     = 240 ＋ 4
     = 244
```

16進数の0xf4は10進数では244となります。

2-3 | 2進数を学ぼう

確認問題

Q1 11110000という2進数を10進数で表してください。

A1 係数を思い出しましょう。右（1桁目）から1、2、4、8、16、32、64、128でした。11110000のうち1になっているケタの係数を足していけばいいわけです。つまり、128＋64＋32＋16＝240となるのです。これは$1\times2^7+1\times2^6+1\times2^5+1\times2^4+0\times2^3+0\times2^2+0\times2^1+0\times2^0$という計算をしたのと同じことです。

Q2 10進数の26を2進数と16進数で表してください。

A2 2進数の計算は、2で割った余りを最後から数えます。

26 ÷ 2 ＝ 13　　余り0 … ①
13 ÷ 2 ＝ 6　　余り1 … ②
6 ÷ 2 ＝ 3　　余り0 … ③
3 ÷ 2 ＝ 1　　余り1 … ④
1 ÷ 2 ＝ 0　　余り1 … ⑤

⑤から①に数えると、"11010"となります。2進数だとわかるように0bを付けて、"0b11010"が正解です。0bはなくても構いません。

16進数の場合、2進数を4桁ずつ対応させていけばよいです。"0b11010"は4桁ずつ分割すると、1と1010に分かれます。2進数の1は16進数で0x1、1010は43ページの表2-02を見ると0xaなのでこれを合わせて"0x1a"となります。

Q3 2進数の"1010 0001 1011 0010 1100 0011"を10進数と16進数で表してください。

A3 2進数の4ケタは16進数の1ケタに対応しているため、16進数から計算すると求めやすいです。43ページの表2-02を見ると、"0b 1010"は"0xa"、"0b 0001"は"0x1"、"0b 1011"は"0xb"、"0b 0010"は"0x2"、"0b 1100"は"0xc"、"0b 0011"は"0x3"なので、これらを連結させて"0xa1b2c3"という16進数が求められました。

次に、10進数を求めます。各桁に係数を掛けて加算していきます。

$$0xa1b2c3 = 10\times16^5+1\times16^4+11\times16^3+2\times16^2+12\times16^1+3\times16^0$$
$$= 10\times1,048,576+1\times65,536+11\times4,096+2\times256+12\times16+3\times1$$
$$= 10,485,760+65,536+45,056+512+192+3$$
$$= 10,597,059$$

正解は10,597,059です。数が大きい場合は、電卓を使いましょう。

2 ネットワークの基本を学ぼう

2-4 "とびら"の住所

学習の概要
- ☑ MACアドレスとは何かを知ろう
- ☑ MACアドレスの特性を理解しよう
- ☑ MACアドレスはどう使われているのかを知ろう

2-4-1 MACアドレスを知ろう

　ネットワークのとびらであるNIC（ネットワークインターフェイスカード）には、それを識別するためのアドレスが割り当てられています。アドレスとは住所のことです。あて先の住所を書かなければ郵便が届かないように、ネットワークの世界でも相手の住所がわからなければ通信できません。

　どのNICにも、**MACアドレス**という住所が書き込まれています。MACアドレスのMACとは、Media Access Control（メディアアクセスコントロール）の略です。媒体アクセス制御と訳せますが、ここでいう媒体とは、情報を伝える物質や空間のことです。通信データの読み出しや書き込みを制御するためのアドレス、となります。

　MACアドレスは**ハードウェアアドレス**、**物理アドレス**、**フィジカル**（Physical）**アドレス**とも呼びます。

世界でただ1つのMACアドレス

　このMACアドレスは指紋と同じように、世界中どのパソコンのNICを見ても同じものは存在しません。お父さんのパソコン、学校のパソコン、会社の上司のパソコン、どれをとっても違うMACアドレスが割り当てられています。他に同じ物が存在しないことをユニーク（unique）といいますが、どうやって世界中でユニークなアドレスを決めるのでしょうか？

　それはMACアドレスを決めるルールを知るとわかります。MACアドレスは**48ビット**または64ビット数値で、イーサネットでは48ビットが使用されます。

　さて、ここで復習です。48ビットは何バイトでしょうか？　1バイトは8ビットなので、48ビットは6バイトになります。

　では、48ビットで表すことができる数は何通りあるでしょうか？　2^nでn=48なので2^{48}通り、つまり280兆通り以上になります！これだけアドレスがあれば、とりあえず世界中のNICに1つ1つ割り当てていっても足りるでしょう、ということになっています。

　MACアドレスは例えばab:cd:ef:01:23:45やab-cd-ef-01-23-45のように、16進数を：（コロン）や-（ハイフン）で区切って表現します。

> **参考**
> 48ビットのMACアドレス体系をEUI-48と呼びます。EUIとはExtended Unique Identifierの略で、拡張ユニーク識別子という意味です。同様に、64ビットのMACアドレス体系をEUI-64と呼びます。EUI-48は従来型のMACアドレスで、イーサネットやFDDI、トークンリングなどで利用されます。EUI-64はIPv6で利用されます。詳細は155ページのコラム（interface IDの生成方法）を参照してください。

2-4-2 ベンダーコード＋製品番号＝MACアドレス

　48ビットのMACアドレスは、2つの番号が組み合わされたものです 図2-19 。

最初の24ビットは**ベンダーコード**です。ベンダーコードとは、ネットワーク機器を作った会社の番号です。日本では、富士通やNECなどのパソコンやその周辺機器を作っている企業にベンダーコードが割り当てられています。

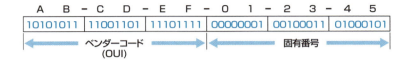

図2-19　ベンダーコードと固有番号

では、残りの24ビットは何でしょうか？　残りは**機器固有の製品番号**です。例として"AB-CD-EF-01-23-45"（16進数表示）というMACアドレスを見てみましょう 図2-20 。この先頭3バイト（AB-CD-EF）がベンダー（メーカー、製造業者）を識別するためのベンダーコードです 表2-04 。残りの3バイトがベンダーが各機器に割り当てる固有の番号です。

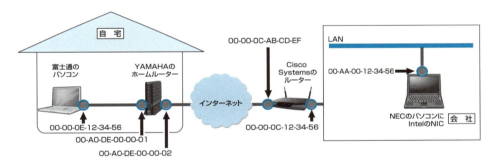

図2-20　住所のように全部MACアドレスが違う（表記のMACアドレスは例）

表2-04　主なベンダーコード

ベンダーコード	ベンダー名	ベンダーコード	ベンダー名
00-00-00	Cisco Systems	00-A0-24	3COM
00-00-0E	富士通	00-A0-DE	YAMAHA
00-00-4C	NEC	00-AA-00	Intel
00-03-47	Intel	D4-38-9C	Sony

注：同じ会社で複数割り当てられているものもある

参考
その他のベンダーコードについては、https://standards-oui.ieee.org/で確認できます。

確認問題

Q1 イーサネットのMACアドレスは何ビットですか？

A1 48ビットです。48ビットのうち、最初の24ビットがベンダーコード（OUI）、後の24ビットが製品番号です。

Let's Try! 練習問題

解答は別冊3ページ

Q1

パソコンに存在するLANケーブルを挿すための穴を何と呼びますか?

Q2

16進数の0x473を10進数で表すといくつになりますか?

Q3

10進数の100を2進数で表すといくつになりますか?

Q4

2進数の1111011を10進数で表すといくつになりますか?

Q5

10進数の830という数は、何ビットで表現できますか?

Q6

205.33.74.3というIPアドレスがあります。これを2進数で表すといくつになりますか?

❶ 11001101.00100001.01001110.00000011
❷ 11011101.00110001.01001010.00000011
❸ 11011101.00100001.01001110.00000011
❹ 11001101.00100001.01001010.00000011

Q7

10-03-47-B9-BC-88というMACアドレスがあります。これを2進数で表すといくつになりますか?

❶ 00001010-00000011-00101111-10111001-10111100-01011000
❷ 00001010-00000011-00101111-10111001-10111100-10001000
❸ 00010000-00000011-01000111-10111001-10111100-10001000
❹ 00010000-00000011-01000111-10111001-10111100-01011000

50

PART 3

プロトコルって何だろう？

みなさんはTCP/IP（ティーシーピーアイピー）という言葉をいろいろな
ところで耳にしたことがあると思います。
本書のタイトルにも使われていますが、TCP/IPは一連の決まりごと、
ということをご存知でしょうか？

3-1 TCP/IPはインターネットの核

3-2 OSI参照モデルを学ぼう

3-3 インターネットのプロトコル構造

3-4 階層別ネットワーク機器

3-1 TCP/IPはインターネットの核

学習の概要
- ☑ プロトコルとは何かを理解しよう
- ☑ どんな標準化団体があるかを知ろう
- ☑ RFCとは何かを理解しよう

3-1-1 プロトコルはネットワークの約束ごと

　交通ルールはクルマを運転する人にとって重要なものです。運転する人だけでなく、歩行者も自転車に乗る人も交通ルールを守らなければなりません。この交通ルールは道路交通法などの法律によって定められています。例えば、「自動車は左側車線を走らなければならない」「一方通行の標識は赤丸に白い横線でなければならない」などいろいろあります。TCP/IPにおいても道路交通法のように、たくさんの決まりごとが定められています。

　ところで、「TCP/IPの決まりごと」はどこに書かれているのでしょうか？ ほとんどの決まりごとは、**RFC**（アールエフシー）という文書に書かれています。このRFCの詳細については **3-1-3** で説明します。このような決まりごとを**プロトコル**（protocol）と呼びます。

用語
RFC
（*Request for Comments*）

プロトコルの意味

「プロトコル」を広辞苑で引いてみると、次のような意味が記されています。

> ① （条約の）議定書・原案
> ② 外交儀礼
> ③ コンピューターシステムで、データ通信を行うために定められた規約、情報フォーマット、交信手順、誤り検出法などを定める

　プロトコルとは、もともと外交官が外国との外交交渉において行う儀礼や典礼、あるいは外交議定書などを指す言葉でした。

　英和辞典でもまずは外交儀礼、次に条約原案、そして国家間の協定という順序で意味が掲載されています。しかし、インターネットが普及した現在では、③の意味で一般的に使用されています。

　通信プロトコルとは、TCP/IPのようなコンピューター通信に限らず、電話の音声通信や、パケット交換網というデータ通信にもあるものです。

　TCP/IPが普及する前は、汎用コンピューターの世界において、IBM社のSNA、NEC社のDINA、富士通社のFNAといった各社ばらばらの通信プロトコルを採用していました。そのようなプロトコルはごく一部の専門家や、開発エンジニアだけが知っていればよいことでした。

用語
SNA（*Systems Network Architecture*）
DINA（*Distributed Information processing Network Architecture*）
FNA（*Fujitsu Network Architecture*）

プロトコル知識の必要性

インターネット接続のように、利用者自身がパソコンやネットワーク機器に自分で何らかの設定をしなければならなくなると、一般のユーザーもプロトコルを意識する必要性が出てきました。

例えば、ケーブルの種類、モデムやターミナルアダプタの設定、ネットワーク用の周辺機器が自分の持っているパソコンに合うかどうか、OSの設定などです。

これは、自動車がそれほど普及していない頃、ごく一部の人たちだけが交通ルールを守ればよかったのが、自動車が広く普及した社会では、多くの人がルール（法律）を意識しなければならないのに似ています。

インターネットで使われるTCP/IPプロトコルの詳しい内容は **Part6**、**Part7** で説明しますが、本項では一般的な通信プロトコルの仕組みについて見ていきます。

> **用語**
> **ターミナルアダプタ**
> ISDNに接続するとき必要な信号変換機器です。

COLUMN | 通信プロトコルの歴史

SNAは1974年にIBM社によって発表されました。IBM社のコンピューターや端末同士を接続して、情報のやり取りを行うためのプロトコルです。

その当時、ある銀行ではIBM社のSNAプロトコルを使ったオンラインシステムを導入していたとします。しかし、別の銀行では富士通社のFNAプロトコルを使ったオンラインシステムを導入していました。このような場合、銀行間の決済を行うときは別のシステムを使用する必要がありました。

初期のオンラインシステムでは、メーカーがコンピューター、ソフトウェア、ネットワーク機器、プロトコルなどすべてをひとまとめにして、ユーザー企業に提供していました。そのため、メーカーが異なる企業間では情報のやり取りができなかったり、できた場合も大変な労力を必要としました。

この不便さを解消するため、オープンネットワークという概念が採用されました。オープンネットワークでは仕様が公開されているため、それをもとにした製品を作ることで、異なるメーカー機器の相互接続が可能になりました。

オープンネットワークには2つの流れがありました。1つはISOのOSI（**3-2**参照）、もう1つがTCP/IPです。その使いやすさからTCP/IPのほうが広く利用されるようになりました。

3-1-2　どうやってプロトコルができるのだろう？

標準として使われている通信プロトコルの多くはもともと、コンピューターメーカー（ベンダー）や通信事業者といった企業や、ある個人が作った通信方法でした。これが業界標準と呼ばれるデファクトスタンダード（*Defact Standard*）となって多くのベンダーで採用されるようになると、国際標準化組織で標準化が行われる、という流れになります。

Part1 でイーサネットの歴史を紹介しましたが、これも初めはXerox社というプリンタメーカーで開発されました。その後Intel社、DEC社と共同でデファクトスタンダードに発展させ、最終的にIEEE（アイトリプルイー、米国電気電子学会）という標準化団体によってIEEE 802.3という世界標準のプロトコルになったのです。

用語
IEEE（*Institute of Electrical and Electronics Engineers*）

参照
4-4-1（101ページ）でIEEE 802.3を詳しく説明します。

注意
正確にはデファクトスタンダードのイーサネットとIEEE 802.3には、微妙に異なる部分があり、この2つのプロトコルが別々に存在しています。

3-1-3 RFCって何だろう？

インターネットの技術仕様はRFC（アールエフシー）という文書にまとめられていることは先ほど述べました。ここではRFCについて詳しく学んでいきます。

「コメントをください」

RFCはRequest for Commentsの略です。和訳すると、コメントをくださいという感じです。技術仕様はすでに決められたものであるはずなので、「何でコメントが欲しいの？」と思うかもしれません。

RFCはインターネットが現在のような形になる前から、つまりARPANETの時代から存在していました。RFCは1番から順に番号が振られていて、2025年3月現在、9,700を超えています。

最初のRFCであるRFC 1は1969年4月7日に、UCLA（カリフォルニア大学ロサンゼルス校）のスティーブ・クロッカー（Steve Crocker）が書いたHost Softwareというタイトルでした。

このRFCはPart1で紹介した、最初の4台で始まったARPANETのホストで動作させるソフトウェアに関して、現状、問題点、提案が書かれています。当時はいちからネットワークを作っていく手探りの状態だったため、この問題点や提案に対して「コメントをください」ということだったのです。その後もRFCはARPANETの開発に関わる人々の間で、意見交換の場として利用されていきます。

RFCの種類

RFCはインターネットの技術に関するあらゆる情報が組み込まれています。具体的にどのような種類に分類されるかを見てみましょう 図3-01 。

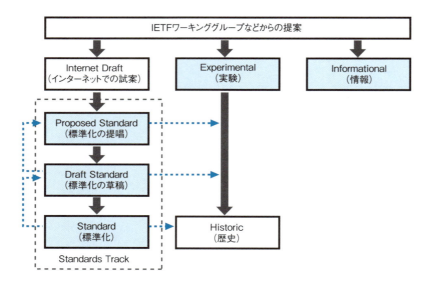

図3-01　RFCの種類と制定までの流れ

3-1 | TCP/IPはインターネットの核

- Internet Draft（インターネットドラフト）
新しいプロトコルが提案されると、Internet DraftとしてIETF（インターネット技術タスクフォース）のワーキンググループで検討されます。ドラフトとは草案の意味で、下書きの段階のことです。Internet DraftはIETFのワーキンググループ内部や、外部の団体・個人から出されます。また、インターネット上にも公開され、広く意見が求められます。

- Informational（情報）
情報提供を目的としたRFCです。InformationalのRFCには、他の標準化団体が作った規格に対する情報や、過去のRFCに対する補足などがあります。また、毎年エイプリルフール（4月1日）になるとジョークRFCなるものが発行されます。これもInformationalです。

- Experimental（実験）
インターネット上での実験を目的として作られるRFCです。このRFCが実際のネットワーク機器に実装されることはありません。

- Historic（歴史）
バージョンアップなどで新しいプロトコルができた場合、古いバージョンのプロトコルはHistoricという状態になります。

> 参考
> インターネットドラフトの
> Webページ
> https://www.ietf.org/
> participate/ids/

> 用語
> IETF（*Internet Engineering
> Task Force*）

> 用語
> ジョークRFC
> インターネットは歴史が浅く、アメリカ人中心でできたこともあり、いろいろな遊び心が許容される世界です。次のサイトにジョークRFCがまとまっています。
> https://en.wikipedia.org/wiki/
> April_Fools'_Day_Request_
> for_Comments

RFC標準はどうやって作られる？

標準化されたRFCを**Standard**と呼びます。STDと略されることもあります。標準化はIETFのワーキンググループである**IESG**（インターネット技術運営グループ）が決定します。

提案された仕様はまず2週間以上の期間、Internet Draftとして公開されます。その後、IESGによって基準や品質を満たしているかが検討されます。Standards Trackへ進むことが決まると、その仕様はInternet Draftから削除され、RFCとして公開されます。Standards Trackから外れてExperimentalとして採用されることもあります。

Standards Trackへ進むと、まず6ヵ月以上Proposed Standardとして据え置かれます。その後、承認されるとDraft Standardへ移行し、さらに4ヵ月以上据え置かれ、問題がなければ晴れてStandardになるのです。

> 参考
> RFC標準化のプロセスはRFC 2026に記載されています。なお、RFC 2026は次のRFCでアップデートされています。RFC 3667、RFC 3668、RFC 3932、RFC 3978、RFC 3979、RFC 5378、RFC 5657、RFC 5742、RFC 6410、RFC 7100、RFC 7127、RFC 7475、RFC 8179

> 用語
> IESG（*Internet Engineering
> Steering Group*）

3-1-4 インターネットの標準化団体

RFCは**IETF標準**とも呼びます。IETFはインターネット標準化の責任を持つ組織で、**ISOC**という非営利団体の一部にあたります。図3-02はインターネットの標準化に関わる団体を示しています。

ISOC下位組織としてIABがあります。IABはIETFとIRSGの議長（チェアマン）や、IESGとIRSGのメンバを任命したり、ITU-TやISOなどの外部組織との連携に関する責任を持ちます。

IABはIETF、IRTF、ICANNを統括します。

IETFはインターネット技術の標準化を進める団体です。IETFには個人で参加

> 用語
> ISOC（*Internet SOCiety*）
> 1992年に神戸で開催されたINET '92で正式に発足しました。

> 用語
> IAB（*Internet Architecture
> Board*）
> IESG（*Internet Engineering
> Steering Group*）
> IRSG（*Internet Research
> Steering*）

PART 3　プロトコルって何だろう？

することが可能で、特に資格は必要ありません。参加する人はIETFの会合に出席したり、議論を行うメーリングリストに参加したりできます。

IESGは、IETFで議論されるインターネット技術の標準化に対して責任を負います。また、IETFが作成するRFCの検討や決定を行います。

IESGの配下にはワーキンググループが必要に応じて発足します。ワーキンググループでは技術ごとに設計や開発が行われ、目的が終了すると解散します。

IRTFでは、インターネット技術の長期的な研究が行われます。技術ごとにワーキンググループがIRSGの配下で運営されます。

ICANNは、IPアドレスなどのインターネットで使われる数値や名前の管理を行います。実際に管理や割り当てを行うのはNICで、世界に3つ存在します。

日本の場合、アジア太平洋地域を担当するAPNICから委任されたJPNICが実際のアドレス割り当て業務を行います。

> **用語**
> **ICANN**（Internet Corporation for Assigned Names and Numbers）
> 1998年に設立された民間の非営利法人です。その前はIANA（Internet Assigned Numbers Authority）という組織がIPアドレスなどの管理を行っていました。IANAは現在ICANNの一組織です。

> **用語**
> **NIC**（Network Information Center）
> **APNIC**（Asia Pacific Network Information Center）
> **JPNIC**（Japan Network Information Center）

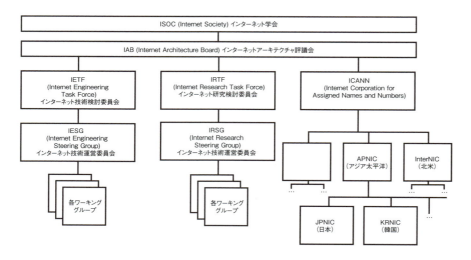

図3-02　インターネットの標準化はさまざまな組織が関わっている

3-1-5　他にどんな標準化団体があるのだろう？

世界的な規模での標準化を進めている機関として、ITU（国際電気通信連合、旧CCITT）やISO（国際標準化機構）があります。ITUは主に電気通信の立場からの標準化作業、ISOはデータ処理方面からの標準化を分担しています。

ITUで電気通信に関する技術の標準化を行う部門をITU-Tと呼びます。ITU-Tの規格は勧告と呼ばれ、I.430、V.35、X.25というように、アルファベット＋番号という名前が付いています。このアルファベットですが、IはISDN関連、Vはアナログデータ通信関連、Xはデータ通信網関連と技術分類を示しています。

また、LANの規格であるIEEE 802シリーズ勧告は、IEEEという標準化組織の中で規格化されます。

以上のIEEE、IETF、ITU、ISOはTCP/IPを学ぶ上で必要不可欠なプロトコ

> **用語**
> **ITU**（International Telecommunication Union）
> **ISO**（International Organization for Standardization）

ルを制定している機関ですので、ぜひ覚えておきましょう。

　日本にも標準化組織が存在しており、ITUの日本バージョンとして、**TTC**（情報通信技術委員会）が活動しています。TTCではITUの勧告を和訳したり、日本向けに加工したドキュメントを発行しています。また、ISOの日本バージョンとして**JISC**（日本産業標準調査会）があります。あのJISマークのJISです。JISのドキュメントにはOSI参照モデルの記述があります。

　他に、ネットワーク関連の標準化組織としては、インターフェイス形状などの標準を出した**ANSI**（米国規格協会）、WPAやWPA2のような無線LANのセキュリティ認証プログラムを提供する**Wi-Fi Alliance**、World Wide Webで使用される各種技術の標準化を推進する**W3C**が有名です。

> **用語**
> **TTC**（*Telecommunication Technology Committee*）
> 2002年6月に電信電話技術委員会から情報通信技術委員会に改称されました。
>
> **用語**
> **JISC**（*Japanese Industrial Standards Committee*）
> **ANSI**（*American National Standards Institute*）
> **W3C**（*World Wide Web Consortium*）

確認問題

Q1 通信の世界で、プロトコルとはどのような意味ですか？

A1 「通信を行うために定められた規約、情報フォーマット、交信手順、誤り検出法などを定める」ものです。

Q2 イーサネットの802.3などを規格化した団体を何と呼びますか？

A2 IEEEです。IEEEはアイトリプルイーと読み、Institute of Electrical and Electronics Engineersの略です。802.3という規格はIEEE 802シリーズの1つです。IEEE 802シリーズはLAN（Local Area Network）やMAN（Metropolitan Area Network）といった中小規模のネットワークに対する仕様です。IEEE 802シリーズの詳細は*Part 4*で説明します。

Q3 標準化されたRFCは何と呼ばれますか？

A3 Standardと呼ばれます。STDとも略され、和訳すると「標準」です。IETF標準とも呼ばれます。Standardになるまで、「Proposed Standard（標準化の提唱）」と「Draft Standard（標準化の草稿）」という過程を経ます。

Q4 2025年3月現在、RFCの数はいくつありますか？

A4 9,700以上のRFCが存在しています。1ヵ月に数10個程度が新たに加わっています。次のWebサイトですべてのRFCのタイトル／発行月／分類といった情報が参照できます。

http://www.ietf.org/download/rfc-index.txt

3-2 OSI参照モデルを学ぼう

学習の概要
- ☑ OSI参照モデルを理解しよう
- ☑ なぜ階層型モデルが必要かを理解しよう
- ☑ 各層の役割を理解しよう

3-2-1 なぜ階層型モデルが必要なのだろう？

初期のLANやWANの開発は、かなり混沌とした状態でした。企業は最新のネットワークを導入して、コスト削減と生産性向上を目指していましたが、ネットワーク機器メーカーによって異なる仕様が存在していたため、ネットワークの拡張や相互接続に問題が生じていました。

このような問題をなくすために、ISO（国際標準化機構）がどのメーカーの機器同士でもネットワークの相互接続ができるよう、OSI参照モデルという階層化モデルを制定しました。

階層化モデルを使うと次のような利点があります。

> ① ネットワーク処理においてどの機能について話しているのか、わかりやすくなる
> ② 標準のインターフェイスを定義することにより、異なるメーカーの機器が接続できるようになる
> ③ ネットワーク機器を設計・開発するエンジニアが、考える範囲を限定することができる
> ④ ある層で変更したことが、他の層に影響を与えないようにすることができる

学校の勉強でも同じことが言えると思います。小学校は6学年あるので、これを6つの層と考えてみましょう。日本全国どこの小学校でも（公立であれば）、どの学年でどの範囲の算数を習うかが決まっています。

例えば、4年生で転校することになったとしましょう。このときでも、3年生までの授業で習う範囲は同じですから、転校先でも同じレベルで4年生の授業を受けることができます。これが学校ごとにまるっきり違う範囲を勉強してよいことになったら、転校先での勉強についていけなくなります。

このように勉強する範囲を同じ層で確定してあげれば、他の学校へ転校してもうまくやっていけるはずです 図3-03 。

用語

ISO
（*International Organization for Standardization*）
アイエスオーやアイソ、イソと読みます。1947年に設立され、本部はスイスのジュネーブにあります。ネットワークに限らず、知識・科学・技術・経済に関するさまざまな国際的規模の標準化を行っています。一般には、品質管理システムのISO 9000シリーズや、環境管理システムのISO 14001が有名な規格です。

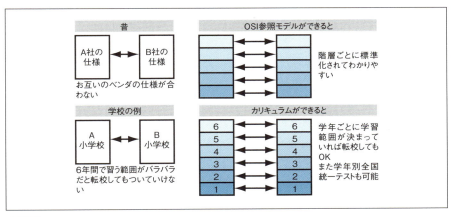

図3-03　学校の例と照らし合わせて考えてみよう

3-2-2　OSI参照モデルをマスターしよう

　TCP/IPをはじめ、通信を勉強する上ではOSI（オーエスアイ）参照モデルを知っておく必要があります。

　OSI参照モデルは、たくさんある通信プロトコルの位置付けや関連性を把握するのに役立ちます。OSIとは、Open System Interconnection（開放型システム間相互接続）の略です。異なる機種間のデータ通信を実現するために、ISOとIEC◎の合同技術委員会であるJTC1◎によって1980年に制定されました。

　OSI参照モデルの構造は、図3-04のように**7つの階層**からできています。このような階層構造を**プロトコルスタック**（Protocol Stack）と呼びます。

　7つの階層はコネクションというユーザー間通信接続に関するプロトコルをまとめた下位4層と、アプリケーションというユーザーのコンピューター内部で処理されるソフトウェアに関するプロトコルをまとめた上位3層に大きく分けることができます。

> **参考**
> OSI基本参照モデルとも呼びます。
>
> **参考**
> 開放型とは53ページのコラムにあるように、仕様がオープンになっている、ということです。つまり、企業秘密がなく誰でも利用できるということです。
>
> **用語**
> IEC（International Electrotechnical Commission）
> JTC1（Joint Technical Committee One）

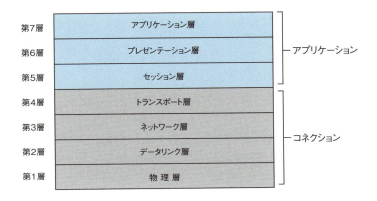

図3-04　OSI参照モデル

PART 3 プロトコルって何だろう？

　OSI参照モデルの特徴は、同じ階層の中だけで標準ルールを自由に決めることができることです。1つ下の階層が、その上の階層に責任を持ってサービスを行って、両者間でインターフェイス（窓口）⚠を提供し合うのが条件にあります。

⚠ **注意**
OSI参照モデルの「インターフェイス」はネットワークのとびら（穴）ではありません。階層間で情報をやりとりする窓口のことです。

OSI参照モデルを郵便で例えてみる

　図3-05のようにA子さんからB子さんに手紙を出すとします。A子さんは封筒にB子さんの住所と名前を書いて、切手を貼って近所の郵便ポストに投函します。この場合、郵便ポストは郵便局が提供するインターフェイスです。投函した手紙は郵便局の人が回収し、いくつかの郵便局を経由して、B子さんの家のポストに配達されます。

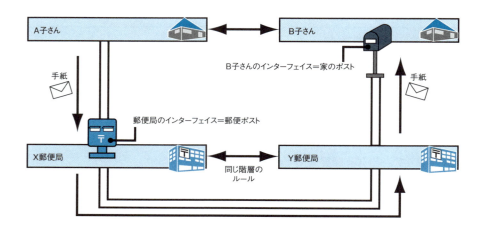

図3-05　同じ階層の中だけで標準ルールを自由に決めることができる（郵便の場合）

　B子さんの家のポストもまた、インターフェイス（窓口）になります。このインターフェイスを用意すれば、A子さんとB子さんは郵便局がどのようなルールで手紙を配達しようが、意識する必要はありません。つまり、郵便局は独自のルールを自由に決めることができる、ということです。
　この手紙の例をメールにするとどうなるでしょうか。
　A子さんのパソコンとB子さんのパソコンは、実際にはWi-Fiや会社のLANなどを経由して接続されますが、論理的には2人のパソコンはアプリケーション層でつながっているように見えます。つまり、それ以下の層は意識しなくてよいわけです。
　A子さんは単にメールのあて先、題名、本文などを書いて、送信ボタンを押せば、その後の全体的なやりとりを意識しなくてもB子さんのパソコンにそのメールが届いて、B子さんはそのメールが読めるのです　図3-06。

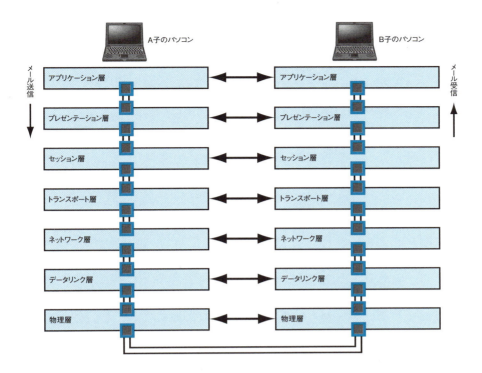

図3-06　同じ階層の中だけで標準ルールを自由に決めることができる（メールの場合）

次にOSI参照モデルの7つの層を順番に見てみましょう。

3-2-3 物理層（Physical Layer）

通信を行うためには、通信路が整備されていなければなりません。これを宅配便の荷物を送るケースで考えてみましょう。

荷物には直接関係ありませんが、荷物を運ぶためには、どのトラックを使うか、運転手の勤務時間を何時から何時までにするなどを決める必要があります。また、「道路の幅を確認して通過できるトラックを使う」「高速道路では100km以上は出さないようにする」などもあらかじめ決めておかないと、事故や遅延などによって、無事に荷物を届けることができなくなるかもしれません。

これと同じように、**物理層**では、データ処理に直接関係あるわけではありませんが、エンドシステム間の物理的な接続開始や維持、終了のための電気的・機械的・手続的・機能的な仕様を規定しています。これらの具体的な事項として、電圧レベル、電圧変化のタイミング、物理データ速度、最大通信距離、コネクタの物理的形状などがあります。

この層では、データは単なるビット列です。つまり、0と1の組み合わせでしかありません。この0と1を表すために、例えば0は電圧0ボルト、1は電圧5ボルトを使うというように決めます。

> **用語**
>
> **エンドシステム間**
> 送信元のユーザーからあて先のユーザーまでの間を「エンドシステム間」または、「エンドツーエンド（End-to-End）」といいます。

PART 3 プロトコルって何だろう？

物理データ速度には決まりがある

　かつてネットワークの物理データ速度を決める規格は多岐にわたり、シリアルWANではT1・T3・E1・E3、POSではOC-3・OC-12などが用いられていました。これらはケーブルやコネクタの仕様を細かく定め、異なるメーカーの機器間の接続を可能にしていました 図3-07 。物理層の代表的な規格には、EIA/TIA-232（RS-232C）、V.35、V.24、IEEE 802.3、FDDI、NRZなどがあり、この層ではアドレスは使用されません。

> **用語**
> **T1・T3・E1・E3**
> T1（1.544Mbps）とT3（44.736Mbps）は主に北米で、E1（2.048Mbps）とE3（34.368Mbps）は主にヨーロッパで使用されていたデジタル専用線サービス向けの回線方式ですが、その利用は減少しつつあります。

> **用語**
> **OC-3・OC-12**
> POS（Packet over SONET）を実現するために、基盤となるSONET（Synchronous Optical Network）という光伝送技術で使われる伝送速度の規格です。基本速度をOC-1と呼び、OC-1は51.84Mbpsです。したがって、OC-3は155.52Mbps、OC-12は622.08Mbpsとなります。

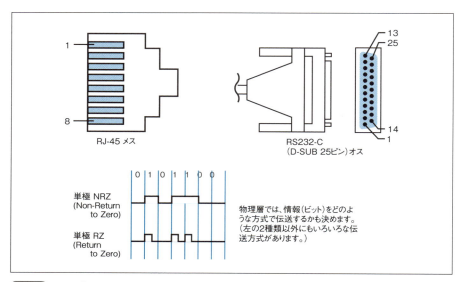

図3-07　ケーブルコネクタの形状やピンの数、各ピンに加えられる電圧やその波形なども規定している

　しかし現在では、イーサネット（IEEE 802.3）が圧倒的な優位性を持ち、他の規格はほとんど使われなくなっています。技術革新により10Mbpsから800Gbps以上に対応し、LANだけでなくWANやデータセンターでも利用可能です。また、普及に伴いコストが大幅に下がり、異なるメーカー間でも高い相互接続性を確保できます。

　現在、物理層の規格はほぼIEEE 802.3が標準となり、ネットワークの物理層規格といえばイーサネットを指す状況になっています。過去の規格は一部の用途を除き、ほとんど使われなくなりました。

3-2-4　データリンク層（Data Link Layer）

　データリンク層の仕事は、メディア上でのデータ伝送を確実に行えるようにすることです。メディアとは、通信ケーブルなどの通信媒体を指します。

　データリンク層では、どこへデータを送ればよいかを示すために、物理アドレスを使います。物理アドレスは**MACアドレス**とも呼びます。また、データ伝送が失敗したときにエラー通知やフロー制御を行います。

　データリンク層では、データを**フレーム**と呼ばれる単位で扱います。過去にはIEEE 802.2、フレームリレー、ATM、PPP、HDLCなど多様な規格が存在しまし

> **用語**
> **フロー制御**
> データが混み合ったときに送信元に送るのを控えるよう通知したり、あらかじめ決められた量しかデータを送らず、それ以上になったらデータを廃棄したりすることです。専門用語では輻輳（ふくそう）制御と呼びます。

たが、現在ではイーサネット（IEEE 802.3）が物理層とデータリンク層の両方を担う規格としてほぼすべてのネットワーク環境で主流となり、これらの規格は特定の用途を除きほとんど利用されていません。

3-2-5　ネットワーク層（Network Layer）

　ネットワーク層は地理的に大きく離れており、間に多くのネットワーク機器を介している場合もある、2つのエンドシステム（端末）間の接続と経路選択（ルーティング）を行う複雑な階層です。

　ネットワーク層では、データをどこへ送るべきかを示すために論理アドレスを使用します。現在ではIPアドレスがその役割を担い、ネットワーク層の代表的なプロトコルもIPのみが主流となっています。

　TCP/IPにはこの層に関する多くのプロトコルが含まれており、その大部分はルーティングの方法や効率的なルーティングの実現に関する規定です。かつてはIPXやX.25などのプロトコルも存在しましたが、現在ではほぼ使用されていません。

> 🔵 用語
>
> **ルーティング**（routing）
> IPアドレスを使ってパケットを送信元からあて先までバケツリレーのように届けてあげる処理です。Part 8で詳しく説明します。

3-2-6　トランスポート層（Transportation Layer）

　この層はTCP/IPにおけるTCPの層です。詳しくはPart 7で解説します。トランスポート層は、データを分割してデータストリームにまとめます。

　セッション層とトランスポート層の境界は、アプリケーション（上位）層とコネクション（下位）層の境界にもなります。アプリケーション層からセッション層がアプリケーションの問題に関連しているのに対して、下位の4層はデータ通信の問題に関連しています。

　トランスポート層は、通信の実装の詳細を隠し、上位層にデータ通信サービスを提供する役割を担います。特に、複数のネットワーク間で信頼性の高い通信を提供するといった課題は、トランスポート層の重要な機能です。信頼性の高いサービスを実現するために、トランスポート層は仮想回線の確立、維持、終了や、通信障害の検出と復帰、通信相手側のデータを溢れさせないようにするためのフロー制御機構などを提供します。

　トランスポート層を簡潔に理解するには、サービス品質や信頼性を思い浮かべてみるとよいでしょう。トランスポート層のプロトコルとしては、TCPやUDPがあります。

> 🔵 用語
>
> **データストリーム**
> （Data Stream）
> アプリケーションの1回の処理で通信回線を流れるすべてのデータです。例えばメールを送るとそのメール全文がデータストリームとなります。

> 🔵 用語
>
> **仮想回線**
> バーチャルサーキットとも呼ばれます。2つのネットワークデバイス間で信頼性のある通信を行うための論理的な伝送路を指します。

3-2-7　セッション層（Session Layer）

　セション層とも呼びます。この層では通信の開始時や終了時などに送受信するデータの形式などを規定します。この層で論理的な通信路が確立されます。

　Session（セッション）とは、2つのシステム間で実行される通信の論理的な接続の開始から終了までを指します。

　TCPがトランスポート層でコネクションという通信の論理的なつながりを作りますが、この確立から終了までの一連の作業が1つのセッションになります。

OSIの7つある層の中でも一番わかりにくい役割だと言えるでしょう。**セッション層**の説明としてはよく、「対話の同期をとる」といった表現がされています。

インターネットでのチャットや電話での会話を想像してみてください。チャットや会話が開始してから、そこでのあいづち、応答などを経てから会話が終了するはずです。これを通信においてどのように行うのかを決めるのがセッション層の役割です。

セッション層のプロトコルとしては、RPC、SQL、NFSなどがあります。

> **用語**
> **チャット**
> ネットワークを介して文字をタイピングして会話を行うシステムです。

3-2-8 プレゼンテーション層 (Presentation Layer)

友達から来たメールが文字化けしていて、メールの文章が読めなかった経験はありませんか？　またはWebサーフィンをしていたらWebページが文字化けして、Webブラウザの設定を変えてみた経験はありませんか？　これは相手のパソコンと自分のパソコンの間で、**プレゼンテーション層**で使う設定値が不一致だったために発生したものです。

プレゼンテーション層では、圧縮方式や文字コードなど、データの表現形式を規定します **図3-08**。

名前	更新日時	種類	サイズ
tmp.bmp	2025/01/16 17:47	BMP ファイル	0 KB
tmp.gif	2025/01/16 17:47	GIF ファイル	0 KB
tmp.jpg	2025/01/16 17:47	JPG ファイル	0 KB
tmp.png	2025/01/16 17:47	PNG ファイル	0 KB
tmp.tif	2025/01/16 17:47	TIF ファイル	0 KB

図3-08 いろいろな画像の種類

> **用語**
> **文字コード**
> コンピューターは0と1の世界で文字は存在しませんが、0と1の並び方で文字コードを作って文字を表現します。

ASCIIやUTF-8といった**文字コード** **表3-01** や、GIFやJPEGなどの静止画像、あるいはMPEGといった動画像のプロトコルがこの層に対応します。**バイナリファイル**をネットワークで通信できる形式に変換したり、逆にネットワーク経由で受信したデータをアプリケーションソフトが認識できる形式に復元したりします。

FTP（ファイル転送）の例を見てみましょう。FTPではテキストファイルを転送するアスキーモードと、テキスト以外の画像や音楽、アプリケーションファイルを転送するバイナリモードがあります。

ここで、テキストファイルをバイナリモードで送るとどうなるのでしょうか。文字は正しく表示されますが、改行コードが正しく表現されません。

プレゼンテーション (*Presentation*) というと、研究成果や新製品の発表を思い浮かべると思います。パソコンのソフトウェアにもマイクロソフトのPowerPoint（パワーポイント）など、プレゼンテーション用のものがあります。プレゼンテーションという英語には、「発表のやり方や体裁」という意味があります。

このように、通信を行う上でユーザーにどのように見せるか、体裁を整えるのがプレゼンテーション層ということになります。

> **用語**
> **バイナリファイル**
> （*Binary File*）
> 文字列で表されるテキストファイル以外のファイルです。音声や画像、実行ファイル（EXEファイル）などがこれにあたります。

> **参照**
> SMTP、HTTPは***Part 9***で詳しく説明します。

表3-01 ASCIIコード。文字を割り当てられた数字で表現する

文字	NUL	SOH	STX	ETX	EOT	ENQ	ACK	BEL
10進数	0	1	2	3	4	5	6	7
文字	BS	HT	NL	VT	NP	CR	SO	SI
10進数	8	9	10	11	12	13	14	15
文字	DLE	DC1	DC2	DC3	DC4	NAK	SYN	ETB
10進数	16	17	18	19	20	21	22	23
文字	CAN	EM	SUB	ESC	FS	GS	RS	US
10進数	24	25	26	27	28	29	30	31
文字	SPACE	!	"	#	$	%	&	'
10進数	32	33	34	35	36	37	38	39
文字	(	)	*	+	,	-	.	/
10進数	40	41	42	43	44	45	46	47
文字	0	1	2	3	4	5	6	7
10進数	48	49	50	51	52	53	54	55
文字	8	9	:	;	<	=	>	?
10進数	56	57	58	59	60	61	62	63
文字	@	A	B	C	D	E	F	G
10進数	64	65	66	67	68	69	70	71
文字	H	I	J	K	L	M	N	O
10進数	72	73	74	75	76	77	78	79

3-2-9 アプリケーション層（Application Layer）

OSI参照モデルの第7層を**アプリケーション層**と呼びます。応用層と呼ばれることもあります。

インターネットでは、電子メールの**SMTP**、ファイル転送の**FTP**、Webブラウザを使ってWebページを**HTTP**など、アプリケーションのプロトコルが規定されます。

パソコンではいろいろなソフトウェアを使います。Wordのようなワープロソフトウェア、Excelのような表計算ソフトウェア、Photoshopのような画像処理ソフトウェアなど、さまざまなものがあります。

もちろん、インターネットで使うソフトウェアもあります。その中にはChrome やMicrosoft Edge といったWebブラウザや、ThunderbirdやOutlookといった電子メールソフトウェアがあります。このようなデータ通信が発生するアプリケーションでは、自分だけでなく相手も同じルールを使って、通信された文字や画像、音声などを表現する必要があります。

例えば、インターネット上のWebページで考えてみましょう。WebページはHTTPというプロトコルを使って作られていなければなりません。HTTPには、Webページで使う文字をどのような大きさ・色で表現するか、Webページにお気に入りの写真をどの位置でどれくらいの大きさで載せるか、などを細かく決めるルールがあります。このようなルールがあるからこそ、私たちは世界中のWebページを、作った人が意図したデザインで見ることができるのです。

用語

アプリケーション
コンピューターを特定の目的に利用するためのソフトウェアです。

参考

Chrome
https://www.google.co.jp/intl/ja/chrome/
Microsoft Edge
https://www.microsoft.com/ja-jp/windows/microsoft-edge
Thunderbird
https://www.thunderbird.net/ja/

PART 3 プロトコルって何だろう？

図3-09　Webブラウザの表示画面（左がChrome、右がMicrosoft Edge）

　同様にメールの送受信方法にもルールがあります。みなさんが使っているメールソフトウェアも、プロバイダー◎のメールサーバーもその同じルールに沿っているため、どのメールソフトウェアでも、またどのプロバイダーを利用してもメールの送受信を行えます。

　このようなルールが1つ1つのプロトコルに規定されています。アプリケーション層からセッション層までは1つのプロトコルで定められていることが多いのです。

　アプリケーション層は人間とコンピューターとの間のインターフェイス（マンマシンインターフェイス）を構築することが目的となります。つまり、ディスプレイに映像として静止／動画、白黒／カラーの画像やテキストを表示したり、スピーカーを介して音を出したりというように、人間の五感との対応を図るのがこの層の役割です。

レイヤー3＝ネットワーク層

　OSI参照モデルはISOという国際標準化機関で作成されたため、すべて英語の記述になっています。そのため、**層**という言葉を**レイヤー**（Layer）という表現にして、7つある階層のことをそれぞれレイヤー1（レイヤーワン＝物理層）、レイヤー2（レイヤーツー＝データリンク層）、……というように表現しています 表3-02 。また、物理層のことを物理レイヤー、データリンク層をデータリンクレイヤーということもあります。

表3-02　各階層とその呼び方

階層番号	名称	その他の表現		
7	アプリケーション層	第7層	レイヤー7	アプリケーションレイヤー
6	プレゼンテーション層	第6層	レイヤー6	プレゼンテーションレイヤー
5	セッション層	第5層	レイヤー5	セッションレイヤー
4	トランスポート層	第4層	レイヤー4	トランスポートレイヤー
3	ネットワーク層	第3層	レイヤー3	ネットワークレイヤー
2	データリンク層	第2層	レイヤー2	データリンクレイヤー
1	物理層	第1層	レイヤー1	フィジカルレイヤー

用語

プロバイダー
インターネットサービスプロバイダーのことです。

参考

近年では、Yahoo!メールやGmailなどのWebメールサービスが主流となり、Webブラウザを使ってメールの送受信を行うことが一般的です。また、Microsoft 365やGoogle WorkspaceなどのSaaSサービスも普及しており、オフィスアプリケーションやストレージなど、さまざまなツールがWebブラウザ経由で利用可能です。SaaSについては**9-5-1**（252ページ）を参照してください。

注意

書籍によっていろいろな表現をしているので注意してください。

3-2 | OSI参照モデルを学ぼう

確認問題

Q1 OSI参照モデルは何という機関によって制定されましたか？

A1 ISOです。ISOはInternational Organization for Standardizationの略で、国際標準化機構と呼ばれます。

Q2 HTTPはOSI参照モデルのどの層のプロトコルですか？

A2 アプリケーション層です。HTTPはHypertext Transfer Protocolの略です。WebブラウザとWebサーバー間でHTMLなどのコンテンツを転送するのに用いられます。

Q3 OSI参照モデルの7階層を、上の階層からすべて挙げてください。

A3 アプリケーション層、プレゼンテーション層、セッション層、トランスポート層、ネットワーク層、データリンク層、物理層です。それぞれの頭文字をとって「アプセトネデブ」と唱えると覚えやすいかもしれません。

Q4 OSI参照モデルのトランスポート層の機能として、適切なものはどれですか？

❶ 経路選択機能や中継機能を持ち、透過的なデータ転送を行う
❷ 情報をフレーム化し、伝送誤りを検出するためのビット列を付加する
❸ 伝送をつかさどる各種通信網の品質の差を補完し、透過的なデータ転送を行う
❹ ルーターにおいてパケット中継処理を行う

A4 ❸がトランスポート層の説明です。「品質の差を補完する」という部分が一定のサービス品質を上位階層へ提供するというトランスポート層の機能を説明しています。ちなみに、❶と❹はネットワーク層、❷はデータリンク層の説明です。

Q5 OSI参照モデルのネットワーク層（第3層）の役割はどれですか？

❶ エンドシステム間の会話を構成し、同期とデータ交換を管理する
❷ 経路選択や中継機能に関与せずに、エンドシステム間の透過的なデータ転送を行う
❸ 隣り合うノード間のデータ転送を行い、伝送誤り制御を行う
❹ 1つ又は複数の通信網を中継し、エンドシステム間のデータ転送を行う

A5 ❹が正解です。エンドシステム間というのは送信元とあて先のそれぞれのパソコン間、ということです。エンドシステム間の会話構成はセッション層で行われます。❷はトランスポート層、❸はデータリンク層の説明です。

3 プロトコルって何だろう？

67

3-3 インターネットのプロトコル構造

学習の概要
- ☑ TCP/IPのプロトコル階層を理解しよう
- ☑ OSI参照モデルとTCP/IP階層の違いを知ろう
- ☑

OSI参照モデルには**7つの階層**があることは**3-2**で説明しました。インターネットで使われるTCP/IPは、図3-10 のように5つの階層があります。

OSI参照モデルのコネクションレイヤー、つまり下位4層は名前が少し違うだけで、そのままTCP/IPの階層とも対応しています。

上位のアプリケーションレイヤーでは、OSI参照モデルの3つの階層に対して、TCP/IPでは1つの層で対応付けられています。

OSI参照モデル	TCP/IP	対応する主なプロトコル
アプリケーション層	アプリケーション層	SNMP, FTP, Telnet
プレゼンテーション層		
セッション層		
トランスポート層	トランスポート層	TCP, UDP
ネットワーク層	インターネット層	IP
データリンク層	ネットワークインターフェイス層	MAC, LLC
物理層		IEEE 802.3

図3-10 OSIに対応するTCP/IPと主なプロトコル

確認問題

Q1 TCP/IP階層モデルのアプリケーション層は、OSI参照モデルではどの階層と一致しますか？

A1 アプリケーション層、プレゼンテーション層、セッション層の3つの階層と一致します。

Q2 TCP/IP階層モデルのインターネット（IP）層は、OSI参照モデルではどの階層と一致しますか？

A2 ネットワーク層と一致します。この層ではIPパケットのルーティングが行われます。

3-4 階層別ネットワーク機器

学習の概要
- ☑ リピーターについて理解しよう
- ☑ ブリッジとスイッチについて理解しよう
- ☑ ルーターについて理解しよう

ネットワーク機器は、OSI参照モデルの階層に従って、機能するレイヤーが 図3-11 のように異なります。まずはどのような装置があるのかを覚えましょう。次にその装置がOSIのどの層の働きをするのかを確認していきましょう。

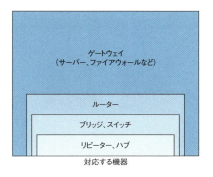

図3-11　ネットワーク機器と各階層との関係

3-4-1　リピーター（Repeater）

リピーター（*Repeater*）は信号増幅装置です。OSI参照モデル第1層である物理層で動作します。単にノイズの影響で劣化した信号を整形して出力するだけで、特にデータ制御を行いません。

物理層では、電気的・機械的・手続的・機能的な仕様を規定しています。そのため、リピーターはデータリンク層で使われるMACアドレスや、ネットワーク層で使われるIPアドレスを確認することはありません。

ハブ（Hub）

ハブ（*Hub*）とは、集線装置（*Concentrator*）のことです。リピーターの機能を持つハブをリピーターハブと呼びます。ハブを中心にして各ノードをスター状にケーブル接続することによって、ネットワークを構築します 図3-12 。

ケーブルのRJ-45モジュラージャックを接続する部分を**ポート**と呼び、ハブの大きさによって4・8・12・16・24ポートなどいろいろな種類があります。

設置形態も単独で設置できるものから、パソコンに挿すもの（電源はパソコンから供給）、ラックにマウントするもの、増設用のスタッカブル（*Stackable*）タイプなどがあるので、構築するネットワークの規模や将来の増設の見込みに合わせて適切なものを選択する必要があります。

用語

ノード（*node*）
パソコンやサーバー、通信機器など、ネットワーク上で何らかの制御を行うものをノードと言います。ノードとノードがリンクでつながってネットワークを構成します。

注意

ここでいうケーブルは Part 4 で説明するツイストペアケーブルのことです。

参照

RJ-45については、**4-1-1**（78ページ）を参照してください。

3　プロトコルって何だろう？

69

PART 3　プロトコルって何だろう？

　ポート数が不足した場合は、ハブを**カスケード接続**（2つ以上のハブをツリー状に接続すること）することによって、容易にポート数を増設することができます。ハブは電気信号を中継するリピーターと同様の動作をするため、両端のノード間で通過できるハブの数には制限があります。10BASE-Tのイーサネットの場合、図3-13のように4つまでのハブを直列接続させることができます。

　また、何台ハブがつながっていても、それらは1つのコリジョンドメインに属していると言えます。よってコリジョンドメイン内ではデータの衝突が起こる場合があります。

> **参考**
> 図3-13の場合、ハブ1に接続しているパソコンとハブ6に接続しているパソコンで通信を行うときはハブ1→ハブ2→ハブ3→ハブ6と4つのハブを経由することになります。

> **参考**
> 4つまでのハブをカスケード接続できることを「ハブ段数は4段まで」と表現します。100Mbpsのハブの場合は2段までカスケード可能です。最近はスイッチ（スイッチングハブ）が主流で、リピーターハブは製品としてほとんど流通していません。

> **参照**
> コリジョンドメインについては、**6-1-1**（136ページ）を参照してください。

> **参照**
> データの衝突については、**4-3-1**（92ページ）を参照してください。

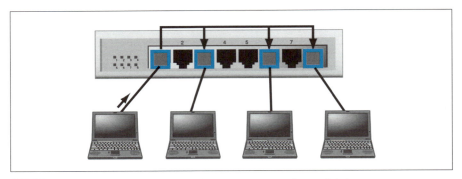

図3-12　ハブはあるポートから入力されたデータを他のすべてのポートに出力する

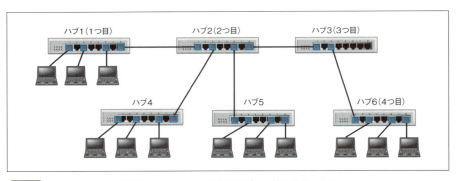

図3-13　ハブはカスケード接続することによって容易にポート数を増設できる

3-4-2　ブリッジ（Bridge）

　ブリッジはOSI参照モデル第2層であるデータリンク層で動作します。1980年代半ばに2つのポートを持つ装置として登場しました。

　ブリッジは橋という意味の英語です。ネットワークの世界でも橋をかけてあげることで、隣の"島"へ移動できるのです。このときの"島"を**セグメント**（*Segment*）、または**コリジョンドメイン**（*Collision Domain*）と呼びます。この島の中であれば、島の住人に広報することで連絡をとることができます 図3-14 。

　人間の世界だと、市民放送や町内放送のイメージです。そして島の住人は全員、その広報を聞くことができます。また、放送の内容に関係ない人は（放送が聞こえたとしても）無視するでしょう。これがネットワークの世界でいうセグメントであり、リピーターはこの放送のスピーカーの役割です。ただし、複数の人が同

> **用語**
> **セグメント**（*Segment*）
> segmentという英語は「部分、断片」という意味です。ネットワークの世界では、ネットワークを構成するノードのひとまとまりを指します。セグメントはブリッジやスイッチ、ルーターによって分割されます。

3-4 | 階層別ネットワーク機器

時に広報すると、音がまざってしまって聞き取ることができません。

そして橋をかけてあげることによって、これまで広報を聞くことができなかった隣の島にも放送の内容を伝えることができます。

ネットワークの世界では、受信したポートと同じポートにあて先の端末があればパケットを破棄します。これを例にあてはめると、あて先が同一の島内にあれば、橋を渡らなくてもよいと判断するのです。このため、あて先が島内にある広報は隣の島へ伝わることはありません。

あて先が同じポートでないパケットが来た場合は、そのパケットを橋渡しして、隣のセグメントに渡してあげます。

> 参考
> 同時に広報して音が混ざることをネットワークの世界では衝突（コリジョン）と呼びます。

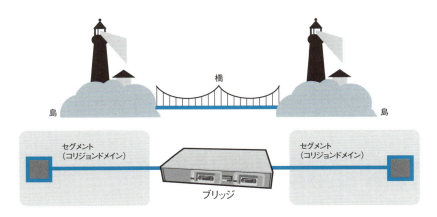

図3-14　ブリッジは2つのセグメントを橋渡しする装置

スイッチ

ブリッジは2つのセグメントを橋渡しするものでした。たくさんのセグメントをつなぎたい場合、ブリッジがたくさん必要になります。そのようなときは**スイッチ**を使います。

図3-15のような、箱型の機器をスイッチと呼びます。スイッチにはたくさんのインターフェイス（穴）があり、ここにケーブルを挿します。このインターフェイスをポートとも呼び、各ポートがブリッジ機能を持ちます。

> ⚠ 注意
> 練習問題などでスイッチングハブという表記が出てきますが、これはスイッチと同じものです。本書では「スイッチ」という表記で統一しています。

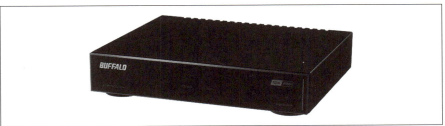

図3-15　小型スイッチ（バッファロー LXW-10G2/2G4）

スイッチではまず、接続されたノードからデータを受信します。

次に受信したフレームの送信先MACアドレスを、内部に持っているアドレステーブル（MACテーブル）と照らし合わせます。その結果、得られた送信先の端

> 参考
> データリンク層におけるデータのまとまりをフレームと呼びます。

末がつながっているポートにのみフレームを送出するのです。

受信したパケットを他のすべてのポートに送信するリピーターハブと異なり、媒体を占有し、1対1の通信を行うことができます。そのため、ある1組が通信している最中でも、他のポートは自由に通信できます 図3-16 。

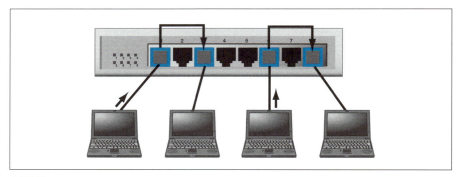

図3-16 スイッチは送信先のポートにだけデータを出力する。ポート1とポート3で1つのブリッジ、ポート6とポート8でもう1つのブリッジができている

正式には「**スイッチングハブ**（Switching Hub）」と呼ばれますが、単に「スイッチ」と呼ぶことが多いです。2つのポートを内部でスイッチ（切り替え）してつなぎ、1対1の通信を行う集線装置、というイメージです。スイッチはもともとOSI参照モデル第2層、つまりレイヤー2で動作するものを指していました。

しかし最近は、それより上位のレイヤーで動作するスイッチも出てきました。例えば、ネットワーク層のプロトコルであるIPを理解できるスイッチを**レイヤー3スイッチ**と呼びます。同様に、レイヤー4スイッチやレイヤー7スイッチもあります。

3-4-3で、レイヤー3で動作するルーターを紹介しますが、レイヤー3スイッチとルーターの違いは何？という疑問に答えるのは難しいことです。

簡単にいうと、ハードウェアで動作するか、ソフトウェアで動作するかの違いだと思ってください。ハードウェアとは、ASICというLSIにプログラムが組み込まれていて、それがCPUの代わりに通信制御を行うというものです。

> 参考
> 「スイッチ」や「スイッチングハブ」は「レイヤー2スイッチ」とも呼ばれます。

> 用語
> **ASIC（Application Specific Integrated Circuit）**
> 特定の用途で使用するために設計された集積回路のことです。

3-4-3 ルーター（Router）

ルーターは物理層（OSI参照モデル第1層）からネットワーク層（OSI参照モデル第3層）までの処理を行います。ネットワークアドレス（IPアドレス）を見て、もっとも効率的にデータ（IPパケット）を転送するように処理します。この処理を**ルーティング**と呼びます。

ルーターには次のようにいろいろな種類があります。

- 数千～数万円のホームルーターと呼ばれる家庭用のルーター
- 数万～数十万円の小規模事業所向けに使われる小型ルーター
- 数百万円の中規模事業所向けに使われる中型ルーター
- 数千万円の大規模事業所向け、キャリア向け大型ルーター
- キャリアが提供するデータ通信網への接続機能を備えたモバイルルーター

> 参照
> ルーティングについては、**Part 8**で詳しく解説します。

> 用語
> **キャリア（Carrier）**
> 通信事業者や回線事業者のことをキャリアと呼びます。

3-4-4 ゲートウェイ (Gateway)

ゲートウェイ (*Gateway*) は出入口という意味の英語です。ネットワークの世界でゲートウェイとは、異なるネットワーク間を相互接続するための装置 (またはプログラム) のことを指しています。

この「異なるネットワーク」とは、違うプロトコルを使っているということです。例えば、IPとIP以外のIPXやAppleTalkといった異なるプロトコル同士の接続です。

このように以前はOSI参照モデルの第4層以上の異なるプロトコルを相互接続するというものでしたが、ルーターもゲートウェイの1つとする解釈があります。LANとLANを接続したときの接続ポイントや、LANからWANに抜けるポイントにあるルーターのこともゲートウェイと呼びます。

Part 8 でも説明しますが、ゲートウェイには次にIPパケットを送る場所、という意味もあります。現在はOSI参照モデルの第4層以上を扱えるネットワーク機器が多数存在します。

Part 10 で詳しく説明しますが、セキュリティ関連の装置としてファイアウォール、IDS/IPS、VPNコンセントレーター、プロキシなどがあります。また通信を効率化させるWAN最適化機器やWebキャッシュ装置というものもあります。

さらに、TCPのポート番号やHTTPのクッキー (*Cookie*) といった上位レイヤーのヘッダー情報を見て、複数のサーバーへ通信を割り振る負荷分散装置 (ロードバランサー) もあります。これらの装置がゲートウェイの例となります。

> **用語**
> **IPX** (*Internetwork Packet Exchange*)
> Novellが開発したネットワーク層のプロトコルです。NetWareと呼ばれるネットワーク内での通信に使われます。IPによく似ていますがIPアドレスではなく、IPXアドレスが使われます。

> **用語**
> **AppleTalk**
> マッキントッシュで有名なAppleが開発したネットワーク層のプロトコル

> **用語**
> **WAN** (*Wide Area Network*)
> 広域通信網のことです。1つのビルや敷地内のネットワークをLAN、市内規模のネットワークをMANというのに対し、WANは都市間を結ぶネットワークです。

確認問題

Q1 ネットワーク機器で一般にハブと呼ばれているのは [❶] のことで、この装置はOSI参照モデルの [❷] 層で動作します。

A1 ❶がリピーターハブ、❷が物理層です。ハブとは集線装置の意味で、データリンク層で動作するスイッチ (スイッチングハブ) もあります。

Q2 コリジョンドメインとは何ですか?

A2 同時に複数のノードからデータを流すと衝突してしまう範囲のことです。セグメントともいいます。ブリッジやスイッチによってコリジョンドメインは分割されます。

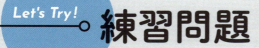

Q1
電圧レベル、電圧変化のタイミング、物理データ速度、最大通信距離、コネクタの物理的形状などの特性が規定されるOSI参照モデルの層を何と呼びますか?

Q2
複数のLANを接続するために用いる装置で、OSI基本参照モデルのデータリンク層のプロトコル情報に基づいてデータを中継する装置は何ですか?

Q3
LANにおいて、伝送距離を延長するために伝送路の途中でデータの信号波形を増幅・整形して、物理層での中継を行う装置はどれですか?

❶ スイッチングハブ(レイヤー2スイッチ)
❷ ブリッジ
❸ リピーター
❹ ルーター

Q4
LAN間接続装置に関する記述のうち、適切なものはどれですか?

❶ ゲートウェイは、OSI基本参照モデルにおける第1〜3層だけのプロトコルを変換する
❷ ブリッジは、IPアドレスを基にしてフレームを中継する
❸ リピーターは、同種のセグメント間で信号を増幅することによって伝送距離を延長する
❹ ルーターは、MACアドレスを基にしてフレームを中継する

Q5
IETFという団体が制定を行う、インターネットの規格を何と言いますか?

PART 4

ケーブルを使って
ネットワークに接続しよう

このPartではネットワークを構成する要素を物理的な観点から見ていきます。
具体的には機器同士を接続するケーブル、ネットワークの物理的配置を表すトポロジー、そしてLANです。

4-1　　どんな種類のケーブルがある？

4-2　　ネットワークのいろいろな形態（トポロジー）

4-3　　LANって何だろう？

4-4　　LANの規格を学ぼう

4-1 どんな種類のケーブルがある?

学習の概要
- ☑ ツイストペアケーブルの種類を理解しよう
- ☑ ツイストペアケーブルの使いみちを理解しよう
- ☑ 光ファイバーケーブルの仕組みや種類を理解しよう

ネットワークを構成するケーブルにはいくつか種類があります。

なぜ種類が分かれているかというと、ケーブルに使われる素材によって価格・伝送速度・伝送距離などが変わるためです。

例えば、アメリカと日本を結ぶ基幹ネットワークには光ファイバーケーブル（高価だが超高速の長距離伝送が可能）、会社のパソコンとスイッチの間を結ぶケーブルにはツイストペアケーブル（距離制限はあるが安価）という具合に目的によってうまく使い分けています。

ネットワークは、さまざまなコンピューターや通信装置をケーブルや無線で接続することで形成されています。本Partでは、コンピューターネットワークで使用するケーブルについて学びますが、まずツイストペアケーブルについて解説しましょう。

4-1-1 ツイストペアケーブル（Twisted Pair Cable）

ツイストペアケーブルは、一般に **LANケーブル**と呼ばれています。

日本語では「より対線」と言います。より🔵とは、「まじえてねじり合わせる」という意味です。

ケーブルは、2本で1組の細い導線が4組、外部カバーで包まれています。ツイストペアケーブルの両端には、**RJ-45**🔵 という規格のコネクタが使われます（図4-01）。固定電話の電話線もほぼ同じような形をしています。ただし、電話線のコネクタは **RJ-11** という規格で、RJ-45より一回り小さいものが使われています。

> **参考**
> よりを漢字で表すと撚りというむずかしい漢字になるので、ひらがなで表現されることが多いです。
>
> **用語**
> **RJ**（*Registered Jack*）
> 「登録済みジャック」という意味です。1970年代にアメリカのベル研究所で使われ始めました。

図4-01　RJ-45コネクタ

UTPケーブルとSTPケーブル

ツイストケーブルには、**UTP**🔵（ユーティーピー）ケーブルと **STP**🔵（エスティーピー）ケーブルの2種類があります。この2つの違いはシールドされてい

> **用語**
> **UTP**（ユーティーピー）
> （*Unshielded Twist Pair*）
> **STP**（エスティーピー）
> （*Shielded Twist Pair*）

るか、されていないかということです。シールドされていないのがUTPケーブル、シールドされているのがSTPケーブルとなります。

シールドとはアルミ箔などでケーブルを包んで、外からの電気的な雑音（ノイズ）から守るものです。工場などのノイズの多い場所ではSTPケーブルの方が適していますが、UTPの方が価格が安いため、家庭やオフィスでは通常UTPケーブルが使われています。

STPケーブルにもいくつか種類があります。代表的なものが 図4-02 のようなタイプ1（またはタイプ1A）と呼ばれるものです。金属箔のシールドで2つのペアケーブルを覆い、さらに**ブレード**と呼ぶ金属製の組紐（くみひも）で外部からのノイズを防ぎます。

参考
STPケーブルの中でもアルミ箔でシールドされたものをFTP（*Foil screened Twisted Pair*）ケーブルと呼びます。Screened Shielded Twist Pairと呼ばれることもあり、ScTP、S-STP、S/STPと表記されることもあります。

ツイストペアケーブルは、1メートル、5メートル、10メートルと長さによって商品分けされていることが多く、「UTP」あるいは「STP」と表記されているケースもあります。

ツイストペアケーブルは主にLAN、つまりイーサネットで使われるため、**イーサネットケーブル**とも呼ばれることがあります。ツイストペアケーブルが使われるイーサネットは速度によって10Mbpsのイーサネット、100Mbpsのファストイーサネット、1Gbps（1,000Mbps）のギガビットイーサネット、10Gbpsの10ギガビットイーサネットがあります。10Mbpsと100Mbpsの場合、最長100mまでと決まっています。

参照
10ギガビットイーサネットの詳細は、**4-4-6**（107ページ）を参照してください。

一般的にUTPケーブルが普及しているため、以降の説明ではツイストペアケーブルをUTPケーブルとして扱います。

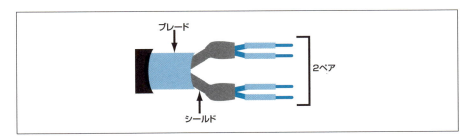

図4-02 タイプ1のケーブル（STPケーブル）

カテゴリとは？

UTPケーブルは銅線を束ねたもので、光ケーブルに比べると通信品質はよくありません。そのため以前は100MbpsのファストイーサネットまでしかUTPケーブルが使われていませんでした。最近では新しい規格に従った高品質なケーブルも市販され、1Gbpsや10Gbpsの通信にも使用できるようになりました。

また、UTPケーブルには、品質のよしあしによって、**カテゴリ**で分類されています。カテゴリは、**EIA/TIA-568** というアメリカの規格に従われます。カテゴリの数値が大きいほど、スピードの速い通信に耐えられる高品質なケーブルになります 表4-01 。

最近市販されているケーブルの多くは、カテゴリ6Aやカテゴリ7です。ちなみにカテゴリ6AのAはAugmented（拡張）の略です。

用語
EIA/TIA-568
1991年に発行された通信ケーブルに関する規格です。CCIA（*Computer Communication Industry Association*）が当時の電信結線システムの標準を作ろうと、EIA（*Electronics Industries Association*）に要求してできあがったものです。

参考
TIAのホームページ
http://www.tiaonline.org/

PART 4　ケーブルを使ってネットワークに接続しよう

表4-01　ツイストペアケーブルのカテゴリと伝送速度

カテゴリ	クラス	ケーブル種別	最大伝送速度	周波数	適用範囲	規格	登場年
CAT1	Class A	UTP	1Mbps	1MHz	電話回線		1983年
CAT2	Class B	UTP	4Mbps	1MHz	トークンリング		1983年
CAT3	Class A、C	UTP	10Mbps	16MHz	10BASE-T		1991年
CAT4	Class D	UTP	16Mbps	20MHz	トークンリング		1991年
CAT5		UTP	100Mbps	100MHz	100BASE-TX		1995年
CAT5e	Class E	UTP	1Gbps	100MHz	1000BASE-T	TIA/EIA-568-B	2001年
CAT6		UTP/STP	1Gbps	250MHz	1000BASE-T	ANSI/TIA/EIA-568-B.2-1	2002年
CAT6A	Class EA	UTP/STP	10Gbps	500MHz	10GBASE-T	ANSI/TIA-568-B.2-10	2008年
CAT7	Class F	STP	10Gbps	600MHz	10GBASE-T	ISO/IEC 11801:2002	2002年
CAT7A		STP	10Gbps	1000MHz	10GBASET	ISO/IEC 11801 Amendment 1/2	2008/2010年
CAT8	Class FA	STP	40Gbps	2000MHz	40GBASE-T	ANSI/TIA-568-C.2-1	2016年

　ツイストペアケーブルの両端にあるRJ-45というコネクタには、8つの端子が付いています。この端子はそれぞれ1本の細い銅線とつながっています。つまり、8本の細い線で1本のツイストペアケーブルができているのです。

　さらに、この8本の細い線は、2本1ペアでツイストされています。これがツイストペアケーブルと呼ばれるゆえんです。 図4-03 のように、右から1、2、3、…8という順に端子があり、1と2、3と6、4と5、7と8というペアになります。このペアがケーブルの両端でどのようにつながるかによって、次の3つに分類されます。

・ストレートケーブル
・クロスオーバーケーブル（クロスケーブル）
・ロールオーバーケーブル

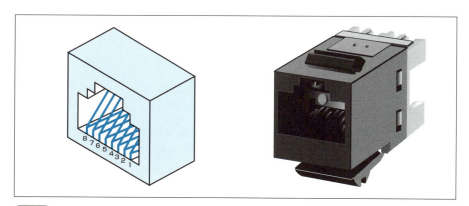

図4-03　ツイストペアケーブルのインターフェイスは図のように向かって右から順に端子がある

ストレートケーブル（Straight Cable）

　ルーター〜スイッチ間、ルーター〜ハブ間、パソコン〜スイッチ間、パソコン〜ハブ間では**ストレートケーブル**を使用します。ストレートケーブルの結線を図にすると 図4-04 のようになります。

 参考
米国規格EIA/TIA-568を基に国際規格ISO/IEC 11801や、これを訳した日本の規格JIS X 5150が発行されました。ISO規格では「カテゴリ」ではなく「クラス」という表現をします。

 参考
カテゴリが大きければ適用範囲も広くなります。例えば、カテゴリ6に対応したケーブルを使えば、10BASE-Tも100BASE-Tにも使えます。

 参考
カテゴリ5eのeとはenhanced（エンハンスド、拡張版）の略です。

参考
カテゴリ7/7AはISO/IEC規格（クラスF）だが、この規格ではRJ-45コネクタの仕様は認められておらず、GG45、TERA、ARJ45などの特殊なコネクタを使用することが規定されています。RJ-45コネクタを使ったカテゴリ7ケーブルが市販されていますが、厳密にはISO/IEC規格に準拠しておらず、カテゴリ6A程度の性能しか発揮できないと言われています。

 参考
カテゴリ3、カテゴリ5〜カテゴリ8の理論上の最大ケーブル長は100mですが、カテゴリ8で40Gbpsの通信を行う場合の最大ケーブル長は30mです。

4-1 | どんな種類のケーブルがある？

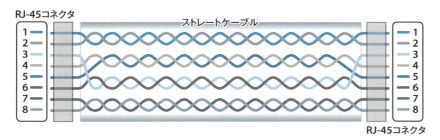

図4-04 ストレートケーブルの結線

　また、OSI参照モデルに照らし合わせると、第2層以下で動く機器と第3層以上で動く機器とを接続するときに使います。

　ストレートケーブルは、4ペア8本あるものが 図4-05 のようになります。2組のペアだけを対にして送信用と受信用に使い、残りの2組は使用しません。

　RX+とRX-で受信信号を差動増幅させることでケーブル途中で混入したノイズを除去できるようになってます。

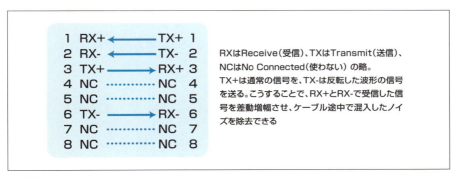

図4-05 ストレートケーブルのピン配置と流れる信号。1から8まで同じ端子同士がペアになっている

クロスオーバーケーブル (Cross-Over Cable)

　ルーター～ルーター間、スイッチ～スイッチ間、ルーター～パソコン間、スイッチ～ハブ間では**クロスオーバーケーブル**を使用します。クロスオーバーケーブルはクロスケーブル (Cross Cable) とも呼ばれます。クロスケーブルの結線を図にすると 図4-06 のようになります。2組のペアだけを送信用と受信用に対にして使い、残りの2組は使いません。

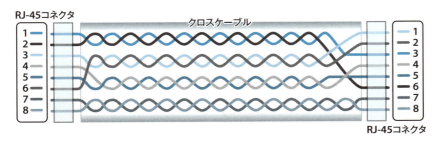

図4-06 クロスオーバーケーブルの結線

79

RX+とRX-で受信信号を差動増幅させることでケーブル途中で混入したノイズを除去できるようになってます 図4-07 ⚠。

> ⚠ **注意**
> 1000BASE-Tや10GBASE-Tの場合は、次のようになります。10/100BASEの場合は2対だけ導線を使用しますが、1000BASEの場合は4対使用します。
>
> 1 TP0+ ← TP1+ 3
> 2 TP0− ← TP1− 6
> 3 TP1+ → TP0+ 1
> 4 TP2+ ← TP3+ 7
> 5 TP2− ← TP3− 8
> 6 TP1− → TP0− 2
> 7 TP3+ → TP2+ 4
> 8 TP3− → TP2− 5

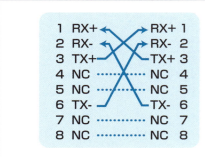

図4-07 クロスオーバーケーブルのピン配置と流れる信号。1と3、2と6の端子がペアになっている

　OSI参照モデル第3層以上で動作するルーターやパソコンと、それより下の層で動作するスイッチやハブで2つのグループを作ります。同じグループにある機器同士を接続する場合、クロスケーブルを使います。

　別のグループにある機器同士を接続する場合、ストレートケーブルを使います 図4-08。クロスオーバーケーブルを使って2台のパソコンをつなぐと、最も単純なネットワークを構築できます。

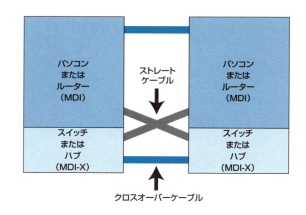

> 🔍 **参照**
> MDIとMDI-Xについては、81ページのコラムを参照してください。

図4-08 接続する機器によってストレートケーブルかクロスケーブルかのどちらかを使う

ロールオーバーケーブル (Roll-Over Cable)

　ロールオーバーケーブルは、ルーターのコンソールポートと呼ばれる設定用のインターフェイスと、パソコンのインターフェイスを接続するときに使われます。ロールオーバーケーブルは平べったいきしめんのような形をしています。ロールオーバーケーブルの結線を図にすると 図4-09 のようになります。

4-1 | どんな種類のケーブルがある？

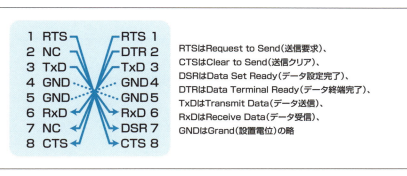

図4-09　ロールオーバーケーブルのピン配置と流れる信号。1から8まで、対称の端子同士がペアになっている

　また、図4-10のようにロールオーバーケーブルをパソコンの**シリアルインターフェイス**と**ネットワーク機器のコンソールポート**に接続することで、パソコンからネットワーク機器の設定ができるようになります。

　機器によってはロールオーバーケーブルではなく、シリアルケーブルが使われる場合もあります。実際にネットワーク機器の設定をするときは、説明書を十分に読んで、どのケーブルを使えばよいかを確認してください。

用語
シリアルインターフェイス
（*Serial Interface*）
データを1ビットずつ1本の線で送る直列のデータ転送方式です。

用語
コンソールポート
（*Console Port*）
通信装置などでコンソールをつなぐためのポートのことです。RS-232CやRJ-45などの形状があります。

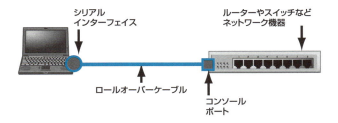

図4-10　パソコンとコンソールポートの間をロールオーバーケーブルでつなぐ

COLUMN | Auto MDI/MDI-X

　一般的に、パソコンやルーターのインターフェイスはMDI（Medium-Dependent Interface）と呼ばれ、スイッチやハブのインターフェイスはMDI-X（Medium-Dependent Interface Crossover）と呼ばれることが多いです。

　MDIとMDI-Xを接続する場合はストレートケーブル、MDI同士またはMDI-X同士を接続する場合はクロスケーブルを使います。

　最近ではMDIとMDI-Xの違いを自動的に判別して、接続信号を切り替える機能を持つハブやスイッチがほとんどです。これをAuto MDI/MDI-X機能と呼びます。

多くのパソコンやルーターのインターフェイスでもAuto MDI/MDI-X機能を搭載しています。接続される2つの機器のうち片方または両方がこの機能を搭載していれば、ストレートケーブルでもクロスケーブルでもどちらを使っても接続させることが可能です。

4-1-2 同軸ケーブル（Coaxial Cable）

同軸ケーブルはテレビのアンテナ線などで使われています。単にケーブルとも呼びます。ケーブルテレビを使ってインターネットを行うときは、同軸ケーブルを伝わってデータが流れることになります。

一昔前の10BASE2や10BASE5⚠などのLANでは、同軸ケーブルが使われていました。

> ⚠ 注意
> 10BASE2と10BASE5は初期のイーサネットです。現在はほとんど使われることはありません。

細い同軸ケーブル

10BASE2で使われる**細い同軸ケーブル**の太さは4.5mmです 図4-11 。フォイルシールドはポリエステルなどの絶縁体フィルムとアルミニウム箔などからできています。網組シールドは極細の銅線が編まれており、外側は黒色の塩化ビニルでできたジャケットで覆われています。

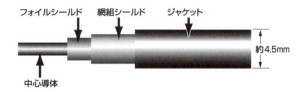

図4-11 10BASE2で使われる細い同軸ケーブル（Thin Coaxial Cable）

太い同軸ケーブル

10BASE5で使われる**太い同軸ケーブル**の太さは約10mmです 図4-12 。黄色の同軸ケーブルを使用することから**イエローケーブル**とも呼びます。ケーブル長は500mまで、1つのケーブルで形成されるネットワーク（1セグメント）あたり100台まで接続できます。

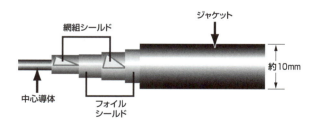

図4-12 10BASE5で使われる太い同軸ケーブル（Thick Coaxial Cable）

4-1-3 光ファイバーケーブル（Fiber Cable）

超高速伝送を実現するために、最近は**光ファイバーケーブル**が多く使われています。UTPケーブルでも最大10Gbpsという高速な通信は可能ですが、伝送できる距離が最大100m程度と短いため、長距離通信では光ファイバーが使われます。

光ファイバーの材料は、光の透過率が非常に高い石英などが多く使われます。断面は、屈折率が高い中心部（**コア**）を屈折率の低い**クラッド部**が同心円状に取り巻く構造になっています 図4-13 。

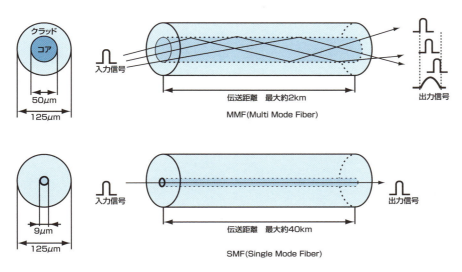

図4-13 シングルモードとマルチモードの違い

この構造によって、直進しかできない光を中に閉じ込めながら（コアとクラッド部の境界線を反射させながら）通していけるので、光の通路を自由に曲げることができるわけです。

シングルモードとマルチモード

光ファイバーには**シングルモードファイバー**（SMF）と**マルチモードファイバー**（MMF）という規格があり、伝送距離などが異なります 表4-02 。

シングルモード（*Single Mode*、SM）は1つの光信号を使って情報を送ります。長距離伝送向きですがコストは高くつきます。OS1とOS2の規格があります。

マルチモード（*Multi Mode*、MM）は複数の光信号を使って情報を送ります。SMより短距離になりますがコストは安く済みます。MMFにはSI（*Step Index*）とGI（*Graded Index*）があり、GIが主流です。OM1～OM5の規格があります。

光ファイバーは使用するファイバーの直径（コア径）によって、伝送できる距離が異なります。コア径が小さいほど長い距離を伝送することができます。

表4-02 光ファイバーの距離別分類。伝送距離はPOS（Packet over SONET）の場合

光ファイバーの種類	伝送距離
ベリー・ショート・リーチ（*Very Short Reach*、VSR）	最大約300m
ショート・リーチ（*Short Reach*、SR）	最大約2km
インターメディエート・リーチ（*Intermediate Reach*、IR）	最大約40km
ロング・リーチ（*Long Reach*、LR）	最大約80km

PART 4 ケーブルを使ってネットワークに接続しよう

光ファイバーケーブルコネクタ

光ファイバーケーブルに使われるコネクタにはいろいろな種類があります 表4-03 。

スイッチやルーターなどの通信機器のインターフェイスに合わせてコネクタを選択します。また光ファイバーケーブルを扱う通信機器では、**4-4-8** で説明するトランシーバーを使って複数のコネクタに対応できるものが多いです。

表4-03　光ファイバーケーブルのコネクタの種類

コネクタ名	説明	形状
SC	NTTが開発したコネクタで四角い形をしている。SCはSquare-shapedConnectorの略。送信（TX）と受信（RX）でコネクタが2つ必要となる。これらが別々のSimplexと2つがつながって固定されているDuplexがある。JIS C5973規格	
ST	STコネクタはLucentの登録商標で、Straight Tip connectorの略	
FC	Fiber Connectorの略でJIS C5970規格	
LC	Lucentが開発したコネクタ。Local Connectorの略	
MTRJ	他のコネクタと違い、TX（送信）とRX（受信）が1つの小さなコネクタにまとまっているため、たくさんのインターフェイスを狭い面積でまとめられる。Mechanically Transferrableferrule-Registered Jack style Connectorの略	
MU	NTTが開発したコネクタ、小さいコネクタなので1つのルーターや伝送装置にたくさんのインターフェイスを収容することができる。JIS C5983規格	

4-1 | どんな種類のケーブルがある？

確認問題

Q1 RJ-45コネクタが使われ、一般にLANケーブルと呼ばれるケーブルは何ですか？

A1 ツイストペアケーブルです。2本1組でより合わされた銅線が4組で構成されています。

Q2 100Mbpsのイーサネットを利用する場合、UTPケーブルのカテゴリはいくつ以上を使う必要がありますか？

A2 カテゴリ5以上を使う必要があります。伝送速度が1Gbps以上であればカテゴリ6など、さらに高いカテゴリのUTPケーブルを使う必要があります。

Q3 パソコンとルーターを接続するときに使うのは、ストレートケーブルとクロスオーバーケーブルのどちらですか？

A3 クロスオーバーケーブルを使います。パソコンやルーターは、ハブやスイッチと接続するときにストレートケーブルを使います。

Q4 スイッチングハブの機能で、ストレートケーブルとクロスケーブルの違いを自動検出して切り替える機能のことを何と呼びますか？

A4 Auto MDI/MDI-Xです。パソコンやルーターのインターフェイスはMDIで、リピーターやブリッジのインターフェイスはMDI-Xですが、この違いを自動的に判別して接続信号を切り替える機能がAuto MDI/MDI-Xです。最近のスイッチングハブ、ルーター、パソコンのインターフェイスにはこの機能が付いていることが多いです。

Q5 光ファイバーケーブルのシングルモードとマルチモードのうち、伝送できる距離が長い方はどちらですか？

A5 シングルモードです。マルチモードよりコア径が細いため光の減衰が小さく、長距離伝送が可能になります。

4 ケーブルを使ってネットワークに接続しよう

4-2 ネットワークのいろいろな形態（トポロジー）

学習の概要
- ☑ トポロジーとは何かを理解しよう
- ☑ どんなトポロジーがあるかを知ろう
- ☑ トポロジーごとの長所と短所を理解しよう

　コンピューターやルーターなどの通信機器のつながり方によって、いくつかの型に分類できます。この型を**トポロジー**（*Topology*）と呼びます。

　それぞれのトポロジーには長所と短所があります。また利用するプロトコルによって、使用するトポロジーが定まっている場合もあります。ネットワークを構築する際には、どのトポロジーになるのかも意識する必要があります。

4-2-1　バス型トポロジー

　バス型トポロジーは 図4-14 のように、複数のコンピューターが1本のバスと呼ばれる基幹ケーブルにつながった形のネットワークトポロジーです。イーサネット LAN はバス型のトポロジーです。

> **用語**
> バス（*bus*）という言葉は母線または基幹線という意味があり、パソコンのマザーボードなどにも内部バス（コンピューター内部の回路をつなぐ経路）があります。

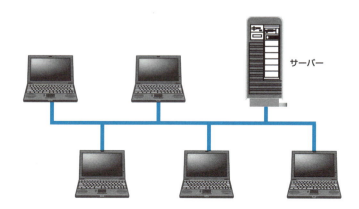

図4-14　バス型トポロジー

物理的なトポロジーと論理的なトポロジー

　バス型トポロジーは、ケーブルと接続機器があれば簡単かつ安価に構築できるという利点があります。ただし物理的にバス型トポロジーを採用しているネットワークは少なくなってきました。

　もともとイーサネットはバス型トポロジーでしたが、10BASE-Tなどツイストペアケーブルを使用する場合、スイッチやハブを使ったスター型トポロジーになります。

　実際の配線でみる物理的なトポロジーと、論理的なトポロジーが違う場合があります。10BASE-Tは物理的にはハブなどを中心としたスター型トポロジーになりますが、ハブの中に論理的なバスがあり、このバスを使ってCSMA/CDの

> **参照**
> CSMA/CDについては、**4-3-1**（92ページ）を参照してください。

衝突検知を行うため、論理的にはバス型トポロジーとなります。バスに接続されるコンピューターを**ステーション**と呼びます。

IEEE規格については**4-4**で解説しますが、IEEE 802.3のCSMA/CDに対して、IEEE 802.4でトークンバスというバス型LANが規格化されています。このLANは、トークンと呼ばれる送信権を表すデータをバス上の端末に順番に巡回させます。トークンを受け取った端末だけがデータの送信ができるのです。

> ⚠️ 注意
> トークンバスは現在ほとんど使われていません。

4-2-2　スター型トポロジー（ハブアンドスポーク）

図4-15 のように、ネットワークの中心にハブやスイッチなどの機器を置き、この機器を経由してコンピューター同士が通信する型を**スター型トポロジー**と呼びます。

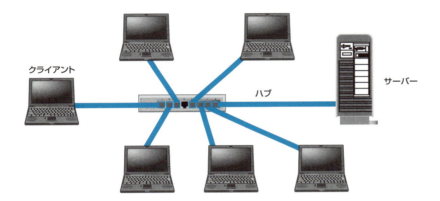

図4-15　スター型トポロジー

この型は、**ハブアンドスポーク**（*Hub and Spoke*）とも呼ばれます。ハブアンドスポークとは、自転車のタイヤのように中央のハブにたくさんのスポークがくっついている形状です 図4-16 。

スター型トポロジーでは、ネットワーク管理を中央のノードで管理できるという利点があります。例えば、あるステーション（コンピューター）と他のステーションとは通信させたくない場合も、中央にあるノードの設定1つで実現できます。

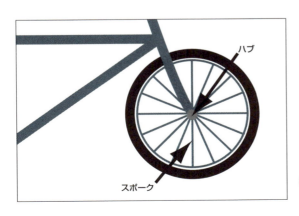

図4-16　自転車用タイヤのハブとスポークに似ているため、スター型トポロジーはハブアンドスポークとも呼ばれる

また、一部のステーションが故障や暴走の事態に陥っても、他のステーションに影響が及ばないという長所があります。逆にスター型トポロジーの短所として、中央の機器が故障したときには、ネットワーク全体が止まってしまうことがあります。

企業や学校で使われるLANの末端部では、たいていハブやスイッチが使われ、これに各個人のパソコンがつながっている形になっているはずです。そのようなことから、現在でも物理的なスター型トポロジーは、非常によく使われている形態と言えます。

4-2-3 リング型トポロジー

図4-17 のように、通信ケーブルをリング（輪）状にして、多数の端末（ステーション）を接続したものを**リング型トポロジー**と呼びます。バス型と同様に、中央のリング状ケーブルのことをバスと呼びます。FDDIという光ファイバーを使った100MbpsのLANがリング型トポロジーの代表的なものです。

用語
FDDI（*Fiber Distributed Data Interface*）

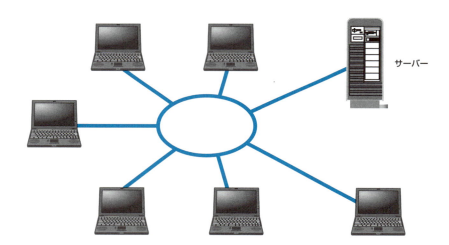

図4-17 リング型トポロジー。中央のリング状ケーブルにノードがつながる

このFDDIや、光ケーブルではなく銅線を使ったCDDIというLANは、**トークンリングLAN**と呼びます。

トークンリングLANはIEEE 802.5で規格化され、トークンバスと同様にトークンを持っている端末のみデータの送信ができます。LANだけではなく、DPT/RPRという光ケーブルを使った広域のネットワークもあります。

リング型トポロジーでは、リング状の通信ケーブルを二重、つまり2本使って冗長化していることが多いです。これによって、1本のケーブルが切れたり障害が発生しても、もう1本のケーブルで通信を続けられるのです。

用語
CDDI（*Copper Distributed Data Interface*）

用語
DPT/RPR（*Dynamic Packet Transport/Resilient Packet Ring*）
RPRはIEEE 802.17で規定されるリング型トポロジーのネットワークで、高速WAN回線用のデータリンク層プロトコルとして使用されます。

4-2-4 メッシュ型トポロジー

トポロジーは、LANのように小規模なネットワークを示すだけでなく、WANのように広域なネットワークを示す場合があります。

LANの場合は、これまで紹介した3つの型のように、サーバーやパソコンといった端末（ステーション）がどのように配置されるかが、トポロジーを区別するポイントでした。WANの場合でもスター型トポロジーやリング型トポロジーが使われることもありますが、ルーターなどの通信機器の配置を示す場合に、どのようなトポロジーを使うかが問題になります。

トポロジーを語る上で、ルーターなどの通信機器を**ノード**（Node）と呼ぶことがあります。ノードとノードの間は、**リンク**という線で結ばれています。リンクは、実際には光ファイバーケーブルなどの通信ケーブルになります。

複数のノードがたくさんのリンクで結ばれると、それは網の目状の絵になります。この網の目を**メッシュ**（Mesh）と呼び、次の2つに分類できます 図4-18 。

フルメッシュ

フルメッシュは、すべてのノード間でリンクが張られているトポロジーです。この構成は、たくさんのリンクを張る必要があるためコスト（費用）がかかりますが、どこかのリンクが切れた場合でも、他のリンクを迂回して通信を続けることができるという利点があります。

パーシャルメッシュ

パーシャルメッシュはフルメッシュと違い、ノード間でリンクが張られていない部分もあります。フルメッシュよりリンク数が少ない分、コストが低くなります。利用頻度に応じてうまくリンク数を加減できると、効率がよいネットワーク設計が実現できます。

> **参考**
> メッシュ型トポロジーは、BGPなどのルーティングプロトコルでも概念として使われています。

> **参考**
> ノードの数がわかれば、フルメッシュにするために必要なリンクの数がわかります。その計算式は、n(n-1)/2です。 図4-18 のようにノードが5個の場合、nに5を代入すると5×(5−1)÷2＝5×4÷2＝10となります。

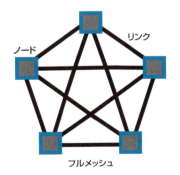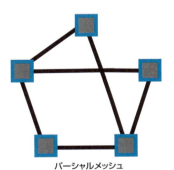

図4-18　フルメッシュとパーシャルメッシュの例

4-2-5 その他のトポロジー

Part 7 で紹介するルーティングプロトコルの世界では、他にもいくつかのトポ

ロジーが登場してきます。それぞれ形と名前だけ覚えておきましょう。

ポイントツーポイント (Point-to-Point)

2つのノード（パソコンやルーターなどのネットワーク機器）の間をリンク（ケーブル）で結んだ形で、1対1の通信です 図4-19 。

図4-19　ポイントツーポイント

ポイントツーマルチポイント (Point-to-Multipoint)

1対多数の接続です。1つのノードから複数のリンクが出て、それぞれ別のノードと通信します 図4-20 。

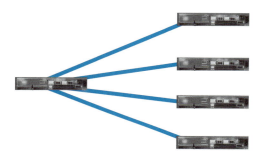

図4-20　ポイントツーマルチポイント

ブロードキャストマルチアクセス (Broadcast Multi-Access)

イーサネットのように、多数のノードが接続されていて、接続されているノードすべてに1つの物理メッセージを伝達できる機能（ブロードキャスト機能）を持つネットワークです 図4-21 。

図4-21　ブロードキャストマルチアクセス

ノンブロードキャストマルチアクセス (NBMA : Non-Broadcast Multi-Access)

フレームリレーやX.25のように、多数のノードが接続されていますが、ブロードキャスト機能を持たないネットワークです 図4-22 。

> **参考**
> ここで紹介するトポロジーは、OSPFなどのルーティングプロトコルで考慮されるトポロジーとして使われています。

> **用語**
> **ブロードキャスト**
> (*Broadcast*)
> ネットワーク上のすべてのコンピューターに対する通信することです。

> **用語**
> **フレームリレー**
> (*Frame Relay*)
> フレームリレーは1990年代にサービスが開始されました。高品質の光ファイバーを使うことでX.25よりは手順を簡単にして信頼性を落とし、高速にフレーム転送を行えるプロトコルです。1.5Mbps程度の通信速度です。データリンク層に位置付き、エラー訂正は上位レイヤーで行います。

> **用語**
> **X.25**
> 1980年代にITU-T（当時はCCITT）によって国際標準規格となったプロトコルです。OSI参照モデルの第1層から第3層までに対応します。パケットにエラーが発生しているかを確認し、再送制御を行えます。最大64kbps程度の通信速度です。

図4-22 ノンブロードキャストマルチアクセス

4-2-6 冗長構成

みなさんは冗長（じょうちょう）という言葉をご存知ですか？これはネットワークを構成するノードやリンクといった要素が故障しても、他の要素を使って迂回することができる形を言います。英語ではRedundant（リダンダント）と呼びます。バックアップという言葉に近い意味があります。

冗長構成に設計すれば、ネットワークの可用性が増します。**可用性**とは、ネットワークがいかに安定して動作するかの度合いのことで、信頼性とも言えます。可用性が高いほど、故障が少ない、または故障が起きてもすぐに復旧することができるよいネットワークであると言えます。

冗長構成にもいろいろなものがあります。スイッチやルーターといったネットワーク機器を並列に複数台（通常は2台）置くことで、一方の機器が故障してももう一方の機器を使ってそのまま動作する構成のものだったり、ネットワークをメッシュ状にして、どこかのリンクがダウンしても、別の経路を使って**到達性**（Reachability）を確保する構成のものなどです。到達性とは、送り主からあて先までデータがきちんと送られているかの度合いです。到達性は到達できるか、できないかの2択になります。

> 参考
> 可用性を高め、ネットワークやサービスの稼働時間を高めることを高可用性（High AvailabilityまたはHA）と呼びます。

> 参考
> このような手法をクラスタリング（Clustering）とも呼びます。複数台設置する構成はクラスタ構成やHA構成と呼ばれます。

確認問題

Q1 FDDIやCDDIはどのトポロジーを使いますか？

A1 リング型トポロジーです。FDDIは光ファイバーケーブルで、CDDIは銅線でリングを形成します。

Q2 その形状からハブアンドスポークとも呼ばれるネットワークトポロジーは何ですか？

A2 スター型トポロジーです。スター型トポロジーでは中心にハブが置かれ、そこから複数台のノードが星型に配置されます。これが自転車のハブとスポークに似ているためハブアンドスポークとも呼ばれます。

4-3 LANって何だろう？

学習の概要
- CSMA/CDとは何かを理解しよう
- LANではどんなデータが流れるかを理解しよう
- 規格別にイーサネットの種類を知ろう

4-3-1 CSMA/CDとは？

Part1ではイーサネットの歴史について説明しました。ここでは、もう少し具体的にイーサネットの技術について学びましょう。

イーサネットを使って通信するコンピューターは、だれでもデータを送信できます。これは同じ**メディア**を共有している形で、**マルチアクセス**（Multiple Access）と呼びます。

ただ、みんなで1つのメディアを使っているため、まずは誰かが使用中でないかを確認する必要があります。この動作が**キャリアセンス**（Carrier Sense）という信号検出処理です。

使用中の場合は、伝送路が空くまで待っていなければなりません。どれだけ待つかは、ランダムな時間とされています。つまり、サイコロをふって出た目の数だけ待つ、という感じです。使用中でなければ、データを送信できます。

ただし、イーサネットは複数のコンピューターで1本のバスを共有している形です。このため2台以上のコンピューターが、同じ瞬間に伝送路が使用中でないことを確認して、データを送信してしまうことも考えられます。このとき、衝突が発生するわけです。発生した衝突を検出することを、**コリジョンディテクション**（Collision Detection）と呼びます。**CSMA/CD**はキャリアセンス、マルチアクセス、コリジョンディテクションという要素をまとめてできた略語なのです。

> **用語**
> **メディア**
> メディアとは通信媒体（ケーブル）のことです。CSMA/CDを使うイーサネットは半二重通信を行うメディアが対象です。具体的には、同軸ケーブルを使用する10BASE5および10BASE2と、ツイストペアケーブルを使用する10BASE-T、100BASE-TX、1000BASE-Tで半二重通信モードを使用する場合が対象です。詳細は94ページを参照してください。

> **参照**
> バス型トポロジーについては、**4-2-1**（86ページ）を参照してください。

CSMA/CDにおける処理の流れ

CSMA/CDにおける処理の流れを 図4-23 で確認してみましょう。

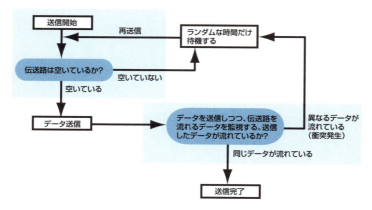

図4-23　CSMA/CDの処理流れ図

4-3 | LANって何だろう？

　まず送信したいステーションは伝送路が空いているか、キャリアセンスを行います。もし使用中であれば、他のステーションの送信が終わるまで待ちます。
　伝送路が空いていれば、データ送信を開始します。データ送信中も衝突がないか、伝送路を確認します。衝突なしにデータ送信が完了すれば、送信成功です。
　データ送信時に衝突を検知した場合、検出したことを他のステーションに知らせるためジャム信号という32ビットのデータを送信します。その後、バックオフアルゴリズムという計算方法でランダムに待機し、再送を試みます。この再送は、16回まで可能です。これを超えるとエラーとなり、上位層へ通知します。
　IEEE 802.3では衝突を正しく検知するために、スロット時間という間隔ごとにデータを流します。イーサネット（10BASE-T）のスロット時間は512ビット時間という値です。512ビットを10Mbpsで送信するのに必要な時間は、

512［ビット］÷（10 × 10^6［ビット／秒］）
= 51.2 × 10^{-6}［秒］
= 51.2［マイクロ秒］

です。
　これはセグメントのいちばん端にあるノード間の往復時間が51.2マイクロ秒以内ということを意味します。つまり、10BASE-Tの場合、512ビットというフレーム長が最低限必要ということがわかります。このフレーム長にするために、イーサネットフレームにはパディングが使われます。
　また、**Part 3**で説明したように、ハブは4つまでしかカスケード接続できません。データがハブを通りぬけるとき、遅延が発生します。この遅延とハブをつなげることによるエンドシステム間の距離とで512ビット時間が確保できないと、衝突検知ができなくなります。そのため、イーサネットでは最長伝送距離**100m**とカスケード可能なハブの数が**4台**に定められているのです 図4-24 。ちなみに100BASE-TXの場合、スロット時間は5.12マイクロ秒になります。

🔹用語
ステーション
CSMA/CDを使って通信を行う端末です。

🔹用語
パディング（Padding）
"詰め物をする"という意味です。フレーム長が足りない場合、ダミーのデータを付加することです。

🔹参照
カスケード接続については**3-4-1**（70ページ）を参照してください。

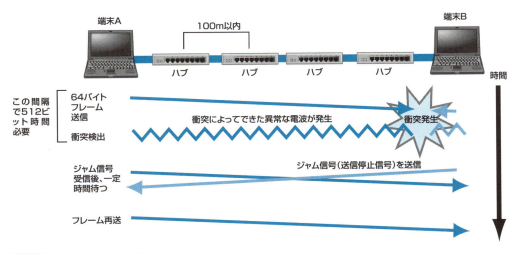

図4-24　衝突検出に必要な時間

93

PART 4　ケーブルを使ってネットワークに接続しよう

　携帯電話で考えてみましょう。キャリアセンスは「ワンギリ」（呼び出し音1回だけで切る）のようなものです。「ワンギリ」を試して通話中であれば、適当な時間待ってから掛け直そうと思います。通話中でなければ再度電話を掛けます。

　しばらく電話をしていると、突然電波の状態が悪くなって切れてしまいました。あわててもう一度掛け直したのですが、相手も同じように掛け直そうとしていて、お互い通話中のような状態になってしまいました。こんな経験ありませんか？これが衝突のようなものです。

　ネットワークに参加するノードの数が増えると、衝突が起こる可能性が増えます。ノードの数が増えると、伝送路使用率（ネットワーク利用率）が増えてきます。利用率が増えるに従い、平均遅延時間、つまりデータ通信ができない時間が指数関数的に上昇していきます 図4-25 。

> **参考**
> チャットツールで考えてみましょう。キャリアセンスは、メッセージを送る前に相手が受け取れる状態かどうかを確認するようなものです。例えば、SlackやLINEなどでは、相手のオンライン／オフライン表示が確認できます。相手がオンラインなら、すぐにメッセージを送っても問題ありません。一方で、オフラインの場合、すぐには読まれない可能性があるため、しばらく待つか、他の手段を考えるかもしれません。

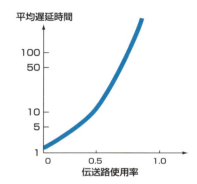

図4-25　CSMA/CDの伝送路使用率と平均遅延時間の関係

CSMA/CDは半二重通信（半二重通信と全二重通信）

　テレビやラジオの電波のように、常に送信者（放送局）と受信者（受信アンテナ）が同じである通信を**単方向通信**（Simplex）または片方向通信と呼びます。

　ネットワーク上で2つの端末が通信を行う場合、端末Aが送信者、端末Bが受信者であったとします。この役割は固定ではなく、あるタイミングでは端末Aが受信者、端末Bが送信者になることもあります。このように、両者が送受信者となりえる通信を**双方向通信**（Duplex）と呼びます。

　双方向通信には**半二重通信**（Half Duplex）と**全二重通信**（Full Duplex）の2種類があります 図4-26 。

図4-26　単方向・半二重・全二重通信のイメージ

半二重通信は無線トランシーバーを使った通信のように、一方が話し中（送信中）のとき、もう一方は話すことはできないという形態です。これは無線トランシーバーは同じ無線帯域を複数人で共有しているため、2つの端末で同時に話をすると混信状態となってしまうためです。

全二重通信は電話での会話のように、一方が話し中のときでも、もう一方が同時に話をすることができる形態です。1本の同軸ケーブルを使う10BASE5や10BASE2は無線トランシーバーと同じように、1つのケーブルを複数端末で共有するため、混信が起こりえます。

この混信が先ほど説明したコリジョンのことであり、コリジョンを避けて通信を行う方式がCSMA/CDです。ツイストペアケーブルには4対のより対線がありますが、半二重通信（10BASE-Tのhalf duplexなど）では、1対のみを使ってデータ転送が行われます。

10BASE-Tや100BASE-TXの全二重通信の場合、送信用と受信用にそれぞれ1対ずつ、計2対のより対線が使われます。また100BASE-T4や1000BASE-Tでは送信と受信に2対ずつ、計4対を使って全二重通信が行われます。

> **参考**
> 最近のほとんどの有線LANでは100BASE-TXや1000BASE-Tの全二重通信が使われています。一方、無線LAN（*Part5*）の場合、送信用と受信用の電波を分けることがないため半二重通信となります。

4-3-2 どんなデータが流れているのだろう？

図4-27はLAN上を流れるデータを表したものです。

図4-27　イーサネットフレームの中身

LAN上を流れるデータの単位を**フレーム**と呼びます。*Part 3*で学んだように、フレームとは、OSI参照モデルのデータリンク層のデータを指す言葉でした。イーサネット、つまりIEEE 802.3というプロトコルで扱うデータを**イーサネットフレーム**（略してイーサフレーム）や**MACフレーム**（マックフレーム）と呼びます。

イーサネットは時間を追っていくつかの規格が作られたため、現在も2種類のフレームフォーマットが使われています。一般的にTCP/IP通信の場合はDIXイーサネット規格のDIXフレームを利用し、その他の場合（NetWare、NetBIOSなど）はIEEE 802.3（802.2）フレームを利用します。それぞれ、次のようなフィールドがあります。

> **用語**
> **MACフレーム**
> MAC（*Media Access Control*）副層で規定されたフレームという意味です。MACアドレスのMACと同じです。MAC副層の位置付けは図4-34を参照してください。

プリアンブル (Preamble)

LANに接続しているインターフェイスにフレーム送信の開始を教えてあげるための同期用信号です。10BASE-Tのみで使われますが、互換性のため他のイーサネット規格でもこのフィールドは残されています。DIXフレームでは、サイズが8オクテット (64ビット) のフィールドで、1と0が交互に続き、最後の1ビット (64ビット目) が1で終わります。

IEEE 802.3ではサイズが7オクテットのプリアンブルフィールドと、1オクテットの「SFD」フィールドに分かれます。プリアンブルは1と0が交互に続くパターンで、「SFD」は10101011であり、DIXフレームとIEEE 802.3フレームの先頭8オクテットは同じビット列になります。プリアンブルを受信中に、その最後が10101011となっていることを検出すると、その次のビットからあて先アドレス部が始まると解釈されます。

> **用語**
> SFD
> (Start Frame Delimiter)

あて先アドレス／送信元アドレス (Source Address/Destination Address)

6バイトのMACアドレスがそれぞれ入ります。送信元アドレスが差出人の、あて先アドレスは受取人のMACアドレスです。

タイプ／長さ (Type/Length)

このフィールドは16ビットで、DIXフレームでは「イーサネットタイプ」、IEEE 802.3では「長さ／タイプ」と定義されています。

「イーサネットタイプ」フィールドは、次に続く「データ」フィールドがどんな種類の上位層プロトコルを使っているのかを示す識別子を設定します。TCP/IPでは、IPv4 (0x0800) やARP (0x0806) などがあり、データ部には、それぞれIPv4やARPプロトコルのパケットが入ることになります。

IEEE 802.3では、「長さ／タイプ」フィールドはその値が1,500以下の場合はデータのサイズを表し、1,536 (0x0600) 以上の場合はタイプと判断します。1,501〜1,535については未定義になっています。

> **用語**
> イーサネットタイプ
> 上位層のプロトコルを識別するための番号で、イーサネットヘッダーに付加されている番号のことです。主なものを次の表に挙げています。
>
> | タイプ | プロトコル |
> |---|---|
> | 0x0800 | IPv4 |
> | 0x0806 | ARP |
> | 0x8100 | IEEE 802.1Q (VLAN) |
> | 0x86DD | IPv6 |
>
> **注意**
> 本書では、IPアドレスのバージョンについて、IPv4とIPv6という表記を用いて説明しています。詳細は**6-1-3** (141ページ) を参照してください。

データ (Data)

「データ」フィールドには、最小46オクテットから最大1,500オクテットまでのデータを格納することができます。

データが46オクテット未満の場合は、パディングを行い、0を付加し46オクテットにします。例えば、1という1ビットだけのデータを送る場合も、10000...と0を367個付けて368ビット、つまり46オクテットにするということです。

これはフレームの全体長 (先頭のプリアンブル部は除き、あて先アドレスからFCS部まですべて含んだ長さ) を64オクテット以上にする必要があるためです。この長さは、CSMA/CDネットワーク (セグメント) 内での衝突検出を確実に行うために必要なのです。

64オクテット未満のデータがセグメント内を流れていたら、それはコリジョン (衝突) が発生したときにできた信号 (ジャム信号) の破片とみなされます。上

位プロトコルのデータが1,500オクテットを超える場合はフラグメントと呼ばれる処理を行い、1,500オクテット以内に分割して送る必要があります。

FCS (*Frame Check Sequence*)

フレームのエラーを検出するための4オクテットのフィールドです。一般にデータリンク層ではフレームの終端にトレイラと呼ばれるエラー検出用データをくっつけます。具体的には、あて先アドレス、送信元アドレス、長さ／タイプ、データの各フィールドから計算したCRC値を設定します。受信側でも同様にCRCを計算し、FCSフィールドの値と一致しない場合はエラーが発生したと判断し、そのフレームを破棄します。

用語

CRC (*Cyclic Redundancy Check*)
巡回冗長検査とも呼びます。

例えば、4235というデータを送りたいとします。このとき、チェックする方法として、「それぞれの桁の数を1桁になるまで足す」というルールを作ります。4 + 2 + 3 + 5 = 14、1 + 4 = 5となり、この5をトレイラにしてフレームの最後に付加して送ります。受取側でも同じルールを適用して、4235というデータに対して5というFCSで正しいかどうかを判断します。

また、途中の伝送路でノイズが発生してしまい、2進数で0という信号を送りたかったのに1に変わってしまったとします。このとき、FCSの値が5なのに、送られてきたデータが4236となると、4 + 2 + 3 + 6 = 15、1 + 5 = 6となり、計算値とFCSの値が一致しません。こうなると、受取人は送られてきたデータが正しくないと判断してフレームを破棄するのです。

実際のルールであるCRCは、上に挙げたような足し算ではなく、排他的論理和という演算を行ってFCSの値を計算しています。

4-3-3　セグメント内のデータの流れを見てみよう

LANは物理層で動作するハブ（リピーター）や、データリンク層で動作するスイッチ（ブリッジ）を使って構成されます。スイッチはデータリンク層で動作し、物理アドレスであるMACアドレスを制御します。

まず、図4-28のようにスイッチの各ポートにホスト（パソコンやサーバー）を接続します。

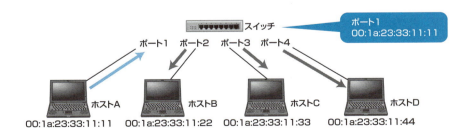

図4-28　ホストAのMACフラッディング

ホストAがホストDと通信したいとします。このとき、送信元アドレスとして

ホストAのMACアドレス、あて先アドレスとしてホストDのMACアドレスが設定されたMACフレームがホストAから送出されます。

するとスイッチは「ポート1から送信元アドレス00:1a:23:33:11:11というMACフレームが来たぞ。ということは、ポート1にぶらさがっているホストのアドレスは00:1a:23:33:11:11なんだな」と認識して、ホストAのアドレスを学習します。

スイッチはあて先アドレス00:1a:23:33:11:44を見ますが、そのあて先がどこにあるか、このとき点でまだわかっていません。その場合、「とりあえず受け取ったポート1以外の全部のポートに出してみよう」という動作に出ます。この動作をフラッディングと呼びます

ホストBやホストCもあて先アドレスが00:1a:23:33:11:44というMACフレームを受信しますが、自分のアドレスではないため破棄します。こうしてめでたく、ホストDだけがMACフレームを受信することになります。

次にホストDがホストAに返信データを送るとします。この返信データの送信元アドレスは00:1a:23:33:11:44で、あて先アドレスは00:1a:23:33:11:11になります 図4-29 。

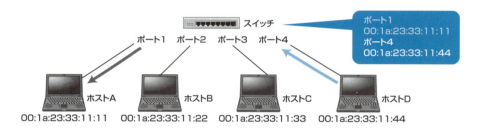

図4-29 学習したMACアドレスよりホストAに送信可能

このとき、スイッチはポート4に00:1a:23:33:11:44というMACアドレスを持つホストがいることを認識します。またすでに00:1a:23:33:11:11というあて先がポート1であることを学習しています。そのため、今度は全部のポートに流すという行動には出ず、ポート1のみにデータを渡すのです 図4-30 。

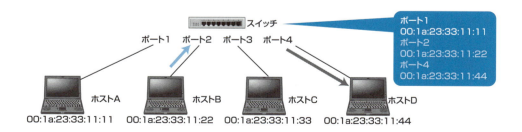

図4-30 ホストBから新しいMACアドレスを学習

同様にホストBがホストDと通信したい場合、スイッチはポート2にぶらさがっているホストBのアドレスを学習するとともに、ポート4だけにデータを送りま

す。これを何回か繰り返すと、スイッチはすべてのポートにぶらさがるホストのMACアドレスを知ることができます。

もちろん、いつまでも古い情報を残しておくと、ホストが入れ替わったときに対応できなくなります。そこである程度時間が経過すると、学習したMACアドレスを消します。これを**エージング**と呼びます。

このように、ホストAからホストDのように1対1で行う通信を**ユニキャスト**（*Unicast*）と呼びます。

4-3-4　ブロードキャストとマルチキャスト

ユニキャスト以外にLANでの通信形態として、ブロードキャスト（*Broadcast*）とマルチキャスト（*Multicast*）があります。

ブロードキャストは、FF:FF:FF:FF:FF:FFというMACアドレスをあて先アドレスにします。これを使うと、全部のポートへ無条件にデータが送ることができます 図4-31 。

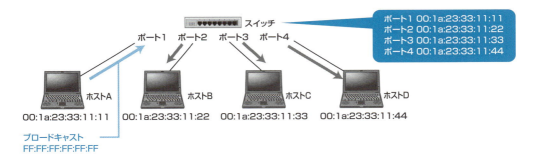

図4-31　MACブロードキャストフレームの流れ

マルチキャスト では、グループを作成し、そのグループに参加しているホストだけが受信できます。あて先アドレスには、01:xx:xx:xx:xx:xxというMACアドレスを使います。特に、IPマルチキャストの場合は、01:00:5e:xx:xx:xxというMACアドレスを使います 図4-32 。

参照

IPマルチキャストにはクラスDのIPアドレスを使います。詳しくは**6-2-2**（146ページ）を参照してください。

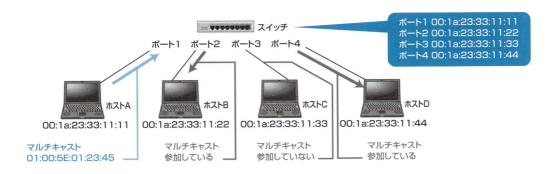

図4-32　MACマルチキャストフレームの流れ

PART 4 ケーブルを使ってネットワークに接続しよう

　物理層で動くハブでは、MACアドレスを学習したり制御しないため、送られてきたデータは常にすべてのポートに送ります 図4-33 。

図4-33　ハブを使ったときのデータの流れ

　ハブで集線する形はスター型トポロジーですが、ハブ内部にバスという1本の線があるという考えればバス型トポロジーになります。つまり、ハブは物理的にはスター型トポロジーですが、論理的には同軸ケーブルを使ったイーサネットのようなバス型トポロジーであると言えます 。その場合、ハブ内部で衝突が起きることもあるのです。実際のLANではハブやスイッチを混在させることもありますが、考え方は同じです。

> **参照**
> トポロジーについては**4-2**（86ページ）を参照してください。

確認問題

Q1 CSMA/CDは、主に有線LANである[　❶　]で使用されるアクセス制御方式です。送信端末は、データを送信する前に伝送路が空いているかどうかを[　❷　]によって確認します。もし、複数の端末が同時に送信を開始して衝突が発生した場合、その衝突を検知することを[　❸　]と呼びます。その場合は、各端末は送信を中止し、[　❹　]と呼ばれる計算方法を用いてランダムな時間待機した後、再度送信を試みます。

A1 ❶がイーサネット、❷がキャリアセンス、❸がコリジョンディテクション、❹がバックオフアルゴリズムとなります。詳しい解説は**4-3-1**（92ページ）を参照してください。

Q2 双方向通信には、交互に送受信を行う[　❶　]と、同時に送受信が可能な[　❷　]の2種類があります。

A2 ❶が半二重通信、❷が全二重通信となります。詳しくは94〜95ページの解説を参照してください。

Q3 1対1で通信を行うことをユニキャストと呼ぶのに対し、すべてのポートに同時にデータを送ることを[　❶　]、あるグループに参加しているホストにのみ対してデータを送ることを[　❷　]と呼びます。

A3 ❶がブロードキャスト、❷がマルチキャストになります。詳しい解説は99ページを参照してください。

4-4 LANの規格を学ぼう

学習の概要
- ☑ LANの規格には何があるかを知ろう
- ☑ イーサネット規格の命名規則を理解しよう
- ☑ イーサネットの仕組みを理解しよう

4-4-1 IEEE 802.3はイーサネットの規格

　LANの規格は、**IEEE**（アイトリプルイー）で定められています。1980年2月にLANの国際標準化プロジェクトが始まったため、その年月から802と名付けられたそうです。

　IEEE 802にはいくつかの規格があります。4-3-1で紹介した、LANの通信方式の1つであるCSMA/CD方式はIEEE 802.3で規格化されました。LAN通信方式には、これ以外にもIEEE 802.4のトークンバス方式、IEEE 802.5のトークンリング方式をはじめ、IEEE 802でいくつか定められています。

　IEEE 802.3は、OSI参照モデルの第1層と第2層のプロトコルになります。第2層のデータリンク層は、**MAC副層**と**LLC副層**という2つの層（サブレイヤー）に分けられ、そのうちのMAC副層の部分だけがIEEE 802.3の範囲になります。LLC副層の部分は、IEEE 802.2で規格化されています 図4-34。

用語
IEEE（*Institute of Electrical and Electronics Engineers*）

用語
MAC（*Medium Access Control*）
媒体アクセス制御と呼ばれるものです。

用語
LLC（*Logical Link Control*）
論理リンク制御と呼ばれるものです。

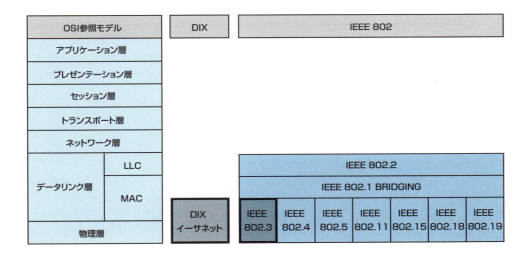

図4-34　OSI参照モデルとDIXイーサネットとIEEE 802の関係

イーサネット

　IEEE 802.3は、DIXイーサネット Ver.2.0に若干の変更を加えたものです。その後IEEE 802.3はさまざまな技術を取り入れ、いろいろなケーブルやトポロジーの対応、転送速度の高速化、より大規模なネットワークへの対応などを可能としたシステムに発展しました。

PART 4 ケーブルを使ってネットワークに接続しよう

　もともと、イーサネットという用語は、CSMA/CDを使った媒体アクセス制御方式を使った通信速度10Mbps の規格を指しました。 表4-04 で「狭義のイーサネット」と示したものです。

　その後、CSMA/CD方式を使い、イーサネットと同じフレームフォーマットを使った通信速度が100Mbpsのファストイーサネット、1Gbpsのギガビットイーサネットが登場しました。ファストイーサネットから全二重通信が採用され、CSMA/CDを使わないイーサネットが登場しました。

　ギガビットイーサネットまでは、半二重通信のCSMA/CD方式が規格の内容として含まれていましたが、10ギガビットイーサネットからは規格からCSMA/CDが削除され、すべて全二重による通信となりました。

　現在、一般に「イーサネット」という用語は、図4-27 (95ページ参照)で示されたイーサネットフレームによって通信が行われる規格を総称して呼ばれます。 表4-04 で「広義のイーサネット」として示される、すべての規格が含まれます。

表4-04 　イーサネットの分類

狭義のイーサネット	DIXイーサネット	10Mbpsのイーサネット	半二重通信の場合、CSMA/CDを使う（全二重通信の場合は使わない）
	IEEE 802.3		
広義のイーサネット（同じフレームフォーマットを用いる）	IEEE 802.3u	100Mbpsのイーサネット	
	IEEE 802.3z	1Gbpsのイーサネット	
	IEEE 802.3ae	10Gbpsのイーサネット	CSMA/CDを使わない
	IEEE 802.3ba / IEEE 802.3bq	40／100Gbpsのイーサネット	

4-4-2 　「1000BASE-T」ってどんな意味？

　IEEE 802.3には、利用するケーブルの種類や転送速度の違いによって、いくつかの規格があります。

　イーサネットの規格表記は、10BASE-Tや100BASE-TXのようにケーブルの種類や転送速度に沿った命名規則があります。最初の10、100、1000という数字は、転送速度を表します。Mbps（メガビーピーエス、メガビット毎秒）という単位に相当します。次のBASEという表記はBasebandの意味で、1つのケーブルで1つの信号だけを伝送する方式です。このBASEに対してBROADという表記もありますが、ほとんど使われていません。これはBroadbandの意味で1つのケーブルで複数の信号を伝送する方式です。

　最後の部分は数字とアルファベットの2種類の表記があります。

　数字が使われる場合は、同軸ケーブルを使用し、数字は100m単位でケーブルの最大長を示します。

　アルファベットを使う場合は、利用するケーブルの種類を示します。例えばTであればUTPケーブル、FであればFiber、つまり光ファイバーケーブルを利用していることがわかります。

　以上をまとめると次の 表4-05 ～ 表4-07 になります。

4-4 | LANの規格を学ぼう

表4-05 IEEE 802.3の表記で使われる文字の意味（転送速度をM(G)bps単位で表す）

表記	転送速度
1	1Mbps
10	10Mbps
100	100Mbps
1000	1Gbps
10G	10Gbps
40G	40Gbps
100G	100Gbps

表4-06 IEEE 802.3の表記で使われる文字の意味（変調方式を表す）

表記	変調方式
BASE	Baseband（ベースバンド）
BROAD	Broadband（ブロードバンド）

> **参考**
> Basebandがデジタル信号、Broadbandがアナログ信号を指します。最近ではBasebandしか使われません。

表4-07 IEEE 802.3の表記で使われる文字の意味
（最大セグメント長を100m単位で表記するか、媒体の種類を表す）

表記	媒体情報
5	最長約500mの太い同軸ケーブル
2	最長約185mの細い同軸ケーブル
T	Twisted Pair（ツイストペアケーブル）
F	Fiber（光ファイバー）
SR	Short Reach (100m) 光ケーブル
LR	Long Reach (10km) 光ケーブル
ER	Extended Long Reach (40km) 光ケーブル

4-4-3　10Mbpsイーサネット

　最初のIEEE 802.3は**10BASE5**と呼ばれる規格です。転送速度は10Mbpsで、ネットワーク媒体として太い同軸ケーブルを利用する規格でした。1988年には取り扱いが容易な細い同軸ケーブルを媒体とした**10BASE2**（802.3a）が追加されました。

　さらに同軸ケーブルより安価で、簡単に構築できるツイストペアケーブルを利用する**10BASE-T**規格（802.3i）が1990年に追加され、その敷設の容易さから急速に普及しました。この規格により、同軸ケーブルを使ったバス型トポロジーのイーサネットから、ハブやスイッチを使ったスター型トポロジーへ移行することになります。

　1993年には光ファイバーを媒体とした**10BASE-F**（802.3j）が追加されました。それまでの規格ではLANの構築範囲は最大数百mだったのが、10BASE-Fによって最大2kmまで延長できるようになりました。

　表4-08に10Mbpsまでのイーサネットの歴史、表4-09に主な10Mbpsイーサネットの規格をまとめています。

> **参考**
> 10BASE-Fは10BASE-FXとも呼ばれ、利用トポロジーによって10BASE-FL、10BASE-FB、10BASE-FPに分かれていました。現在ではほとんど使われていません。

PART 4 ケーブルを使ってネットワークに接続しよう

表4-08 10Mbpsまでのイーサネットの歴史

規格	策定年	内容
Alto Aloha Network	1972年	Altoやレーザープリンタなどを相互接続するために考案された。転送速度はAltoのシステムクロックを利用しているため2.94Mbpsとなっている
イーサネット	1973年	Alto以外のコンピューターにも対応。電磁波を伝える仮想的な物質「Ether」にちなんで改名
Experimental Ethernet	1976年	NCC（*National Computer Conference*）で発表
DIXイーサネットVer.1.0	1980年	DEC社、Intel社、Xerox社の3社による標準規格、太い同軸ケーブルを使用する規格。転送速度を10Mbpsに高速化
DIXイーサネットVer.2.0	1982年	Ethernet IIとも呼ばれる。DIXイーサネットという用語はこの規格を指す
IEEE 802.3 (10BASE5)	1983年	IEEE 802プロジェクトによる標準規格（DIXイーサネットVer.2.0とほぼ同等）
IEEE 802.3a (10BASE2)	1988年	細い同軸ケーブルを使用する規格
IEEE 802.3i (10BASE-T)	1990年	ツイストペアケーブルを使用する規格
IEEE 802.3j (10BASE-F)	1993年	光ファイバーを使用する規格

表4-09 主な10Mbpsイーサネットの規格

表記	策定年	IEEE規格	転送速度	メディア	最大メディア長
10BASE5	1983年	802.3	10Mbps	太い同軸ケーブル	500m
10BASE2	1988年	802.3a	10Mbps	細い同軸ケーブル	185m
10BASE-T	1990年	802.3i	10Mbps	ツイストペアケーブル	100m
10BASE-F	1993年	802.3j	10Mbps	MMF（光ファイバーケーブル）	2000m

4-4-4 ファストイーサネット

　1995年には、それまで10Mbpsであった転送速度を100Mbpsに引き上げた**ファストイーサネット**（*Fast Ethernet*）規格を標準化した**100BASE-T**規格が追加されました。ファストイーサネットが登場する頃には、半二重通信で効率の悪いリピーターハブは使われなくなり、代わりにスイッチを使った全二重通信が主流となりました。

　ファストイーサネットとして通常使われているのは、**カテゴリ5**のUTPケーブルを使う**100BASE-TX**です。現在のパソコンでLANインターフェイスを持つものは、ほとんどが100BASE-TXに対応しています。

　IEEE 802.3u規格では、これまでの10BASE-Tと下位互換性を持つために、**オートネゴシエーション** ⚠ という技術も規定しています。オートネゴシエーションを使うと、10BASE-Tか100BASE-Tか、半二重通信か全二重通信かなどの情報をUTPケーブルを介した両端の機器でやりとりし、最適な通信速度で接続できるようになります。

　表4-10 にファストイーサネットの歴史、**表4-11** に主なファストイーサネットの規格をまとめます。

⚠ **注意**

オートネゴシエーションを使う場合、両端の装置で正しく設定されている必要があります。そうでないと、通信速度が合わなくなり、正しく通信できなくなってしまいます。

104

4-4 | LANの規格を学ぼう

表4-10 ファストイーサネットの歴史

規格	策定年	内容
IEEE 802.3u（100BASE-T）	1995年	転送速度が100Mbpsのファストイーサネットとオートネゴシエーションを標準化
IEEE 802.3y（100BASE-T2）	1998年	カテゴリ3のUTPケーブルを使ったファストイーサネットの規格

表4-11 主なファストイーサネットの規格

表記	策定年	IEEE規格	転送速度	メディア	最大メディア長
100BASE-T	1995年	802.3u	100Mbps	UTP	100m
100BASE-TX	1995年	802.3u	100Mbps	UTP（カテゴリ5以上）	100m
100BASE-T4	1995年	802.3u	100Mbps（半二重のみ）	UTP（4対カテゴリ3）	100m
100BASE-FX	1995年	802.3u	100Mbps	MMF	400m（半二重）、2km（全二重）
100BASE-T2	1998年	802.3y	100Mbps	UTP（2対カテゴリ3）	100m

4-4-5 ギガビットイーサネット

ギガビットイーサネットは1998年に最初の規格が制定されました。光ファイバーケーブルを用いる **1000BASE-SX** や **1000BASE-LX** とツイストペアケーブルを用いる **1000BASE-T** に大別されます。

最近のパソコンには10/100/1000BASE-Tというギガビットイーサネットに対応したインターフェイスが搭載されています。10/100/1000BASE-Tは10BASE-T、100BASE-TX、1000BASE-Tの3種類の速度と、半二重か全二重かを自動的に検出するオートネゴシエーションに対応しているインターフェイスを指します。

ギガビットイーサネットの規格は、CSMA/CD方式による通信が規定された最後のイーサネット規格です。CSMA/CDを用いた半二重通信では効率が悪いため、ほとんどの場合は全二重通信が使われます。

ギガビットイーサネットには次のようなオプションがあります。

キャリアエクステンション

4-3-1で学習したように、CSMA/CDの衝突検知には512ビット時間が必要です。10BASE-Tの場合、512ビット時間は51.2マイクロ秒、100BASE-TXの場合は5.12マイクロ秒でした。512ビット時間を確保するため、イーサネットの最小フレームサイズは64オクテットと決まっています。

ギガビットイーサネットの場合、512ビット時間は512ナノ秒とものすごく小さな値となってしまい、衝突を検知する前にすべてのデータを送出し終わってしまう、という事態が起こりえます。このような事態を無くすために、ギガビットイーサネットの最小フレームサイズは512オクテットに拡張されています。

512オクテットに足りないデータを送る際、512オクテットになるよう穴埋め（パディング）した部分のことを**キャリアエクステンション**（Carrier Extension）と呼びます。

> 参考
> 10/100/1000BASE-Tのオートネゴシエーションは、ツイストペアケーブル両端の機器間にて、以下の優先順で自動的に最適な速度と通信方式を決定します。
> ① 1000BASE-T全二重
> ② 1000BASE-T半二重
> ③ 100BASE-T2全二重
> ④ 100BASE-TX全二重
> ⑤ 100BASE-T2半二重
> ⑥ 100BASE-T4
> ⑦ 100BASE-TX半二重
> ⑧ 10BASE-T全二重
> ⑨ 10BASE-T半二重
> （100BASE-T2や100BASE-T4を実装していない機器が多い）

フレームバースト

キャリアエクステンションを使って衝突の検知が行いやすいように拡張すると、今度は小さいフレームを大量に送りたい場合に効率が悪くなります。

このような伝送効率の低下を防ぐため、**フレームバースト**（Frame Bursting）という機能が使われます。

フレームバーストは、1つ目のフレームにキャリアエクステンションを付け、それ以降のフレームにはキャリアエクステンションを付けずに短いフレームを連続的に送出します。最大で8,192オクテット分を一度に送出できます。

> **参考**
> 8,192オクテットの制限を「バーストリミット」と呼びます。

ジャンボフレーム

イーサネットフレームの最大長は1,518オクテットですが、最大長をさらに大きくしたジャンボフレームを使うことで伝送効率を上げることが可能です。

15,000バイトのデータを同じあて先に送る場合、ペイロードが1,500オクテットのフレームを10個送るよりも、15,000オクテットのフレームを1個送る方が9フレーム分のヘッダーを重複して送る必要が無くなります。

ジャンボフレームはIEEE 802.3シリーズの規格で制定されておらず、通信機器メーカーによって実装が異なります。そのため、送受信する装置間でジャンボフレームに対応しているか確認する必要があります。

> **参考**
> 1,518オクテットの内訳は、ヘッダーが18オクテットでペイロードが1,500オクテットです。ジャンボフレーム対応機器間では概ね8,000オクテットから15,000オクテット程度まで送受信できます。

ギガビットイーサネットの歴史と規格

表4-12にギガビットイーサネットの歴史、表4-13に主なギガビットイーサネットの規格をまとめています。

表4-12　ギガビットイーサネットの歴史

規格	策定年	内容
IEEE 802.3z (1000BASE-X)	1998年	光ファイバーケーブルを使った転送速度が1Gbpsのギガビットイーサネットを標準化
IEEE 802.3a (1000BASE-T)	1999年	ツイストペアケーブルを使用する転送速度が1Gbpsの規格

表4-13　主なギガビットイーサネットの規格

表記	策定年	規格	転送速度	メディア	最大メディア長
1000BASE-SX	1998年	802.3z	1Gbps	MMF（波長850nm）	500m
1000BASE-LX	1998年	802.3z	1Gbps	SMF（波長1,310nm）	5km
1000BASE-ZX	1998年	802.3z	1Gbps	SMF（波長1,550nm）	70km
1000BASE-T	1999年	802.3ab	1Gbps	UTP（4対カテゴリ5e以上）	100m
1000BASE-TX	2001年	TIA/EIA-854	1Gbps	UTP（4対カテゴリ6以上）	100m

> **注意**
> 1000BASE-Tと1000BASE-TXは異なる規格です。

4-4-6　10ギガビットイーサネット

　2002年に最大伝送速度が10Gbpsのイーサネット規格として**IEEE 802.3ae**が規定されました。802.3aeでは主に光ファイバーケーブルを用いた**10ギガビットイーサネット**が標準化され、その後2006年にツイストペアケーブルを用いた802.3anが規定されています。

　10ギガビットイーサネットは高速すぎて衝突検知を行うメカニズムを継承するのが難しくなり、半二重通信とCSMA/CD方式は使われなくなりました。そのためリピーターは使えず、全二重通信のみでスイッチでリンクを接続します。

　10ギガビットイーサネットはLANだけでなく、MANやWANでも利用されます。

　データリンク層のMAC副層はこれまでのイーサネットと同じで、フレームフォーマットも64オクテットから1,518オクテットまでで変わりません。

　物理層ではLAN PHYとWAN PHYの2つが定義されています。LAN PHYがこれまでのイーサネット規格と互換性があります。WAN PHYは通信事業者のバックボーンとして利用されてきたSONET/SDHという規格のうちのOC-192と互換性があり、既存のSONET/SDH回線上でイーサネットフレームを転送できます。

　表4-14に10ギガビットイーサネットの歴史、表4-15に主な10ギガビットイーサネットの規格をまとめています。

> **用語**
> LAN PHY（ランファイ）はLAN physical sublayerというサブレイヤー（副層）の略、WAN PHY（ワンファイ）はWAN physical sublayerの略です。

表4-14　10ギガビットイーサネットの歴史

規格	策定年	内容
IEEE 802.3ae（10GBASE-X）	2002年	転送速度が10Gbpsの10Gigabit Ethernetを標準化
IEEE 802.3an（10GBASE-T）	2006年	ツイストペアケーブルを使用する転送速度が10Gbpsの規格

表4-15　主な10ギガビットイーサネットの規格

表記	策定年	規格	転送速度	メディア	最大メディア長
10GBASE-T	2006年	802.3an	10Gbps	UTP Cat 6以上	Cat 6では37mまたは55m、Cat 6A以上では100m
10GBASE-SR	2002年	802.3ae	10Gbps	MMF（LAN PHY）	300m
10GBASE-LR	2002年	802.3ae	10Gbps	SMF（LAN PHY）	10km
10GBASE-ER	2002年	802.3ae	10Gbps	SMF（LAN PHY）	40km
10GBASE-SW	2002年	802.3ae	10Gbps	MMF（WAN PHY）	300m
10GBASE-LW	2002年	802.3ae	10Gbps	SMF（WAN PHY）	10km
10GBASE-EW	2002年	802.3ae	10Gbps	SMF（WAN PHY）	40km

> **注意**
> UTPはシールド無しツイストペアケーブルの略。Cat 6はカテゴリ6の意味です。

4-4-7　その他のイーサネット規格

もともと半二重通信でCSMA/CDによる通信方式であったイーサネットですが、今日ではほとんどが<u>全二重通信</u>で行われています。イーサネットにおける全二重通信はIEEE 802.3xで規定されました。

2003年にはツイストペアケーブル(LANケーブル)を介して電力が供給できる<u>PoE</u>と呼ばれる規格が標準化されました。通常、通信端末とスイッチを接続するためにLANケーブルが使用されますが、端末にはネットワークケーブルと電源ケーブルが必要です。

IP電話機や無線LANアクセスポイントなどパソコン以外の通信端末では、電源ケーブルからではなく、PoEを使ってLANケーブルから直接電力を供給させることで配線を簡素化することが可能です。2010年には40Gbpsや100Gbpsのイーサネット規格が策定されました。

表4-16にその他のイーサネットの歴史、表4-17にその他のイーサネットの規格をまとめます。

用語
PoE (*Power over Ethernet*)

表4-16　その他のイーサネットの歴史

規格	策定年	内容
IEEE 802.3x	1997年	全二重通信とフロー制御
IEEE 802.3af (PoE)	2003年	カテゴリ5のツイストペアケーブルを使用し電力を供給する規格
IEEE 802.3ba	2010年	転送速度が40Gbps、100Gbpsのイーサネット

表4-17　その他のイーサネットの規格

表記	転送速度	メディア	最大メディア長
40GBASE-SR4	40Gbps	MMF × 4本	100m
100GBASE-LR4	100Gbps	SMF × 4本	10km

4-4-8　トランシーバー (Transceiver)

ギガビット以上の通信速度でイーサネットを利用する場合、<u>トランシーバー</u>をルーターやスイッチのインターフェイスに装着することがあります。ルーターやスイッチには通常、いくつかのRJ-45インターフェイスがイーサネット接続用にありますが、これは10/100BASE-TXや10/100/1000BASE-Tという規格用です。

ギガビットイーサネットや10ギガビットイーサネットには1000BASE-SX、1000BASE-LX、10GBASE-ERなど、光ケーブルを使った複数の種類の物理規格があり、これらは光の波長や出力が異なります。

トランシーバーに対応したルーターやスイッチでは、光ケーブルを挿す専用インターフェイスではなく、トランシーバー装着口が用意されています。

トランシーバー装着口に、利用したい物理規格のトランシーバーを差し込みます。トランシーバーには光ケーブル(またはツイストペアケーブル)を挿すインターフェイスが付いており、ここにケーブルを接続します。

トランシーバーには表4-18に挙げている種類があります。

4-4 LANの規格を学ぼう

表4-18 ギガビットイーサネット・10ギガビットイーサネット用のトランシーバー

トランシーバー	説明
GBIC (Gigabit Interface Converter)	ギガビットイーサネット用、1000BASE-SX、1000BASE-LX、1000BASE-Tなど。100×30×13mm
SFP (Small Form-factor Pluggable)	mini-GBICとも呼ばれる。SONET、ギガビットイーサネット用。GBICよりも小さく、集積度が高い。13.4×56.5×8.5mm
XFP (10 Gigabit Small Form-factor Pluggable)	10ギガビットイーサネット用、10GBASE-SR、10GBASE-LR、10GBASE-EWなど。78×18.4×8.5 mm
SFP+ (Small Form-factor Pluggable plus)	2006年に策定された10ギガビットイーサネット用のトランシーバー。XENPAKやXFPと比べて省サイズ、省電力となり集積度が高い。LCコネクタを採用。外観はSFPと同じ
QSFP (Quad Small Form-factor Pluggable)	小型でホットスワップ可能なトランシーバーで、高速ネットワーク接続に使用する。4チャネルを備え、QSFP（4Gbps）、QSFP+（40Gbps）、QSFP28（100Gbps）、QSFP56（200Gbps）、QSFP-DD（400Gbps）がある。低消費電力、高密度、短距離伝送向けで、データセンターなどで利用される
CFP (C Form-factor Pluggable)	主に長距離通信や大容量通信に用いられる高速光トランシーバー。100Gbps対応のCFP、CFP2（サイズがCFPの約半分）、CFP4（サイズがCFPの約4分の1）、400Gbps対応のCFP8がある。主に通信事業者のネットワークなどで利用される

参考

トランシーバー（*Transceiver*）は、送信機（*Transmitter*）と受信機（*Receiver*）の合成語で、送受信機ということになります。

GBIC

SFP

XFP

確認問題

Q1 10BASE-Tのイーサネットの伝送速度はどれくらいでしょうか？また、通信媒体は何を使いますか？

A1 伝送速度が10Mbpsで、通信媒体はツイストペア（UTP）ケーブルです。10BASE-Tや100BASE-FXなどは伝送速度、メディアの種類を示します。詳しくは103ページを復習してください。

Q2 イーサネットフレームのトレイラにある、フレームのエラー検出用に使われるフィールドを何といいますか？

A2 FCS（*Frame Check Sequence*）です。4オクテット（32ビット）のフィールドで、CRC（*Cyclic Redundancy Check*）というアルゴリズムを使ってフレーム全体のビットに対して計算を行います。送信元でこの計算を行ってFCSをフレームにくっつけて、受信先でFCSを元にエラーチェックを行います。

Q3 ギガビットイーサネットにおいて、短いフレームを送出する際、衝突検出時間を延ばすために穴埋め（パディング）した部分を何といいますか？

A3 キャリアエクステンション（Carrier Extension）です。ギガビットイーサネットでは、衝突を検知できるよう、最小フレームサイズを512オクテットに拡張されています。

Let's Try! 練習問題

解答は別冊6ページ

Q1

LANに関する記述のうち、1000BASE-Tを説明したものはどれですか?

1. 2対のUTPケーブルを使用し、最大距離は100mである
2. 4対のUTPケーブルを使用し、最大距離は100mである
3. シングルモード光ファイバーケーブルを使用し、最大距離は5kmである
4. マルチモード光ファイバーケーブルを使用し、最大距離は400mである

Q2

CSMA/CD方式のLANに接続されたノードの送信動作に関する記述として、適切なものはどれですか?

1. 各ノードに論理的な順位付けを行い、送信権を順次受け渡し、これを受け取ったノードだけが送信を行う
2. 各ノードは伝送媒体が使用中かどうかを調べ、使用中でなければ送信を行う。衝突を検出したらランダムな時間経過後に再度送信を行う
3. 各ノードを環状に接続して、送信権を制御するための特殊なフレームを巡回させ、これを受け取ったノードだけが送信を行う
4. タイムスロットを割り当てられたノードだけが送信を行う

Q3

ストレートケーブルを使うのはどのような場合ですか?

1. ハブとハブの接続
2. ハブとパソコンの接続
3. スイッチとハブの接続
4. スイッチとスイッチの接続

Q4

100BASE-TXについて間違っているものはどれですか?

1. 伝送速度は100Mbps
2. カテゴリ3以上のUTPケーブルを使う
3. 変調方式はBaseband
4. 最大ケーブル長は100m

Q5

IEEE 802.3-2005におけるイーサネットフレームのプリアンブルに関する記述として、適切なものはどれですか?

1. 同期用の信号として使うためにフレームの先頭に置かれる
2. フレーム内のデータ誤りを検出するためにフレームの最後に置かれる
3. フレーム内のデータを取り出すためにデータの前後に置かれる
4. フレームの長さを調整するためにフレームの最後に置かれる

PART 5

無線を使ってネットワーク
に接続しよう

*Part 4*ではケーブルを使った有線LANについて紹介しました。本Part
ではケーブルが不要な無線LANによるネットワークへの接続について
学びます。具体的には、無線LAN規格の詳細、アクセスポイントとの
接続方法、無線LANの到達範囲、無線LANセキュリティについて説
明します。

5-1 無線LANって何だろう？

5-2 無線LANアクセスポイントへはどのように接続される？

5-3 無線LANはどの範囲で使える？

5-4 無線LANは盗聴される？

5-1 無線LANって何だろう？

学習の概要
- ☑ 無線LANとは何かを理解しよう
- ☑ 無線LANの2つのモードを理解しよう
- ☑ 無線LANの規格を理解しよう

Part 4ではケーブルを使った有線LANについて説明しましたが、ケーブルが不要な**無線LAN**という形式も広く普及しています。

無線LANはケーブルで接続する必要がないため、オフィスや家庭内でどこにいてもネットワークに接続でき、簡単にLANを構築できます 図5-01。

図5-01 無線LANで使用する無線ルーター（バッファロー WXR9300BE6P）

最近では家庭用ゲーム機でも無線LAN経由で、インターネット上の別のユーザーと対戦したり、新しいソフトウェアをダウンロードできるサービスがあります。

> **COLUMN | 無線LANの歴史**
>
> 世界初の無線によるコンピューター通信は、Part 1でも紹介したALOHA NETです。
> 1987年にアメリカのFCCにより、軍用でのみ認められていたスペクトラム拡散方式による無線通信が民間にも開放されました。これにより、ISM帯と呼ばれる900MHz帯、2.4GHz帯、5.7GHz帯という3つの無線帯域を商用で使えるようになりました。
> 1991年に最初の無線LANに関するIEEEでの会議が開催され、IEEE 802.11委員会が発足しました。
> 1997年にIEEEによる最初の無線LAN規格であるIEEE 802.11が発行されました。IEEE 802.11は2.4GHz帯を使用した2Mbpsの通信速度でしたが、1999年には11Mbpsの通信速度であるIEEE 802.11bが規格化されると、無線LANは急激に普及していきました。その後、最大通信速度がGbps単位まで向上したIEEE 802.11ax、IEEE 802.11beといった規格が制定され、今日に至ります。

参考

無線LANにアクセスできる主な家庭用ゲーム機として、ニンテンドースイッチ、ニンテンドー3DS、Wii、PlayStation3、PlayStation Vitaなどがあります。

参考

FCC（*Federal Communications Commission*）
連邦通信委員会のことです。

用語

スペクトラム拡散
（*Spread Spectrum*）
「スペクトル拡散」や「周波数拡散」とも呼ばれます。無線LANで使われるスペクトラム拡散方式とは、通信信号を本来より広い帯域に拡散することでノイズの影響を受けにくくする通信技術のことです。
2.4GHz帯無線LANの例では、図5-12のように、各チャネルは中心帯域から11MHzずつ幅を持っていますが、この幅の広がりがスペクトラムです。

用語

ISM（*Industrial, Scientific, and Medical*）
産業科学医療用という意味です。無線LAN以外にも電子レンジなど、さまざまな製品で利用される周波数帯域です。ISM帯は他の周波数帯域と比較して規制が緩やかで、無線局の免許が不要です。

5-1 | 無線LANって何だろう？

5-1-1 2つの無線LAN通信モード

有線LANではバス型、スター型、リング型といったトポロジーがありましたが、無線LANにはどのような形態があるでしょうか？

無線LANのトポロジーには、端末同士が直接無線通信を行う**アドホックモード**と、無線LANアクセスポイントを使って有線LANやインターネットにアクセスする**インフラストラクチャモード**の2つがあります 図5-02 。

> **参照**
> トポロジーについては**4-2**（86ページ）を参照してください。

図5-02 アドホックモードとインフラストラクチャモード

アドホックモード（Ad-hoc Mode）

アドホックモードはピアツーピア型通信のことで、2台の端末間で直接、無線通信を行う形態です。ピアツーピアモードやインディペンデントモードとも呼ばれます。

パソコンとプリンタを無線接続したり、複数台のポータブルゲーム機で対戦を行うような場合に使われます。無線LANモジュールが搭載されている端末か、PCカードやUSBタイプの無線LANモジュールが必要です。

通常、アドホックモードではインターネットに接続できません。

インフラストラクチャモード（Infrastructure Mode）

無線LANを経由してインターネットに接続する場合、インフラストラクチャモードを使用します。このモードでは、無線LANモジュールを搭載した端末の他に、無線LANアクセスポイント 図5-03 が必要です。

図5-03 法人向け無線LANアクセスポイント（バッファロー WAPM-AXETR）

> **用語**
> **無線LANアクセスポイント**
> 「アクセスポイント」や「AP」とも呼ばれます。有線LANのスイッチと同じように、複数の端末をLANセグメントに接続させる装置です。最近の家庭用無線LANルーターにはほとんどアクセスポイント機能も備わっています。ただし、建物の構造上電波が届きにくかったりする場合や会社など大きな建物で使用する場合は、追加で無線アクセスポイントを設置することがあります。

5 無線を使ってネットワークに接続しよう

113

PART 5　無線を使ってネットワークに接続しよう

　企業や学校などで無線LANを構築する場合、インフラストラクチャモードが用いられ、無線LANアクセスポイントを一定間隔に敷設していきます。

　各無線LANアクセスポイントはツイストペアケーブルを使い、有線LANスイッチと接続します。これによって無線LAN端末は有線で接続されたサーバーや端末とも通信できるようになります（図5-02参照）。また、インターネットアクセスゲートウェイを介して、インターネットへもアクセスできるようになります。

無線LANメッシュネットワーク

　無線LANメッシュネットワークは、インフラストラクチャモードの一種で、複数のアクセスポイントを無線でつないでメッシュ状のネットワークを作る技術です。これにより、通信範囲の拡大や耐障害性の向上を実現しています。**メッシュWi-Fi**とも呼ばれ、対応している無線LANルーターを複数台用意することで構築できます。

　この技術は、IEEE 802.11s（2011年策定）やWi-Fiアライアンスが提唱するWi-Fi EasyMeshといった規格に準拠しています。

5-1-2　CSMA/CAとは？

　IEEE 802.11の無線LAN規格では、**CSMA/CA**という媒体アクセス制御方式が用いられます。CSMAという方式によって複数端末が共有するメディア（無線LANの場合は無線帯域）を誰かが使っていないかを信号検出します。

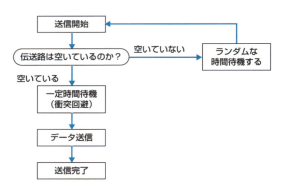

図5-04　CSMA/CAの処理流れ図

> **参考**
> IEEE 802.11は「アイトリプルイーはちまるにいてん いちいち」と発音します。「ドットイレブン」と呼ぶこともあります。
>
> **用語**
> CSMA/CA（*Carrier Sense Multiple Access/Collision Avoidance*）
>
> **参考**
> イーサネットではCSMA/CD（92ページ）という媒体アクセス制御方式が利用されています。

　無線LANの場合、キャリアセンス（信号検出）時に別端末がデータ送出中と判断したとき、その端末の送出終了後にランダムな時間待機してから、データを送信するようにします。これをコリジョンアボイダンス（衝突回避）と呼びます。送出終了直後にデータを送信すると、衝突が起きる可能性があるためです。

　イーサネットでは衝突時に異常な電気信号が発生するため、衝突を検知できます。一方、無線の場合はそのような電気信号が発生しないため、CSMA/CDではなくCSMA/CAが使われます。

5-1-3 無線LANの規格

無線LAN規格はイーサネットと同じIEEEによって定められています 表5-01 。イーサネットはIEEE 802.3という規格でしたが、無線LANでは**IEEE 802.11**という規格となります 表5-02 。

IEEE 802.3と同様に、IEEE 802.11は物理層とデータリンク層のうち、MAC副層部分について規定されています。

> **用語**
> OFDM (*Orthogonal Frequency-Division Multiplexing*)
> 直交周波数分割多重のことです。

表5-01 主な無線LAN規格

IEEE規格	策定年	周波数帯	最大通信速度	変調方式	無線免許
802.11a	1999年	5GHz (5.15GHz〜5.35GHz、5.47GHz〜5.725GHz)	54Mbps	OFDM	5.15〜5.35GHz:屋内の利用に限り免許不要、5.47〜5.725GHz:屋内外に限らず免許不要
802.11b	1999年	2.4GHz	11Mbps	DSSS、CCK	免許不要
802.11g	2003年	2.4GHz	54Mbps	OFDM	免許不要
802.11j	2004年	4.9〜5.0GHz	54Mbps	トポロジー	届出制の免許が必要
802.11n (Wi-Fi 4)	2009年	2.4GHz/5GHz (5.15GHz〜5.35GHz、5.47GHz〜5.725GHz)	600Mbps	OFDM (MIMO)	免許不要
802.11ac (Wi-Fi 5)	2013年	5GHz (5.15GHz〜5.825GHz)	6.93Gbps	OFDM (MIMO)	免許不要
802.11ad (WiGig)	2012年	60GHz	7Gbps	シングルキャリア変調	免許不要(ただし、一部の帯域は条件付きで免許不要)
802.11af (White-Fi)	2014年	TVホワイトスペース (VHF/UHF)	最大40Mbps	OFDM	免許不要(データベース接続による動的周波数選択が必要)
802.11ah (HaLow)	2016年	900MHz	150kbps (1km)	OFDM	免許不要(サブギガヘルツ帯)
802.11ax (Wi-Fi 6)	2019年	2.4GHz (5.15GHz〜5.925GHz)	9.6Gbps	OFDMA、MU-MIMO	免許不要
802.11ay (WiGig 2)	2021年	60GHz	20Gbps〜40Gbps	シングルキャリア変調	免許不要(ただし、一部の帯域は条件付きで免許不要)
802.11be (Wi-Fi 7)	2024年	2.4GHz/ 5.15GHz〜7.125GHz	36Gbps (EHT時46Gbps)	OFDMA、MU-MIMO	免許不要 日本国内では6GHz帯(5.925GHzから6.425GHz)の利用は2024年

表5-02 イーサネットと無線LANの比較

	イーサネット	無線LAN
規格	IEEE 802.3	IEEE 802.11
アドレス	MACアドレス	MACアドレス
伝送媒体	ケーブル	電波
アクセス制御	CSMA/CD	CSMA/CA
伝送方式	半二重または全二重	半二重

> **参考**
> 現在では、CSMA/CDを使わない全二重が多くなっています。

> **用語**
> DSSS (*Direct Sequence Spread Spectrum*)
> 直接シーケンススペクトラム拡散のことです。

> **用語**
> FHSS (*Frequency Hopping Spread Spectrum*)
> 無線通信で用いられるスペクトラム拡散の方式の一種です。短時間にデータ送信電波の周波数を変化させ、ノイズの影響を受けにくく、盗聴の危険性も下がります。

IEEE 802.11

IEEE 802.11は1997年に規格化されました。データリンク層のMAC副層における媒体伝送方式として**CSMA/CA**を使います。

物理層の規格として、2.4GHz帯の**DSSS方式** または**FHSS方式**と、**赤外線方式**の3種類が規定されています 図5-05 。通信速度は**1Mbps**または

PART 5　無線を使ってネットワークに接続しよう

<u>2Mbps</u>です。ただし、これらの物理層の規格は現在使われていません。

データリンク層	LLC副層	802.2 論理リンク制御(LLC)			
	MAC副層	802.11 CSMA/CA			
物理層	物理層	802.11 PHY	802.11b PHY 電波 2.4GHz帯 DSSS/CCK	802.11a PHY 電波 5GHz帯 OFDM	802.11g PHY 電波 2.4GHz帯 OFDM、PBCC DSS/CCK
		赤外線 / 電波 2.4GHz FHSS / 電波 2.4GHz DSSS			

図5-05　IEEE 802.11の位置付け

COLUMN　無線LANで利用する5GHz帯

　IEEE 802.11aで5GHz帯の無線LANが規格制定された当初、日本では電波法による規制のため、割り当てられた周波数帯域はアメリカやヨーロッパとは異なる独自のものでした。

　2003年の世界無線通信会議で5GHz帯に関する周波数帯の分配が決定されたのに伴い、2005年に電波法の改正が行われました。

　これにより、各無線チャネルの中心周波数が10MHzずらされて国際標準と同じとなり、5.25～5.35GHz（屋内用で免許不要）と4.9～5.0GHz（屋外用）が追加されました。4.9～5.0GHz帯については、2004年12月に802.11jとして標準化されました **図5-A**。

　また、2007年1月に省令改正が行われ、新たに5.47～5.725GHzの11チャネル（W56）が追加されました。現在では19チャネルが5GHz帯の無線LAN用に使用することが可能です。

　802.11a対応の無線LANアクセスポイントを利用する際は、期待するチャネル周波数を使っているか注意が必要です。ファームウェアをアップデートすれば、旧チャネルから新チャネルに変更できます。

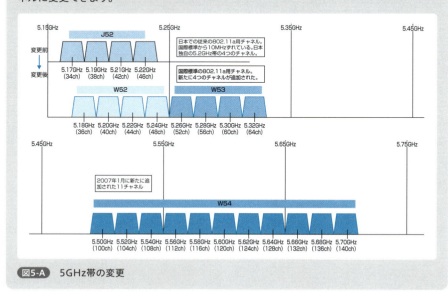

図5-A　5GHz帯の変更

IEEE 802.11a

IEEE 802.11aは1999年10月に制定された無線LAN規格です。最大伝送速度は **54Mbps** で、周波数帯として **5GHz帯** を利用します。

IEEE 802.11と同じデータリンク層プロトコルとフレームフォーマットですが、物理層における変調方式として **OFDM方式**を使用します。

利用可能な周波数帯のうち、5.15〜5.35GHz帯では屋内の利用に限り無線免許が不要です。また、5.47〜5.725GHz帯では屋内外に限らず免許が不要です。

> **参考**
> 無線LAN製品では、IEEE 802.11aのうち、どのチャネルに対応しているかを示す表示が記載されています。
>
>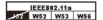
> W52、W53、W56の各チャネルと接続可能であるという表示の例

> **用語**
> OFDM (*Orthogonal Frequency-Division Multiplexing*)

IEEE 802.11b

IEEE 802.11bは1999年10月た無線LAN規格です。最大伝送速度は **11Mbps** で、周波数帯として **2.4GHz** 帯を利用し、免許不要で使用できます。

IEEE 802.11と同じデータリンク層プロトコルとフレームフォーマットですが、物理層における変調方式にはDSSSをベースとした **CCK方式**を使用します。規格制定前後にIEEE 802.11bに対応した安価な無線LANカードが販売されたこともあり、その後数年で急速に普及しました。

> **用語**
> CCK (*Complementary Code Keying*)

IEEE 802.11g

IEEE 802.11gは2003年6月に制定された無線LAN規格です。IEEE 802.11bの上位規格で互換性があります。変調方式としてIEEE 802.11aと同じ **OFDM方式** を使うことにより、最大伝送速度は **54Mbps** に向上しています。

周波数帯としてISM帯である **2.4GHz帯** を利用しているため、免許不要で使用できますが、IEEE 802.11aと比べると他の無線機器からの干渉を受け実効速度が下がる可能性が高いと言えます。

IEEE 802.11n

IEEE 802.11nは、2009年に策定された無線LAN規格です。**Wi-Fi 4** と呼ぶこともあります。最大伝送速度は600Mbpsで、2.4GHz帯と5GHz帯の両方を使用できます。**MIMO**というマルチチャネル技術などを用いて高速化を実現しています。またIEEE 802.11a、IEEE 802.11b、IEEE 802.11gとの相互接続も可能です。

> **用語**
> MIMO (*Multiple Input Multiple Output*)

> **参考**
> 無線LANアクセスポイントと有線LANスイッチの間をPoE (*Power over Ethernet*) で接続すると、アクセスポイントに必要な電源もスイッチから供給させることが可能です。

IEEE 802.11ac

IEEE 802.11acは、2013年に策定された無線LAN規格です。**Wi-Fi 5** と呼ぶこともあります。最大伝送速度は6.93Gbpsで、5GHz帯の周波数 (5.15GHz〜5.825GHz) を使用します。変調方式はOFDM (MIMO) で、最大8ストリームのMIMOに対応しています。

IEEE 802.11acは、IEEE 802.11nの後継規格であり、MIMO技術の強化やチャネルボンディングの導入により、大幅な高速化を実現しています。また、ビームフォーミング技術の採用により、電波の指向性を制御し、通信品質を向上させています。

IEEE 802.11ax

IEEE 802.11axは、2019年に策定された無線LAN規格です。**Wi-Fi 6**と呼ぶこともあります。最大伝送速度は9.6Gbpsで、2.4GHz帯と5GHz帯の両方を使用できます。変調方式はOFDMA、MU-MIMOで、最大8ストリームのMIMOに対応しています。

また、IEEE 802.11axには6GHz帯（5.925GHz～7.125GHz）の周波数を使用する**Wi-Fi 6E**という規格もあります。最大伝送速度は同じく9.6Gbpsですが、6GHz帯を使用するため、利用可能なチャネル数が増える上、混雑が緩和されるので、より高速かつ安定した通信が可能になります。

Wi-Fi 6E自体は2020年に策定されましたが、日本においては2022年9月に総務省が電波法施工規則などを一部改正したことで、利用可能になりました。

IEEE 802.11be

IEEE 802.11beは、2024年に策定された無線LAN規格です。**Wi-Fi 7**と呼ぶこともあります。最大伝送速度は46Gbpsで、2.4GHz帯、5GHz帯、6GHz帯の3つの周波数帯域を使用できます。変調方式はOFDMA、MU-MIMOで、最大16ストリームのMIMOに対応しています。

IEEE 802.11beでは、320MHz帯域幅の利用（Wi-Fi 6は160MHz）、2.4GHz帯、5GHz帯、6GHz帯の3つの周波数を同時に利用するMLO、12bitのデータを伝送可能にする4096-QAM（Wi-Fi 6は1024-QAM）などの技術によって、従来よりも高速化、安定化を実現しています。

5-1-4 Wi-Fiとは？

5-1-3で**Wi-Fi**（ワイファイ）と言葉が出てきましたが、現在では無線LANを指す言葉として定着しています。元々Wi-Fiという言葉は、IEEE 802.11シリーズの規格を利用する機器について、異なるメーカーの機器間でも接続できるように設立された業界団体の登録商標でした。

この業界団体は**Wi-Fi Alliance**という名前で、製品の認証や相互接続試験方法の策定、Wi-Fi普及のプロモーションなどを行っています。

ホテルや公共施設で「Wi-Fi接続可能」という表示がある場合、Wi-Fi認定を受けたアクセスポイントがあることを意味します。現在では、パソコンやネットワーク機器以外にも、IoT家電やゲーム機などもWi-Fi認定を受けた製品は数多く存在します。

以前は対応製品にWi-Fi認証のロゴ 図5-06 が貼付されていましたが、現在では相互接続性の懸念がほぼなくなったため、貼付されない製品も多くなっています。

なお、**5-4-3**で説明するWPAという無線暗号規格もWi-Fi Allianceによって策定されたものです。

用語

OFDMA（*Orthogonal Frequency-Division Multiple Access*）

無線通信における多重アクセス方式の一つで、複数のユーザーが同時に通信できるようにする技術のことです。「直交周波数分割多元接続」と訳されます。

用語

MU-MIMO（*Multi-User Multiple Input Multiple Output*）

無線LAN（Wi-Fi）の通信効率を向上させた上、複数の端末と同時に通信することを可能にする技術のことです。

参考

メーカーによっては最大伝送速度を36Gbpsとしている場合がありますが、これはストリームで使用する周波数帯の前提が異なるためです。

用語

MLO（*Multi-Link Operation*）

参考

Wi-Fi Alliance
http://www.wi-fi.org/

5-1 | 無線LANって何だろう？

図5-06　Wi-Fi 7の認証を受けた機器に付けられるロゴ

5-4-3で説明するWPAという無線暗号規格はWi-Fiによって策定されました。

確認問題

Q1 CSMA/CAの特徴として、最も適切なものはどれですか？

❶ 有線LAN環境での衝突検知と再送を目的とする
❷ 無線LAN環境で衝突を回避するために、送信前にランダムな時間待機する
❸ 光ファイバー通信でのデータ暗号化と認証を行う
❹ セルラーネットワークで周波数ホッピングを利用して通信品質を向上させる

A1 ❷が正解です。❶はCSMA/CDの特徴を述べたものです。

Q2 IEEE 802.11ax（Wi-Fi 6）の特徴として誤っているものはどれですか？

❶ OFDMAにより、複数のデバイスが同時に通信できる
❷ MU-MIMOにより、複数のデバイスに同時にデータを送信できる
❸ 1024-QAM変調方式により、単一端末の最大データレートを大幅に向上させた
❹ 以前のWi-Fi規格とは互換性がない

A2 ❹が正解です。IEEE 802.11ax（Wi-Fi 6）は、以前のWi-Fi規格（802.11a/b/g/acなど）との下位互換性があります。

Q3 Wi-Fi製品の相互接続性を認証し、普及を促進している業界団体はどれですか？

❶ IETF
❷ W3C
❸ Wi-Fi Alliance
❹ ISO

A3 ❸が正解です。詳しくは118ページを参照してください。

5-2 無線LANアクセスポイントへはどのように接続される?

学習の概要
- ☑ 無線LANアクセスポイントとの接続処理を理解しよう
- ☑ SSIDについて理解しよう
- ☑ 無線LANのMACフレームをのぞいてみよう

5-2-1 アソシエーションとは？

無線LANを使ってパソコンをインターネットや有線LANに接続する場合、インフラストラクチャモードで無線LANアクセスポイントへ接続する必要があります。このとき無線アクセスポイントへ接続する処理を**アソシエーション**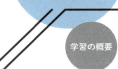（Association）と呼びます 図5-07 。

> **参考**
> アソシエーションを行うには、パソコンの無線LANアダプタが有効になっていなければなりません。

①：スキャニングによりチャネルやSSIDを検知する
②③：オープン認証や共通鍵認証が行われる
④⑤：アクセスポイントはクライアントからアソシエーション要求を受け取り、正しく要求できれば、"success"というステータスコードで応答を返す

図5-07　アソシエーションの流れ

無線LANでは、パソコン（クライアント）から複数の無線LANアクセスポイントへ接続できる状況もありえます。そこで目的の無線LANアクセスポイントと接続するためにパソコンに**SSID**という識別子を登録します。それによってパソコンからは、登録したSSIDを持つ無線LANアクセスポイントとしか接続できなくなります。

無線LANアクセスポイントからは、**ビーコン**（Beacon）と呼ばれる制御信号が定期的に発信されています。クライアントはビーコンからSSID、利用可能な無線伝送速度、無線チャネル番号といった情報を取得できます。

クライアントは、アソシエーション要求フレームをアクセスポイントに送信します。無線LANアクセスポイントはその返信として、クライアントに**ステータスコード**とともに**アソシエーション応答フレーム**を送信します。

クライアントは無線LANアクセスポイントからのステータスコードを確認し、successfulであれば成功、それ以外であれば失敗と判断します。successfulの場合、無線LANアクセスポイントからAssociation ID（AID）と呼ばれる識別子

> **用語**
> **SSID（Service Set IDentifier）**
> IEEE 802.11シリーズにおいて無線LANアクセスポイントの特定に使う識別子です。複数のアクセスポイントにまたがって使用できるSSIDを特にESSID（Extended SSID、ESS-IDとも表される）と呼びます。SSIDもESSIDも32文字までの英数字を指定できます。またBSSID（Basic SSID）というSSIDもあります。これは48ビットの数値でアクセスポイントのMACアドレスと同じ値です。BSSIDはクライアントとアクセスポイント間でやりとりされる無線LANフレームのヘッダーに記録され、通信制御に使用されます。

> **参考**
> 1つのアクセスポイントに複数のSSIDを設定し、論理的に複数の無線LANグループを作成できます。またSSIDごとに認証や暗号化に関するパラメータを指定できます。

5-2 | 無線LANアクセスポイントへはどのように接続される？

がクライアントに付与されます。

無線LANの認証を行う場合、認証が成功してからアソシエーションが行われます。アソシエーションには 図5-08 の形式のMACフレームが用いられます。

> 🔍 **参照**
> 無線LANの認証については
> **5-4-2**（129ページ）を参照してください。

Frame Control (2)	Duration /ID(2)	Address 1(6)	Address 2(6)	Address 3(6)	Sequence Control(2)	Address 4(6)	Body (0～2312)	FCS(4)

Protocol Version (2)	Type(2)	Sub Type(4)	To DS(1)	From DS(1)	More Frag(1)	Retry(1)	Power Mgr.(1)	More Data(1)	WEP(1)	Order(1)

WEP: 1の場合、WEPによりフレームボディを暗号化していることを示す

（ ）内はの単位はオクテット

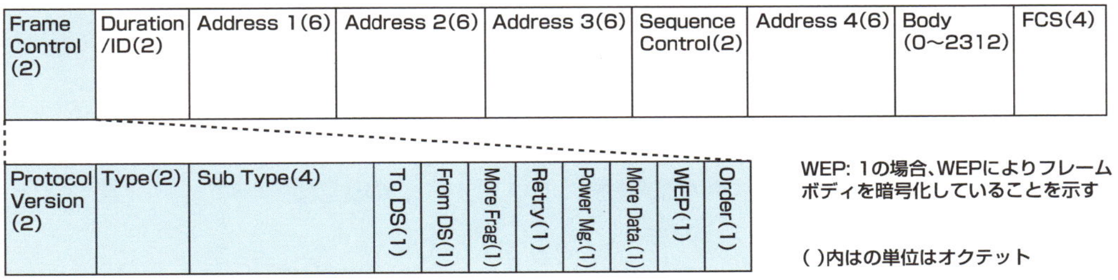

802.11のMACフレームタイプは3種類あります

① 管理フレーム（Managed Frame）
①-1 無線情報を伝えるビーコン（Beacon）フレーム：デフォルトで100ミリ秒ごとにアクセスポイントから送信される
①-2 認証用の認証（Authentication）フレーム：アクセスポイントとクライアント間で情報をやりとりするアソシエーションフレーム
② 制御フレーム（Control Frame）
③ データフレーム（Data Frame）：管理フレームでは"Address 1"としてあて先アドレス、"Address 2"として送信元アドレス、"Address 3"としてBSSIDが設定される

図5-08 無線LANのMACフレーム

確認問題

Q1 インフラストラクチャモードにおいて無線LANアクセスポイントへ接続する処理を何と呼びますか？

A1 アソシエーションと呼びます。アソシエーションを行うには端末の無線LANモジュールが有効に動作している必要があります。

Q2 最大32文字の英数字で表され、接続するアクセスポイントの選択に用いられるネットワーク識別子を何と呼びますか？

A2 SSID（ESSID）です。1台の無線LANアクセスポイントには複数SSIDの登録も可能で、SSIDごとにネットワークを分割し、異なる認証方式や暗号方式を使用できます。

Q3 端末にSSIDや無線チャネル番号などの情報を知らせるため、無線LANアクセスポイントから定期的に送信される制御信号はどれですか？

❶ RTS
❷ CTS
❸ ACK
❹ ビーコン

A3 ❹が正解です。詳しくは120ページを参照してください。

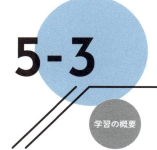

5-3 無線LANはどの範囲で使える?

学習の概要
- ☑ 無線LANで通信できる範囲について知ろう
- ☑ 無線LANの最大速度について理解しよう
- ☑ 各無線LAN規格のチャネルを理解しよう

無線LANの規格を参照すると、IEEE 802.11bでは11Mbpsまで、IEEE 802.11gでは54Mbpsまでという通信速度が記載されています。この速度は、最も条件のよい場合であることに注意してください。

無線LANでは有線LANと異なり、端末とアクセスポイント間の距離や、建物や壁など物理的な障害物によって、通信速度が変化します。

5-3-1 無線LANの最大通信速度

ギガビットイーサネットの1GbpsやIEEE 802.11axの9.6Gbpsといった最大通信速度は、物理層におけるデータ転送速度の理論値を示しています。

ただし、OSI参照モデルの各階層でヘッダーやトレイラなどが追加されていくため、実際にアプリケーションデータを転送する速度としては、最大通信速度からそれらを差し引かれたものになります。

また、CSMA/CAという衝突回避プロトコルを使用することで、データを送る際に必ず待ち時間が発生します。設置場所などの諸条件によって、実際に転送できる最大通信速度は、規格上示されている最大通信速度の数分の1になることもあります。

参照
詳細は*Part 7*の 図7-04 (179ページ)を参照してください。

参照
CSMA-CAについては**5-1-2**(114ページ)を参照してください。

カバレッジエリア

インフラストラクチャモードにおいて、端末がアクセスポイントと通信できる範囲を**カバレッジエリア**(Coverage Area)と呼びます。カバレッジエリアは**セル**(Cell)とも呼ばれ、アクセスポイントからの距離によって最大伝送速度が異なります。

アクセスポイントから離れるほど通信遅延の影響を受けるため、最大伝送速度は低下していき、障害物が無ければ 図5-09 のような同心円状の分布になります。

参考
逆にアクセスポイントと通信ができない範囲(図5-10 の円の外)をカバレッジホールと呼びます。

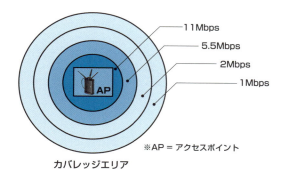

図5-09 カバレッジエリア

干渉とは？

「干渉」を辞書で引くと、「2つ以上の同じ種類の波が1点で出合う時、その点での波の振幅は個々の波の振幅の和で表せること」という内容があります。無線LANで使用する電磁波に限らず、音波や光波でも干渉は起こります。電気が伝わるところには電磁波が発生し、予期しない電磁波の存在は電磁波干渉の原因となります。例えば雷が発生するとラジオに雑音が入るのが電磁波干渉の例です。

無線通信では無線周波数ごとに通信路が存在し、各通信路でデータの送受信を行います。この通信路を**チャネル**（Channel）と呼びます。電波が到達する範囲内で、同一のチャネルを利用する複数の無線LANシステムが無線通信を行うと、干渉が発生します。

また、雷とラジオの例と同じように、無線LANデータが電波に乗って伝わっているときに雷や電子レンジといった他の電磁波が重なると、そのデータが壊れてしまって通信できなくなることがあります。これも干渉の1つです。雷のような他の電磁波の影響を事前に防ぐことは難しいですが、他の無線LANシステムとの干渉はチャネルの変更で回避できます。

> **参考**
> 干渉するチャネルの組み合わせをオーバーラップチャネル（Overlapping Channel）と呼びます。干渉しないチャネルの組み合わせを非オーバーラップチャネル（Non-overlapping Channel）と呼びます。

5-3-2　無線LANのチャネル

無線LANの規格には2.4GHz帯と5GHz帯がありますが、それぞれの帯域には複数のチャネルが存在します 図5-10。オフィス内でアクセスポイントを設置する場合、干渉を防ぐためチャネルを入れ子にして配置するのが望ましいです。

> **参照**
> IPv6の場合、6-3-4（156ページ）で説明したルーターアドバタイズメントによってグローバルアドレスが割り当てられます。

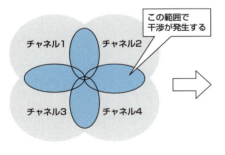
干渉するチャネル配置

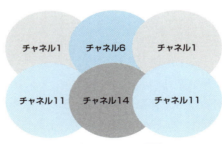
干渉しないチャネル配置

図5-10　干渉しないようにアクセスポイントを配置

> **用語**
> **チャネル**（Channel）
> 無線LAN用語でチャネルとは無線周波数帯域（スペクトラム）の区分のことです。アドホックモードでは無線通信を行う各端末で、インフラストラクチャモードではアクセスポイントと端末で同じチャネルを使わなければ通信ができません。
> チャネルには番号が振られています。無線周波数が低いほど小さい番号です。1番目のチャネルをチャネル1または1chと表記します。
> 電波に関する法律が国によって異なるため、国によって利用できるチャネル数や周波数が異なる場合があります。チャンネルとも呼ばれます。

IEEE 802.11bのチャネル

IEEE 802.11bには1～14のチャネルがあります。数字の異なるチャネルを選択すれば干渉を防げるかというとそうではありません。

図5-11のように、1chは2～5chと使用周波数帯域が重なってしまうため、干渉が生じます。そのため、IEEE 802.11bでは干渉せずに使用できる最大チャネル数は4つ（1ch、6ch、11ch、14ch）となります。

近所で既に1chが利用されている場合は、2ch、7ch、12chという3つの組み合わせを使う、といった設計が必要になります。

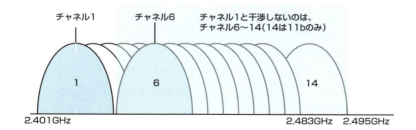

チャネル	無線帯域 (GHz) 下限	無線帯域 (GHz) 上限	中心帯域 (GHz)
1ch	2.401	2.423	2.412
2ch	2.406	2.428	2.417
3ch	2.411	2.433	2.422
4ch	2.416	2.438	2.427
5ch	2.421	2.443	2.432
6ch	2.426	2.448	2.437
7ch	2.431	2.453	2.442
8ch	2.436	2.458	2.447
9ch	2.441	2.463	2.452
10ch	2.446	2.468	2.457
11ch	2.451	2.473	2.462
12ch	2.456	2.478	2.467
13ch	2.461	2.483	2.472
14ch※	2.473	2.495	2.484

※802.11bのみ

図5-11　2.4GHz帯のチャネル

IEEE 802.11g/n/axのチャネル

　IEEE 802.11g、802.11n、802.11axには1〜13のチャネルがあります。周波数はIEEE 802.11bの1chから13chと同じです。干渉せずに使用できる最大チャネル数は3つ（例えば1ch、6ch、11chの組み合わせ）です。

IEEE 802.11a/n/ac/axのチャネル

　IEEE 802.11a、802.11n、802.11ac、802.11axでは、図5-12のようにJ52内で利用する場合はすべてのチャネルを干渉せずに利用可能です。W52とW53を利用する場合も同様にすべてのチャネルを干渉せずに利用できます。なお、J52とW52は同時に使用できません。

5-3 | 無線LANはどの範囲で使える？

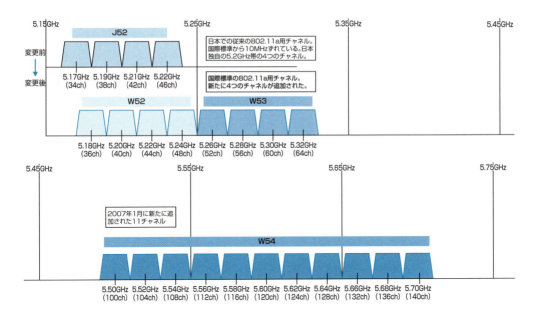

図5-12　5GHz帯のチャネル

チャネルボンディングによる帯域幅の拡張

IEEE 802.11nから導入された**チャネルボンディング**技術は、隣接する複数のチャネルを束ねてより広い帯域幅として使用することを可能にしました。これにより、40MHz、80MHz、そして802.11ac/axでは160MHzという広帯域幅での通信が実現しました。

最大通信速度の向上

MIMO技術は、複数のアンテナを使用して空間的に異なる信号を多重化することで、通信容量を増加させます。IEEE 802.11n/ac/axでは、**MIMO**技術が高度化され、より多くのアンテナを使用できるようになり、空間多重化の効率が向上しました。特にIEEE 802.11axでは、**MU-MIMO**（Multi-User MIMO）技術により、複数のデバイスとの同時通信が可能となり、ネットワーク全体の効率が向上しました。

また、**OFDMA**技術で1つのチャネルを複数のユーザーで共有可能になったことにより、多数のデバイスが同時に接続しても、遅延の少ない安定した通信が実現します。

5-3-3　アクセスポイントの最大通信範囲

無線LANアクセスポイントからどの程度離れたところまで通信できるのでしょうか？これは、他の電波を使った製品と同様、アンテナに依存します。アンテナは用途によってさまざまな種類があります 。

家庭やオフィスで利用する場合、**無指向性**のアンテナが使われることが多いです。無線LANの通信範囲は屋内で利用する場合は数十メートルから数百メー

> **参考**
> チャネルボンディングによる広帯域化は、電波干渉のリスクを高める可能性があります。しかし、IEEE 802.11n/ac/axでは、ビームフォーミングやOFDMAなどの技術を用いて、電波の指向性を制御し、干渉を軽減する対策が講じられています。

> **用語**
> **指向性**
> 信号を送る方向が一定の場合を指向性、360度全体に信号を送る場合を無指向性と呼びます。

PART 5 無線を使ってネットワークに接続しよう

トル程度、屋外で利用する場合は数百メートルから数十キロメートル程度の距離が一般的です 図5-13 。

表5-03 いろいろなアンテナオムニアンテナ

名前	指向性有無	説明
オムニアンテナ	無指向性	全範囲に信号を出す
ダイポールアンテナ	無指向性	1波長か半波長の長さの細い金属棒を2本並べて作ったアンテナ。アクセスポイントの標準アンテナとしてよく用いられる
パッチアンテナ	指向性	壁や天井に張り、一方向広範囲に信号を出す
八木アンテナ	指向性	一方向の狭い範囲に強力な信号を出す。通路、トンネル、オフィス間接続などに使う
パラボラアンテナ	指向性	一方向の非常に狭い範囲に強力な信号を出す。長距離でオフィス間接続を行う場合などに使う

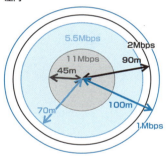
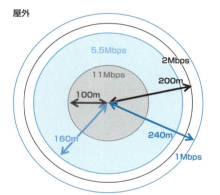

図5-13 ある製品における無線が到達する距離の例

確認問題

Q1 IEEE 802.11bにはいくつのチャネルがありますか？

A1 1〜14の14個のチャネルがあります。

Q2 無線電波が到達する範囲内で、複数の無線LANアクセスポイントが同一チャネルを使用すると、どのような現象が発生しますか？

A2 干渉 (Interference) です。干渉が発生すると、本来関係無いシステムにおける無線通信を検知してしまい、無線クライアントはCSMA/CAによりランダムな時間無線データ送出を待機するため、通信効率が下がってしまいます。
干渉は無線LANシステムだけでなく、電子レンジなどISM帯を使う装置との間でも発生します。

5-4 無線LANは盗聴される？

学習の概要
- ☑ 無線LANのアクセス制御を理解しよう
- ☑ 無線LANポイントアクセスポイントにおける認証を理解しよう
- ☑ 無線LANにおける暗号化を理解しよう

無線LANは有線LANとは異なり、電波を利用してデータをやりとりします。電波は目に見えませんが、数十〜数百メートル離れた場所にも届くため、第三者に無線LANの存在を簡単に知られてしまいます。

無線LANにおける主なセキュリティ脅威を次に挙げます。

- **無線LANアクセスポイントの不正利用**
悪意ある第三者が不正にネットワークへアクセスし、盗聴や改ざん、ウイルス配布、DoS攻撃などを行う
- **通信内容の盗聴、改ざん**
第三者に通信内容が知られてしまう。また、通信内容が書き換えられてしまう
- **無線LANアクセスポイントのなりすまし**
関係ない無線LANポイントアクセスポイントに接続してしまい、通信内容を傍受されてしまう

参照
各脅威の詳細については、10-1-3（265ページ）を参照してください。

このような脅威を防ぐため、無線LANでやりとりするデータの盗聴防止や、管理する無線LANアクセスポイントにおけるアクセス制御といったセキュリティ対策が重要です。

無線LANのセキュリティ対策には大きく次の3種類があります。

- 無線LANポイントアクセスポイントにおけるアクセス制御
- 無線LANポイントアクセスポイントにおけるユーザー認証
- 無線LAN通信の暗号化

5-4-1 アクセスポイントにおけるアクセス制御

アクセスポイントを設置すれば、無線クライアントはインターネットにアクセスできます。しかし、無線は目に見えないため、知らない人が自分のアクセスポイントを勝手に使ってしまうこともありえます。

無線信号到達範囲内でSSIDがわかれば、無線LANポイントアクセスポイントとアソシエーションできてしまうためです。見ず知らずの第三者を無線LANポイントアクセスポイントにアソシエーションさせないための技術として、**ESSIDステルス**と**MACアドレスのフィルタリング**があります。

ESSIDステルス (ESS-ID Stealth)

SSIDは、無線LANアクセスポイントからのビーコンによって定期的に発信されています。通常、クライアントはビーコンを使ってどのSSIDと接続すればよいかを確認できます。

しかし、無線信号が到達する場所にいれば、誰でもビーコンを確認でき、意図しないクライアントがSSIDを発見して接続することも可能になります。

このようなリスクを抑えるため、ビーコンの送出を行わないようにする機能が**ESSIDステルス**です 図5-14 。この方式ではクライアントは別途SSID名を管理者から入手し、自身で端末に設定する必要があります。

> **参照**
> ビーコンについては**5-2-1**（120ページ）を参照してください。

> **参考**
> 「SSIDブロードキャストの無効化」や「Any拒否」といった呼び方もあります。

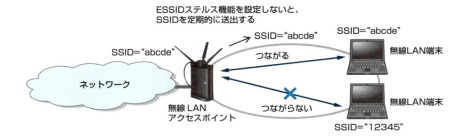

図5-14 ESSIDステルス

ただし、SSIDは無線ネットワーク上で暗号化されずにやりとりされます。そのため、ある無線クライアントがSSIDを使って無線LANアクセスポイントと通信している場合、無線モニタリング（盗聴）ツールを使えばSSIDを確認できます。よって、ESSIDステルスは十分なセキュリティ対策とは言えません。

MACアドレスのフィルタリング

無線LANアクセスポイントに、アソシエーション可能なMACアドレスを設定しておくことで、設定されたMACアドレス以外でアクセスしてきた無線クライアントから接続できなくすることを**MACアドレスのフィルタリング**、または**MACアドレス認証**と呼びます 図5-15 。

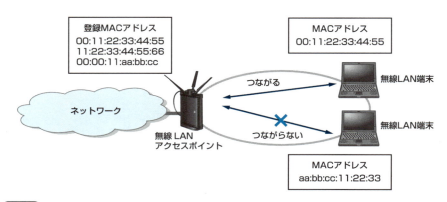

図5-15 MACアドレスのフィルタリング

アクセスポイントに設定する以外にも、RADIUS サーバー などにアクセス可能な MAC アドレスを登録し、認証と連携させてフィルタリングすることも可能です。

無線 LAN アクセスポイントに、アソシエーション可能な MAC アドレスを設定しておくことで、設定された MAC アドレス以外でアクセスしてきた無線クライアントから接続できなくすることを **MAC アドレスフィルタリング**、または **MAC アドレス認証** と呼びます。アクセスポイントに設定する以外にも、RADIUS サーバーなどにアクセス可能な MAC アドレスを登録し、認証と連携させてフィルタリングすることも可能です。

MAC アドレスフィルタリングに加えて、アクセスポイントのポートセキュリティ機能を利用する方法もあります。これは、アクセスポイントの各ポートに接続できる MAC アドレス数を制限する機能です。許可された MAC アドレス数のクライアントが接続すると、それ以上のクライアントは接続できなくなります。

さらに、VLAN を利用することで、無線 LAN を複数の仮想的なネットワークに分割し、それぞれに異なるセキュリティポリシーを適用することも可能です。例えば、ゲストユーザー用の VLAN と従業員用の VLAN を分離することで、ゲストユーザーが社内ネットワークにアクセスすることを防ぐことができます。

ただし、MAC アドレスはツールを使って詐称できます。アクセス可能な MAC アドレスを無線モニタリングすることで、確認できてしまいます。そのため、MAC アドレスのフィルタリングは十分なセキュリティ対策とは言えません。

> **用語**
> **RADIUS**（*Remote Authentication Dial In User Service*）
> RFC 2138 で規定されている、ネットワーク上でユーザーの認証や課金情報管理を行うプロトコルです。

5-4-2　アクセスポイントにおけるユーザー認証

アクセスポイントで ESSID ステルスや MAC アドレスのフィルタリングを行っても、完全に第三者のアクセスを防げるわけではありません。意図しないユーザーをアクセスさせないために認証を行います。

最初の無線 LAN 規格である IEEE 802.11 では、オープンシステム認証と共有鍵認証の 2 つが規定されています。

オープンシステム認証（*Open System Authentication*）

オープンシステム認証 は無線 LAN 認証方式の 1 つで、クライアントからユーザー名やパスワードといった認証情報を使わずに無線 LAN アクセスポイントに認証要求を行います。無線 LAN アクセスポイントは要求された認証をそのまま受け入れます。つまり、誰でもアソシエーション可能となります。

オープンシステム認証は公衆無線 LAN で用いられます。誰でもアクセスでき、さらに無線暗号化が行われないため、*Part 10* で紹介する IPsec VPN や SSL VPN と併用するのが望ましいです。

共有鍵認証（*Shared Key Authentication*）

共有鍵認証 は無線 LAN アクセスポイントとクライアント間で無線暗号化を行う場合に用います。5-4-3 で説明しますが、WEP や WPA といった暗号化規格を

利用する場合、無線LANアクセスポイントとクライアントで同じパスワードを設定しておくことで、無線通信路が確立されます。このパスワードのことを**事前共有鍵**(*Pre-Shared Key*)と呼びます。事前共有鍵を知らないクライアントは、無線LANアクセスポイントに接続できません。

IEEE 802.1X

IEEE 802.1Xはユーザー認証とアクセス制御を行うプロトコルで、無線LANのみでなく、有線LANでも利用可能です。

認証方式には**EAP**(拡張認証プロトコル)を利用します。オーセンティケーターはサプリカントから受信したEAPメッセージをRADIUSフレームに載せ替えて認証サーバーとのやりとりを中継します。認証サーバーによる認証が成功すると、オーセンティケーターはその通知をサプリカントへ送るとともに、それ以降は認証済み端末として当該サプリカントからのMACフレームをLAN上の他端末やインターネットゲートウェイへ転送できるようにします 図5-16 。認証情報としてユーザー名、パスワード、証明書のどれを使うかによって**EAP-MD5**、**EAP-TLS**、**EAP-TTLS**などさまざまな方式があります。

> **用語**
> **ユーザー認証**
> ネットワークへアクセスしてもよいかを判定することを認証と呼び、利用者ごとに行う認証をユーザー認証と呼びます。認証に使う情報はユーザー名とパスワードの組み合わせが一般に使われます。証明書と呼ばれる外部機関によって発行される情報を認証情報として使うこともあります。

> **用語**
> **EAP**(*Extensible Authentication Protocol*)

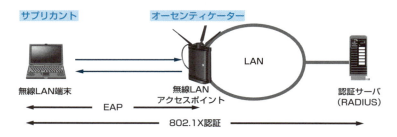

図5-16 IEEE 802.1X

5-4-3 無線LAN通信の暗号化

空間を行き来する電波は、到達範囲内であれば第三者が受信することも可能です。無線LANのデータ解析ツールは手軽に入手できるため、悪意あるユーザーが無線通信を盗聴することもできてしまいます。

無線通信の盗聴や改ざんを避けるため、通信の暗号化を行う必要があります。無線LAN通信の暗号化は、**WEP**、**WPA**、**WPA2**、**WPA3**の順に規格化されました。

コンピューターの性能向上に伴い、暗号技術は年々進化しています。なるべく最新の規格を用いることが重要です。

WPA、WPA2、WPA3の概要をまとめたものが 表5-04 になります。

> **参照**
> **WEP**
> Wired Equivalent Privacyの略で、初期の無線LAN暗号化規格です。詳細は133ページのCOLUMNを参照してください。

5-4 | 無線LANは盗聴される？

表5-04 無線LAN暗号化の進化

暗号化規格	策定年	暗号化方式	認証方式	強度	特徴	弱点
WPA	2003年	TKIP、CCMP（AES）	PSK、802.1X	弱い	・WEPの脆弱性を改善 ・初期のセキュリティプロトコル	・TKIPの脆弱性 ・辞書攻撃に弱い
WPA2	2004年	CCMP（AES）	PSK、802.1X	中程度	・WPAの後継規格 ・より強力な暗号化を採用	・KRACK攻撃に脆弱
WPA3	2018年	CCMP（AES）、GCMP（AES）	PSK、802.1X、SAE	強	・WPA2の後継規格 ・さらにセキュリティを強化 ・脆弱なパスワードへの対策 ・IoTデバイスへの対応	・まだ普及率が低い

WPA（Wi-Fi Protected Access）

WEPには多くの脆弱性が発見されていましたが、この欠点を補うために策定された無線LANセキュリティ規格が**WPA**です。WPAはWi-Fi Allianceによって2002年10月に発表されました。SSIDとWEPキーに加えて、ユーザー認証機能や暗号鍵を一定時間ごとに自動的に更新する**TKIP**を利用できます 表5-05 。

表5-05 WEPとTKIPの比較

	WEP	TKIP
鍵長	40ビットまたは104ビット	128ビット
初期ベクトル	24ビット	48ビット
鍵更新	なし	あり
暗号アルゴリズム	RC4	RC4
改ざん防止	なし	MICによる改ざん防止

WPAは元々、2004年に制定されたIEEE 802.11iの暗号化規格の一部分でしたが、従来のIEEE 802.11a/b機器でもWPAを利用できるようにIEEE 802.11iより先に公開されました。

WPAには企業向けの**エンタープライズモード**（Enterprise Mode）と小規模向けの**パーソナルモード**（Personal mode）の2種類があります。

パーソナルモードのWPAはWPA-PSKとも呼ばれ、アクセスポイントに接続するクライアントにはすべて同じ暗号鍵を使う**事前共有鍵**（PSK）方式を使います。

エンタープライズモードのWPAは主に企業ネットワーク向けで、PSKに加えてIEEE 802.1X認証サーバーを使い各ユーザーに異なる暗号キーを配布する方式も利用できます。

WPA2

WPA2は、Wi-Fi Allianceが2004年9月に発表した無線LANセキュリティ規格です。それまでの規格であるWPAの脆弱性を改善し、より安全なWi-Fi通信を実現するために開発されました。

WPA2では、暗号化アルゴリズムとして**AES**が採用されました。AESは、それまでのWEPやWPAで用いられていた**RC4**と比べて、より強力で安全性の高い暗号化アルゴリズムです。WPA2では、128ビットの鍵長を用いたAES暗号化により、解読が非常に困難な堅牢なセキュリティを実現しています。

用語

TKIP（Temporal Key Integrity Protocol）
暗号鍵を一定時間ごとまたは一定パケット量毎に自動的に更新するプロトコルです。更新時間は20分以内が推奨されます。

参考

IEEE 802.11iはWEPに代わる暗号化規格として標準化が始まりましたが、標準化完了前にWPAがWi-Fi Allianceによって規格化されました。暗号化通信の規格としてWPA、WPA2相当の内容を含んでいます。

用語

AES（Advanced Encryption Standard）
アメリカ合衆国の新暗号規格として規格化された共通鍵暗号アルゴリズムです。IPsecやSSLといった暗号通信にも用いられます。AESの鍵長には128、192、256ビットがありますが、WPA2では128ビットのみを使います。

用語

RC4
秘密鍵暗号アルゴリズムの1つで、高速な暗号化が行えます。RSA Securityが仕様を保持しており、一般には公開されていません。

WPAでは、TKIPが暗号化方式として用いられていましたが、WPA2では CCMP に移行しました。CCMPはAESをベースとしたより安全な暗号化方式であり、データの機密性と完全性をより効果的に保護します。

WPA2はWPAとの下位互換性を維持しています。つまり、WPA2対応機器は、WPA対応機器とも通信が可能です。これによって、WPA2への移行がスムーズに行われ、既存のWi-Fi環境との互換性を維持することができました。

またWPA2はWPAの脆弱性を克服し、次のような点でセキュリティが強化されています。

- リプレイ攻撃対策
- メッセージ改ざん検知

WPA2では、メッセージの再送による攻撃を防ぐために、シーケンス番号を用いたリプレイ攻撃 対策が導入されました。これによって、受信側がすでに受信済のシーケンス番号が割り振られたデータを受信した場合は、そのデータを再送信されたものだと判断し、処理を拒否します。

WPA2では、AES暗号化アルゴリズムと認証アルゴリズムを組み合わせたCCMPの採用によって、メッセージが途中で改ざんされると、受信側でそれを検知して通信を遮断することができ、通信の安全性を確保できます。

WPA2は、長年にわたり無線LANセキュリティの標準として広く普及してきました。しかし、近年では、KRACKsなどの脆弱性が発見され、WPA3への移行が進められています。

WPA3

WPA3は、Wi-Fi Allianceが2018年6月に発表した、WPA2の後継となる無線LANセキュリティ規格です。WPA2よりもさらにセキュリティを強化し、より安全なWi-Fi環境を実現することを目的としています。

WPA2では、TKIPとAES-CCMPの2つの暗号化方式が利用可能でしたが、WPA3ではAES-CCMPのみが必須となります。また、パーソナルモードでは192ビットの暗号化キーが採用され、より強力な暗号化を実現しています。

新しいハンドシェイク方式としてSAE と呼ばれる新しいハンドシェイク方式を採用しています。これにより、オフライン辞書攻撃などによるパスワードの盗聴を防ぎ、より安全な接続を確立できます。

新機能として、OWE が導入されました。これにより、パスワードを設定していないオープンなWi-Fiネットワークでも、通信内容を暗号化し、プライバシーを保護することができます。

またWPA3では、DPP と呼ばれる新しいプロトコルが導入されました。これにより、ディスプレイを備えていないIoT機器などでも、簡単にWi-Fiネットワークに接続できるようになりました。

WPA3はWPA2との下位互換性を維持しています。つまり、WPA2対応機器は、WPA対応機器とも通信が可能です。ただし、WPA3のすべての機能を利用する

用語

CCMP（*Counter Mode with Cipher Block Chaining Message Authentication Code Protocol*）
AES暗号化アルゴリズムと認証アルゴリズムを組み合わせることで、データの機密性と完全性を保護します。CCMPは、それまで使われていたTKIPよりも安全性の高いプロトコルであり、無線LANのセキュリティを向上させました。

用語

リプレイ攻撃
ネットワーク上で悪意のある第三者がデータを盗聴し、そのデータをそのまま再送信する攻撃のことです。

用語

SAE（*Simultaneous Authentication of Equals*）
従来のWPA2で使われていたPSK（Pre-Shared Key）では、辞書攻撃などの総当たり攻撃によって解読される危険性がありましたが、SAEでは、より安全な暗号化アルゴリズムによって、パスワードを推測する攻撃に対する耐性を高めています。また、アクセスポイントとクライアントが対等な関係で認証を行うため、どちらか一方の機器がパスワードを漏洩しても、ネットワーク全体が危険にさらされることはありません。

用語

OWE（*Opportunistic Wireless Encryption*）
Diffie-Hellmanの鍵共有方式をキー技術とし、通信している当人だけが生成できる鍵を手順の中で生成します。これによりパスワードを設定していないオープンなWi-Fiネットワークでも通信の暗号化が可能になります。処理負荷が高いため、相応の性能を持つ機器を用意する必要があること、アクセスポイントに成りすましてデータを中継する中間者攻撃には効果がないという課題があります。

用語

DPP（*Device Provisioning Protocol*）
従来のWi-Fi接続では、SSIDとパスワードを手入力する必要がありましたが、DPPでは、QRコードの読み取りなどが利用可能です。

5-4 | 無線LANは盗聴される？

には、アクセスポイントとクライアントデバイスの両方がWPA3に対応している必要があります。

COLUMN | **無線暗号化技術「WEP」**

WEPはWired Equivalent Privacyの略で、和訳すると「有線と同等のプライバシー」と意味になります。1999年にIEEE 802.11bの無線通信暗号化技術として採用されました。RC4アルゴリズムを基にした秘密鍵暗号方式によって暗号化が行われ、この秘密鍵をWEPキーと呼びます。

元々、40ビットの鍵長に24ビットの初期ベクトル値を合わせた64ビット長の暗号通信と、104ビットの鍵長に24ビットの初期ベクトル値を合わせた128ビット長の暗号通信がありました。

しかし、比較的容易に暗号解読されてしまうことが判明し、現在では利用すべきではないとされています。

確認問題

Q1 意図しない無線クライアントが、SSIDを発見して接続してしまわぬよう、アクセスポイントにおいてビーコンの送出を行わないようにする機能を何と呼びますか？

A1 ESSIDステルス機能です。この機能が使われていると、クライアントは自動的にSSIDを検出できないので、端末に手動でSSIDを設定する必要があります。

Q2 IEEE 802.11で規定される認証のうち、アクセスポイントとクライアント間で暗号化を行うものを何と呼びますか？

A2 共有鍵認証です。アクセスポイントとクライアントで同じパスワードを使用し、WEPやWPAを使った暗号通信を行うことが可能です。

Q3 WPAで規定される、暗号鍵を一定間隔で自動更新するプロトコルを何と呼びますか？

A3 TKIPです。暗号鍵の更新間隔はアクセスポイントの設定で変更することが可能で、20分以内にすることが推奨されます。

Q4 WPA3は、WPA2の後継となる無線LANのセキュリティ規格です。WPA3では、主に[❶]と呼ばれるハンドシェイク方式を採用し、より安全な鍵交換を実現しています。また、オープンなWi-Fi環境での安全性を高めるために、[❷]という暗号化方式を導入しています。さらに、デバイスのプロビジョニングを簡素化するために、[❸]と呼ばれるプロトコルを導入し、QRコードやNFCを利用した簡単な接続設定を可能にしました。

A4 ❶がSAE、❷がOWE、❸がDPPです。詳しくは132ページを参照してください。

Let's Try!

練習問題

解答は別冊 7 ページ

Q1

無線LANに関する説明のうち誤っているものはどれですか?

❶ IEEE 802.11a は 5GHz 帯を利用する
❷ IEEE 802.11b では 14 チャネルが利用できる
❸ IEEE 802.11a ではすべてのチャネル間で干渉が起きない
❹ IEEE 802.11g では 4 つのチャネル間で干渉が起きない

Q2

無線LANで使用される搬送波感知多重アクセス／衝突回避方式はどれですか?

❶ CDMA　　❷ CSMA/CA　　❸ CSMA/CD　　❹ FDMA

Q3

無線LANにおいて、128ビットから256ビットの値を暗号化鍵としてあらかじめ設定して、通信フレームに対し暗号化する方式はどれですか?

❶ WEP　　❷ WPA　　❸ WPA2　　❹ WPA3

Q4

無線LAN環境に複数台のPC、複数台のアクセスポイントと利用者認証情報を管理する1台のサーバーがある。利用者認証とアクセス制御にIEEE 802.1XとRADIUSを利用する場合の特徴はどれですか?

❶ PCには IEEE 802.1X のサプリカントを実装し、RADIUS クライアントの機能をもたせる
❷ アクセスポイントには IEEE 802.1X のオーセンティケーターを実装し、RADIUS クライアントの機能をもたせる
❸ アクセスポイントには IEEE 802.1X のサプリカントを実装し、RADIUS サーバーの機能をもたせる
❹ サーバーには IEEE 802.1X のオーセンティケーターを実装し、RADIUS サーバーの機能をもたせる

Q5

無線LANのセキュリティ技術に関する記述のうち、適切なものはどれですか?

❶ ESS-ID 及び WEP を使ってアクセスポイントと通信するには、クライアントに EAP (*Extensible Authentication Protocol*) を実装する必要がある
❷ WEP の暗号化鍵の長さは 128 ビットと 256 ビットがあり、どちらを利用するかによって処理速度とセキュリティ強度に差が生じる
❸ アクセスポイントに MAC アドレスを登録して認証する場合、ローミング時に ESS-ID を照合しない
❹ 無線 LAN の複数のアクセスポイントが、1 台の RADIUS サーバーと連携してユーザー認証を行うことができる

PART 6

インターネットプロトコル
とIPアドレスを学ぼう

このPartではインターネット技術の中核となるIPについて学習します。
IPの仕事はデータを送信側から受信側に送り届けることです。
送り届ける仕組み（ルーティング）Part 8で学ぶことにして、
ここではIPの概要と重要な要素であるIPアドレスについて学びましょう。

6-1   IPはネットワークを越えた通信

6-2   IPv4アドレスを理解しよう

6-3   IPv6アドレスを理解しよう

6-4   IPにおけるデータの流れとは？

6-5   どのとびらからデータを流そう？

6-1 IPはネットワークを越えた通信

学習の概要
- ☑ IPの概要を学ぼう
- ☑ IPとOSI参照モデルの関連を理解しよう
- ☑ ネットワークに対するブロードキャストの影響を知ろう

6-1-1 ネットワークを細かく分割する？

まずは復習です。<u>IP</u>とは何の略称か覚えていますか？

IPは、<u>Internet Protocol</u>（インターネットプロトコル）の略称です。インターネットとは、インターネットワークがその由来となり、「ネットワークの相互接続」という意味であると*Part 1*で説明しました。

セグメントとは何か

<u>セグメント</u>（*Segment*）とは「断片、部分」という意味の英語ですが、ネットワークの世界では、相互接続されるネットワークの最小単位のことを指します。

イーサネットの場合、1つの<u>コリジョンドメイン</u>が1つのセグメントになります。セグメント内の複数ノードが同時にデータを送信した場合は、<u>CSMA/CD</u>による衝突が起こります。

IPの場合、1つのブロードキャストドメインが1セグメントとなります。

学校や会社のネットワークでは、1つのセグメントだけで構成されることはほとんどありません。<u>サブネット</u>という分割されたネットワークをいくつもつないで、1つの大きなネットワークを作るのが一般的です。このようなネットワークにおいて、分割されたサブネット間を通信するときにIPが使われます。

*Part 4*でも学んだように、1つのLAN内では<u>MACアドレス</u>によってホストを識別し、あらゆるデータのやり取りを行います。ホストの台数が増えると、スイッチが学習しなければならないMACアドレスの数は膨大な数になります。

管理しなければならないMACアドレスの数が増えると、スイッチはメモリをたくさん消費したり、<u>エージング</u>を頻繁に行ってCPUの利用率が上がってしまうというデメリットもあります。

また、ホストの数が増えるとセグメント（CSMA/CDネットワーク）内でネットワークの利用率が上がり、コリジョン（衝突）が頻繁に発生して、伝送遅延が増えます。

さらに、セグメント内では<u>ブロードキャスト</u>（一斉通信）がよく使われます。これはホストやスイッチなどのネットワーク機器が、どこにあて先があるかを確認するためのものです。

まず、すべてのホストに対して質問を投げ（ブロードキャスト）、その質問に答えられるホストだけが回答することで、それ以降はそのホストとだけ通信ができるようになります。

ブロードキャストはホストの台数が多いほど、ネットワークに大量のトラ

参照
セグメントについては、4-3-3（97ページ）を参照してください。なお、ネットワークの世界ではセグメントのことを「ネットワークセグメント」とも呼びます。

用語
コリジョンドメイン
コリジョンはcollision（衝突）を表し、コリジョンドメインは信号の衝突が発生する範囲という意味になります。

参照
CSMA/CDについては、4-3-1（92ページ）を参照してください。

参照
サブネットについては、6-2-4（149ページ）を参照してください。

参照
MACアドレスについては、2-4-1（48ページ）を参照してください。

用語
エージング（Aging）
古い情報を残さないよう、情報を保持する時間を決めることです。Ageとは英語で年齢や老化という意味です。情報に老化という概念を持たせて、ある時間を経過したものは新しい情報に更新します。

参照
ブロードキャストについては、4-3-4（99ページ）を参照してください。

フィックを与えてしまいます。つまり、セグメント内にホストがたくさんあるほど、ネットワークは反応が鈍くなると言えます。

これらのデメリットを解消するために、IPの世界では 図6-01 のようにネットワークを**サブネット**という単位に分割してあげます。

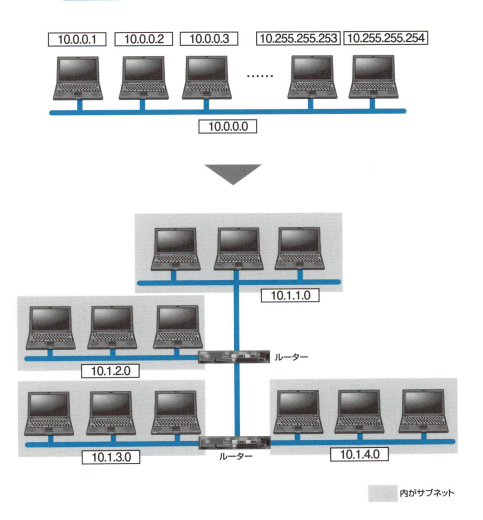

図6-01　利用率上昇などのデメリットを回避するためにネットワークを分割する

こうすることによって、CSMA/CDの衝突や **6-1-2** で説明するブロードキャストという一斉通信の対象となるホストの数がサブネット内で限定されます。そのため、サブネット内を流れるトラフィックを限定することができ、利用率も低下させることができるのです。

6-1-2　ブロードキャストの流れる範囲

ブロードキャストとは、データの一斉通信のことです。ネットワーク内、つまりIPサブネット内のすべてのコンピューターや通信機器に同じ情報を送ること

ができます。そのため、IPサブネットを**ブロードキャストドメイン**とも呼びます。

ブロードキャストで使われるアドレスには2種類あります。データリンク層では**FF:FF:FF:FF:FF:FF**という物理アドレスが使われ、これを**MACブロードキャスト**とも呼びます。

ネットワーク層では、IPのブロードキャストアドレスを使います。例えば、192.168.1.0というIPアドレスで表現されるネットワーク（サブネット）のブロードキャストIPアドレスは、192.168.1.255です。

コリジョンドメイン

まず**コリジョンドメイン**を見てみましょう。

図6-02の網掛けされた部分で示される各コリジョンドメインの範囲でコリジョン（衝突）が起こります。この範囲ではメディアを共有しているので、特定のホストあて（ユニキャストのデータであっても、全部のホストがデータを受信します。つまり、このドメイン内では、あらゆるデータがたれ流しの状態（無制御で伝搬）になっています。そして自分あてのデータではない場合は、そのデータを無視します。

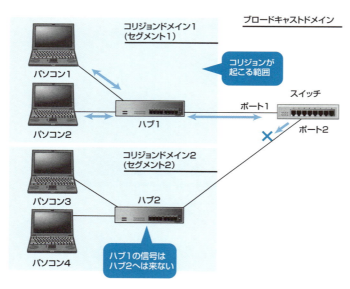

図6-02 コリジョンドメインはスイッチによって分割される

しかし、スイッチ（またはブリッジ）をはさむと、コリジョンドメインは分割されます。そのため、スイッチを通り越えてデータがたれ流しになることはありません。スイッチは、それぞれのコリジョンドメイン内にあるホストのMACアドレスを学習し、その情報をもとにイーサネットフレームを対応するポートへ送ります。

次にパソコン1からパソコン2へデータを送る場合を考えてみましょう。この場合、スイッチは同じポート（ポート1）配下に、あて先MACアドレスが存在することをMACテーブルから判断します。そのため、ポート2へは何のデータも

> **用語**
> **ブロードキャストアドレス**
> （*Broadcast Address*）
> 1つのセグメント内にあるすべてのノードに対してデータを伝えたいときに、あて先アドレスとして使用するアドレスです。ブロードキャストアドレスには、MACブロードキャストアドレスとIPブロードキャストアドレスがあります。

> **参照**
> IPブロードキャストアドレスについては、**6-2-3**（148ページ）を参照してください。

> **用語**
> **ユニキャスト**（*Unicast*）
> 一斉通信するブロードキャストと対称に、ある1つのあて先への通信をいいます。

> **参照**
> スイッチについては、**3-4-2**（71ページ）を参照してください。

送りません。データはコリジョンドメイン1内でたれ流されているので、パソコン2はデータを受信できます。

さらにパソコン1からパソコン4へデータを送る場合を考えてみましょう。この場合、スイッチは別のポート（ポート2）配下に、あて先MACアドレスが存在することをMACテーブルから判断します。そのためスイッチはポート2へもデータを送ります。この場合、両方のコリジョンドメインにデータがたれ流されますが、パソコン4以外は自分あてのMACアドレスではないので無視します。

ブロードキャストドメイン

次に**ブロードキャストドメイン**を見てみましょう。

図6-03 にあるドメインの中にはスイッチ（またはブリッジ）が入っています。つまり、分割されたコリジョンドメインが複数あります。そのためスイッチをまたいでデータのたれ流しが行われることはありません。

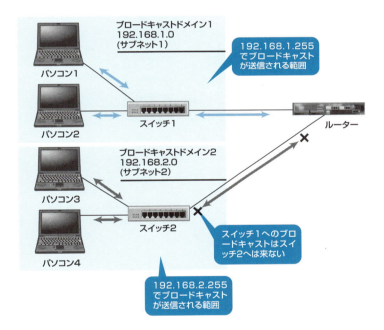

図6-03　ブロードキャストドメインの範囲。ルーターによってブロードキャストドメインは分割される

ブロードキャストドメイン内に一斉通信を行う場合、ブロードキャストを使います。ブロードキャストは、1つのブロードキャストドメイン内にあるすべてのホストへ送信することができます。

ブロードキャストでは、あて先MACアドレスにFF:FF:FF:FF:FF:FFが使用され、これはMACブロードキャストと呼ばれます。スイッチはこのアドレスを持つイーサネットフレームを受信すると、全ポートに転送します。

一方、ルーターはMACアドレスだけでなくIPアドレスも参照して転送を判断するため、ブロードキャストを別のサブネット（ブロードキャストドメイン）へ転送することはありません。IPブロードキャストアドレスは、**6-2-3**の項目でも

説明しますが、IPアドレスのホスト部をすべて2進数の1にした値です。
例えば、192.168.1.1というホストが属するネットワークのネットワークアドレスは192.168.1.0です。この場合、このネットワークのブロードキャストアドレスは192.168.1.255となります。このブロードキャストは、ルーターで分割されたブロードキャストドメイン内でのみ行われます。
ネットワークという単位の間では、ネットワーク層のプロトコルが使われます。そのため、ルーターがネットワーク間のやりとりの仲介を行うわけです。

> **参照**
> 図6-03において、ルーターはデフォルトゲートウェイとして機能しています。デフォルトゲートウェイに関する詳細は **8-2-3**(208ページ)を参照してください。

6-1-3　OSI参照モデルで見てみよう

LANはOSI参照モデルの第2層までで動作します。LANとLANを相互接続するには、ルーターが必要です。これは、第3層の動作が必要になるという意味です。

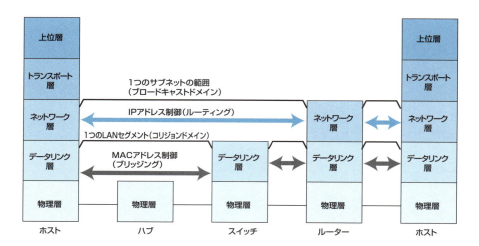

図6-04　コリジョンドメインはデータリンク層で分割され、ブロードキャストドメインはネットワーク層で分割される

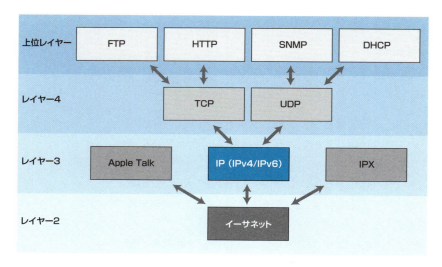

図6-05　TCP/IP階層モデルにおけるIPの位置づけ

図6-04 の中でMACアドレス制御としたものが、**Part 4**で説明したMACアドレスの学習や、MACアドレスによって対応するスイッチのポートにデータを送る、という作業を示します。ルーターではIPアドレスの制御を行います。

TCP/IP階層モデルでは、図6-05 のようにIPはデータリンク層のイーサネットとトランスポート層のTCPやUDPと関わりを持ちます。

> **参照**
> AppleTalk、IPXについては**3-4-4**(73ページ)を参照してください。

6-1-4　IPv4とIPv6

現在TCP/IPネットワークのIPとは、ほとんどの場合IPバージョン4を指しています。本書ではIPバージョン4を**IPv4**と表します。IPv4の次のバージョンは**IPv6**です。

IPv6が必要になった一番の理由は、IPv4アドレスが枯渇してきたことです。

IPアドレスについては**6-2**で詳しく説明しますが、IPv4では32ビットのIPアドレスを使うため、最大でも約43億個のアドレスしか割り当てることができません。IPv4アドレスの枯渇はかなり以前から話題にされていて、1995年に最初のIPv6関連RFCが出されています。

サブネットやアドレス変換の利用といった技術を使って限りあるIPv4アドレスがこれまで使われ続けていましたが、徐々にIPv6への移行が始まっています。

現在、PCやモバイルデバイスにはIPv4とIPv6の両方が割り当てられることが多いものの、IPv4が依然として主流です。その理由としては、多くのネットワーク機器やサービスがまだIPv4を基盤に運用されていること、IPv6は新しいプロトコルであるため完全な移行には時間がかかり、多くのシステムが両方に対応する**デュアルスタック**構成を採用していることなどが挙げられます。

例えば、2023年のNTTコミュニケーションズの調査ではIPv6通信の割合は全体の約4割という結果も出ています。このように、現在でもIPv4が主流ですが、IoTや次世代技術への対応としてIPv6への移行が進行中です。

> **ポイント**
> IPv4は「アイピーブイフォー」または「アイピーブイヨン」と読まれます。

> **用語**
> **IPv6**
> IPv6は「アイピーブイシックス」または「アイピーブイロク」と読みます。
> なぜIPv4の次のバージョンがIPv5でないかと言うと、RFC 1819においてInternet Stream Protocol Version 2というプロトコルのためにIPのバージョン5というパラメータが用いられていたためです。

確認問題

Q1 コリジョンドメインとブロードキャストドメインは、それぞれどのネットワーク機器で分割されますか?

A1 コリジョンドメインはスイッチ（またはブリッジ）、ブロードキャストドメインはルーターで分割されます。コリジョンドメイン内はすべてのノードが通信データを受信し、関係ないデータは無視します。ブロードキャストドメイン内はブロードキャストアドレスを使ってすべてのノードにデータを送ることができます。

Q2 MACブロードキャストフレームで使われるあて先アドレスは何ですか?

A2 FF:FF:FF:FF:FF:FFです。すべてのビットが1になります。

6-2 IPv4アドレスを理解しよう

学習の概要
- ☑ IPv4アドレスの種類を理解しよう
- ☑ サブネットとサブネットマスクを理解しよう
- ☑ ネットワークアドレスとブロードキャストアドレスを理解しよう

6-2-1 IPアドレスを学ぼう

6-1-2のブロードキャストアドレスの説明で少しIPアドレス⚠️が登場してきました。IPアドレスは異なるネットワーク間の通信において、ルーターやホストを識別するための住所です。

IPアドレスは物理アドレスであるMACアドレスとは異なり、NIC🔍(ネットワークインターフェイスカード)にあらかじめ書き込まれているものではありません。

IPアドレスのようにネットワーク層で制御されるアドレスを論理アドレスと呼びます。論理アドレスはネットワークの状態に合わせて、人間が好きなように設定できます。どのように設定するのが望ましいのでしょうか。

IPv4アドレスをWindowsで設定してみよう

インターネットに接続して、さまざまなインターネットサービスを受けるために、パソコンに**IPアドレス**を設定する必要があります🔍。宅配便で住所をもとにあて先に荷物を送るように、IPではIPアドレスを目印にしてIPパケットを送信します。IPv4の場合、IPアドレスは32ビットの2進数です。

IPv4アドレスは192.168.14.2のように、「.(ドット)」を使って4つのブロックに分けて書き表します。このようにすると、人間が見てもわかりやすいためです。この1つのブロックは2進数の8ビット分に相当し、10進数の**0～255**までを使って表されます。

ちなみに、192.168.14.2を2進数で表すと、「1100 0000 1010 1000 0000 1110 0000 0010」となり、非常に見づらく間違いも多くなります。

IPv4アドレスの設定手順をWindows 11の場合で見てみましょう✅。

① スタートボタンを右クリックして「ネットワーク接続」を選択、「ネットワークとインターネット」を開く 図6-06
② 「ネットワークの詳細設定」をクリックし、画面を開く 図6-07
③ アダプタ名(例：イーサネット)をクリックし、その他のアダプターオプションの「編集」をクリックしてプロパティ画面を開く 図6-08
④ 「インターネットプロトコルバージョン4(TCP/IPv4)」のプロパティ画面でIPアドレスなどの設定を行う 図6-09

⚠️ **注意**
本書ではIPのバージョンを明示的に区別する場合は「IPv4」や「IPv4アドレス」のようにバージョンも加えて表記します。IPv4とIPv6に共通な内容については「IP」や「IPアドレス」のようにバージョンを加えず表記します。

🔍 **参照**
NICについては**2-1-3**(35ページ)を参照してください。

🔍 **参照**
ここでは手動で設定する例を紹介していますが、実際にはほとんどの場合、IPアドレスはDHCPを使って動的に割り当てられます。DHCPについては**6-5-4**(169ページ)を参照してください。

✅ **参考**
以前のWindowsでは手順が異なる場合があります。コントロールパネルから開く方法であれば、表現は異なりますが、同様の手順で確認できます。

6-2 | IPv4アドレスを理解しよう

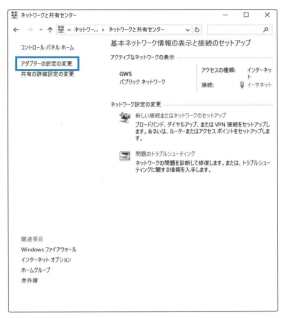

図6-06 「ネットワークとインターネット」画面を開く

図6-07 「ネットワークの詳細」画面を開く

図6-08 「イーサネットのプロパティ」画面を開く

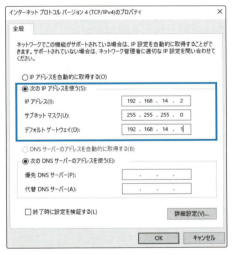

図6-09 「インターネットプロトコルバージョン4（TCP/IPv4）」画面を開く

> **参考**
>
> 図6-09 で「IPアドレスを自動的に取得する」を選択すると、DHCPを使って自動的にIPアドレスが割り当てられます。

上記の設定画面には、サブネットマスクとデフォルトゲートウェイという言葉があります。サブネットマスクは**6-2-4**で、デフォルトゲートウェイは**8-2-3**で説明します。

IPv4アドレスは3つの要素がある

IPv4アドレスは32ビットの数値ですが、IPが開発された当初、アドレス値は2つの部分から成り立っていました。それはネットワーク部とホスト部です 図6-10。

143

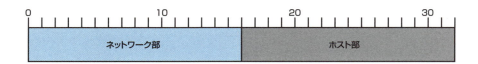

図6-10　ネットワーク部とホスト部

現在では3つの部分に分けることができます。**ネットワーク部**と**サブネットワーク部**と**ホスト部**です 図6-11 。なぜこのように分ける必要があるのかについては**6-2-4**で説明します。

図6-11　ネットワーク部とサブネットワーク部とホスト部

6-2-2　IPv4における3種類のネットワーク

インターネットが開発された当初、大規模（クラスA）、中規模（クラスB）、小規模（クラスC）の3種類のネットワークしかありませんでした。

> 参考
> クラスの概念を持つネットワークのことを「クラスフルネットワーク」と呼びます。IPについて記されたRFC 791（1981年発行）に、クラスに関する規定が含まれています。

クラスA

大規模ネットワークを**クラスAのネットワーク**と呼びます。ネットワーク部が8ビット、ホスト部が24ビットで表されるネットワークです。クラスAのネットワークで使用されるIPv4アドレスは**0.0.0.0～127.255.255.255**です 図6-12 。

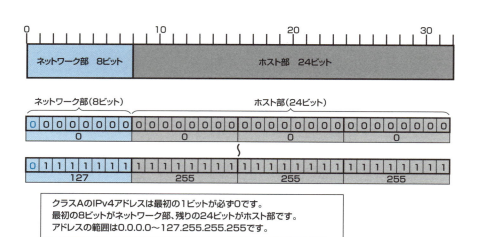

図6-12　クラスAのIPv4アドレス

クラスB

中規模ネットワークは**クラスBのネットワーク**と呼び、ネットワーク部が16ビット、ホスト部が16ビットで表されるネットワークです。クラスBのネットワークで使用されるIPv4アドレスは**128.0.0.0～191.255.255.255**です 図6-13 。

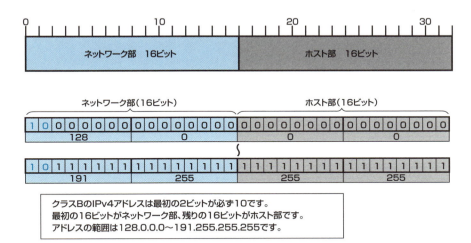

図6-13 　クラスBのIPv4アドレス

クラスC

小規模ネットワークは**クラスCのネットワーク**と呼び、ネットワーク部が24ビット、ホスト部が8ビットで表されるネットワークです。クラスCのネットワークで使用されるIPv4アドレスは**192.0.0.0～223.255.255.255**です 図6-14 。

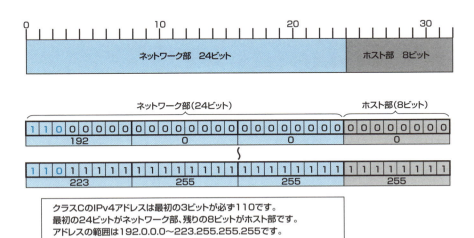

図6-14 　クラスCのIPv4アドレス

マルチキャストアドレスと研究用アドレス

3つのクラス以外に、あと2つのクラスがあります。それは**マルチキャスト用のクラスD** 図6-15 と、**研究用に使われるクラスE** 図6-16 です。クラスDで使

注意
クラスEは240.0.0.0～255.255.255.255の範囲とすることもあります。

用されるIPv4アドレスの範囲は224.0.0.0〜239.255.255.255、クラスEで使用されるIPv4アドレスの範囲は240.0.0.0〜247.255.255.255になります。

図6-15 クラスDのIPv4アドレス

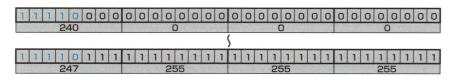

図6-16 クラスEのIPv4アドレス

マルチキャストは**4-3-4**でも触れた通り、グループに参加しているホストだけがデータを受信できる形態です。個々のグループを**マルチキャストグループ**と呼びます。IPマルチキャストを利用すれば、インターネット上でサービスに加入したユーザーだけに動画などのコンテンツを配信することができます。

クラスDのIPアドレスは**マルチキャストアドレス**とも呼ばれます。IPv4マルチキャストアドレスは主に次のものがあります。

- ローカルリンク制御ブロック（224.0.0.0〜224.0.0.255）
  同一サブネット上でルーティングプロトコルの制御情報などをやりとりするのに使われます。
- インターネットワーク制御ブロック（224.0.1.0〜224.0.1.255）
  インターネット上でコンテンツ配信などマルチキャストグループを使った通信に使われます。
- 管理用スコープアドレスブロック（239.0.0.0〜239.255.255.255）
  プライベートネットワーク用に使われます。

IPv4マルチキャストアドレスは、図6-17のようにMACアドレスに対応付けが行われます。対応付けが行われた後、**4-3-4**で説明したようにマルチキャストフ

> 注意
>
> IPv6のマルチキャストアドレスと区別するため、以降では、IPv4マルチキャストアドレスと表記します。

レームの受信が行われます。

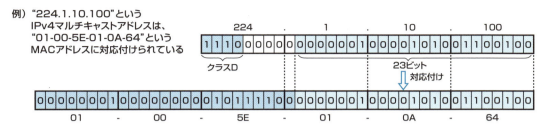

図6-17 MACアドレスとの対応付け

各クラスで使用されるIPv4アドレスを2進数で表現すると、クラスAでは最初の1ビットが0、クラスBでは最初の2ビットが10、クラスCでは最初の3ビットが110、クラスDでは最初の4ビットが1110、クラスEでは最初の5ビットが11110になっています。各クラスのアドレスの範囲を忘れてしまった場合、これを思い出せば簡単に求めることができます。

グローバルアドレスとプライベートアドレス

IPv4ではIPアドレスの枯渇問題があることから、組織内部だけで利用するネットワーク（イントラネット）には専用のアドレスを使うようにします。このようなアドレスをプライベートIPアドレス（以下、**プライベートアドレス**）と呼びます。プライベートアドレスはRFC 1918で規定されており、クラスごとに用意されています。イントラネットの規模によって使い分けることができます 表6-01 。

クラスAからCにおいて、プライベートアドレス以外のアドレスをグローバルIPアドレス（以下、**グローバルアドレス**）と呼び、利用するにはICANN配下の**インターネットレジストリ** と呼ばれる組織に登録する必要があります。

表6-01 プライベートアドレス

クラスA	10.0.0.0 ～ 10.255.255.255
クラスB	172.16.0.0 ～ 172.31.255.255
クラスC	192.168.0.0 ～ 192.168.255.255

プライベートアドレスが割り当てられた内部ネットワークの端末がインターネット上のサーバーにアクセスする際、ルーターによって送信元アドレスがグローバルアドレスに変換されます。このような変換処理をNAT と呼びます。NATについては、*Part 10* でも紹介します。

用語

インターネットレジストリ

ICANN配下には地域ごとに階層的なアドレス管理が行われています。ICANN直下に地域インターネットレジストリ（*Regional Internet Registry*、RIR）が存在し、その下に国別インターネットレジストリ（*National Internet Registry*、NIR）があります。日本の場合、アジア太平洋地域を管轄するAPNICというRIRの下でJPNIC（*Japan National Information Center*）がNIRとして存在します。
エンドユーザーへのアドレス配布はJPNICの指定事業者によって行われます。

用語

NAT（*Network Address Translation*）

ネットワークアドレス変換という意味です。プライベートアドレスとグローバルアドレスの相互変換を行います。外部ネットワーク（インターネット）上の端末と通信するにはグローバルアドレスを使わなければなりません。プライベートアドレスを利用する端末が外部ネットワーク上の端末と通信を行う際、境界ルーターにてアドレス変換を行う必要があります。

PART 6 インターネットプロトコルとIPアドレスを学ぼう

6-2-3 ネットワークアドレスとブロードキャストアドレス

IPアドレスは、インターネットに接続されているパソコン（ホスト）を識別するためのアドレスです。これとは別に、ネットワークアドレスとブロードキャストアドレスという2つの特別なアドレスがあります。

192.168.1.5というIPv4アドレスの例を見てみましょう 図6-18 。このIPv4アドレスのクラス 🔍 は何かわかりますか？答えはクラスCです。クラスCは192.0.0.0～223.255.255.255の範囲でした。ところで、クラスCのネットワーク部とホスト部はそれぞれ何ビットか覚えていますか？

🔍 参照

クラスについては、**6-2-2**（144ページ）を参照してください。

ネットワーク部　24ビット 192.168.1.	ホスト部　8ビット 5
1100 0000 1010 1000 0000 0001	0000 0101

図6-18 192.168.1.5というIPv4アドレス

正解はネットワーク部24ビットとホスト部8ビットです。つまり、192.168.1.5というIPv4アドレスの192.168.1までがネットワーク部、5がホスト部ということになります。

ここで、ホスト部を0にしたものを**ネットワークアドレス**と呼びます。つまり、この例だと192.168.1.0になります 図6-19 。

ネットワーク部　24ビット 192.168.1.	ホスト部　8ビット 0
1100 0000 1010 1000 0000 0001	0000 0000

図6-19 192.168.1.5のネットワークアドレス

このようなネットワークアドレスは、パソコンなどのホストには割り当てません。*Part 8*で説明する経路制御の際などに、ネットワークそのものを表すアドレスとして使われます。

さらに、ホスト部のビットをすべて1にしたものを**ブロードキャストアドレス**と呼びます。この例だと、ホスト部は8ビットでその最大値は255ですから、192.168.1.255がブロードキャストアドレスになります 図6-20 。

ネットワーク部　24ビット 192.168.1.	ホスト部　8ビット 255
1100 0000 1010 1000 0000 0001	1111 1111

図6-20 192.168.1.5のブロードキャストアドレス

148

ホスト部の最大値とは、2進数にしたときにホスト部のビットがすべて1であるということです。これら2つの特別なアドレスが1つのネットワークごとに存在するため、実際に割り振ることが可能なホストアドレスの数は次の通りです。

$$2^n - 2$$

ここでの n はホスト部のビット数です。したがって、クラスごとの表現可能なホスト数 🔵 は 表6-02 のようになります。

表6-02 クラスごとに表現可能なホスト数が違う

クラス	ホスト部のビット数	表現可能なホスト数
クラスA	24	16,777,214 ($=2^{24}-2$)
クラスB	16	65,534 ($=2^{16}-2$)
クラスC	8	254 ($=2^8-2$)

> 📝 **参考**
>
> 各ネットワーク内で、実際にパソコンなどの機器に割り当てることができるIPアドレスの最大数。ネットワークアドレスとブロードキャストアドレスは、それぞれネットワーク自体とネットワーク内のすべての機器に対する通信に使用するため、ホストには割り当てられません。

6-2-4 サブネットマスクって何だろう？

IPアドレスは、**サブネットマスク**という値とペアになって表現されます。IPv4の場合、この値もアドレスと同様に32ビットの2進数で、255.255.255.0のようにドットを使って、4つのブロックの10進数で表します。

サブネットマスクのサブネットとは、1つのIPブロードキャストドメインです。なぜサブネットと呼ばれるようになったのでしょうか？

前述した通り、もともとインターネットの世界には3種類の大きさのネットワークしかありませんでした。大規模ネットワーク（クラスA）、中規模ネットワーク（クラスB）、小規模ネットワーク（クラスC）の3種類です。

IPが使われだした頃は、あまり深く考えずに3つのクラスを使っていました。しかしこれだと、それぞれのクラスで接続可能なホストの数に差がありすぎます。

会社や学校などネットワークを構築する範囲を1つのネットワークドメインと考えると、大企業などは別にして、ほとんどがクラスCの254台で足りてしまいます。

学校や会社などの組織はもちろん、個人でも自分で構築したネットワークをインターネットに接続するには、アドレス配布機関から1つのネットワークアドレスを取得する必要があります。

個人で構築したような1台、もしくは数台しかインターネットにつながるホストを持たない組織についても、最低でもクラスCのネットワークアドレス、つまり（254台分）のIPアドレスをもらう必要があります。

逆に、数万台や数十万台ものホストを管理するネットワークはほとんどありませんでした。その結果、クラスAのアドレスは大量に余り、クラスCのアドレスが足りなくなってしまいました。このため、この3種類のネットワーク配下にサブのネットワークを作りましょう、ということでサブネットという考え方が生まれたのです。

こうして、ホスト部が24ビット、16ビット、8ビットと3種類しかなかったネッ

トワークを、何ビットのホスト部でも作れるように分割するために、新たにサブネットマスクというものができました 図6-21 。

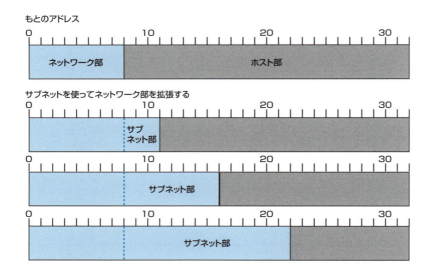

図6-21 ネットワーク部とホスト部をどこの位置でも分割できるようにする

サブネットマスクは連続するビットで表す

サブネットマスクはIPアドレスとは異なり、2進数で表現したとき、必ず1の連続で始まり、0の連続で終わります。例えば「1111 0000」はあっても、「10011010」のような1と0が連続していない値はありません。IPv4でのサブネットの値を、表6-03 で確認してみましょう。

表6-03 ビット数ごとのサブネット表記と表現可能なホストの数

ビット数	10進表記	2進表記のサブネットマスク	ホスト数
8	255.0.0.0	1111 1111.0000 0000.0000 0000.0000 0000	16,777,214
9	255.128.0.0	1111 1111.1000 0000.0000 0000.0000 0000	8,388,606
10	255.192.0.0	1111 1111.1100 0000.0000 0000.0000 0000	4,194,302
11	255.224.0.0	1111 1111.1110 0000.0000 0000.0000 0000	2,097,150
12	255.240.0.0	1111 1111.1111 0000.0000 0000.0000 0000	1,048,574
13	255.248.0.0	1111 1111.1111 1000.0000 0000.0000 0000	524,286
14	255.252.0.0	1111 1111.1111 1100.0000 0000.0000 0000	262,142
15	255.254.0.0	1111 1111.1111 1110.0000 0000.0000 0000	131,070
16	255.255.0.0	1111 1111.1111 1111.0000 0000.0000 0000	65,534
17	255.255.128.0	1111 1111.1111 1111.1000 0000.0000 0000	32,766
18	255.255.192.0	1111 1111.1111 1111.1100 0000.0000 0000	16,382
19	255.255.224.0	1111 1111.1111 1111.1110 0000.0000 0000	8,190
20	255.255.240.0	1111 1111.1111 1111.1111 0000.0000 0000	4,094
21	255.255.248.0	1111 1111.1111 1111.1111 1000.0000 0000	2,046
22	255.255.252.0	1111 1111.1111 1111.1111 1100.0000 0000	1,022
23	255.255.254.0	1111 1111.1111 1111.1111 1110.0000 0000	510

24	255.255.255.0	1111 1111.1111 1111.1111 1111.0000 0000	254
25	255.255.255.128	1111 1111.1111 1111.1111 1111.1000 0000	126
26	255.255.255.192	1111 1111.1111 1111.1111 1111.1100 0000	62
27	255.255.255.224	1111 1111.1111 1111.1111 1111.1110 0000	30
28	255.255.255.240	1111 1111.1111 1111.1111 1111.1111 0000	14
29	255.255.255.248	1111 1111.1111 1111.1111 1111.1111 1000	6
30	255.255.255.252	1111 1111.1111 1111.1111 1111.1111 1100	2

　IPアドレスの後ろに、/（スラッシュ）とサブネットマスクのビット数を書く方法を **CIDR** **表記**と呼びます。サブネットマスクのビット数を**プレフィックス長**と呼びます。例えば、10.1.1.1 255.255.255.0というIPv4アドレスとサブネットマスクの組み合わせは、10.1.1.1/24と表記し、プレフィックス長は24となります。

　また、このホストが所属するネットワークは10.1.1.0/24と表すことができます。このように書いた方がすっきりしてわかりやすいので、ネットワークの世界ではよく使われています。

用語

CIDR（*Classless Interdomain Routing*）
RFCはRFC 1519です。サイダーと読みます。

確認問題

Q1 次のIPv4アドレスは、どのクラスに属しますか？

❶ 10.1.1.1
❷ 189.204.16.5
❸ 224.0.0.5

A1 IPv4アドレスはその範囲によって5つのクラスに分類されます。
❶は0.0.0.0〜127.255.255.255の範囲にあるのでクラスAです。
❷は128.0.0.0〜191.255.255.255の範囲にあるのでクラスBです。
❸は224.0.0.0〜239.255.255.255の範囲にあるのでクラスDです。
ドットで区切られる最初の数を見るだけでもわかります。

Q2 200.201.202.203のネットワークアドレスとブロードキャストアドレスはいくつですか？

A2 クラスCはネットワーク部が24ビット、ホスト部が8ビットです。ネットワークアドレスはホスト部がすべて0なので、200.201.202.0になります。ブロードキャストアドレスはホスト部がすべて1なので、200.201.202.255になります。

Q3 100.150.200.250というIPv4アドレスを持つホストがあるネットワークに属しています。このネットワークについて以下の値はそれぞれいくつになるでしょう？

❶ このネットワークのネットワークアドレス
❷ このネットワークのブロードキャストアドレス
❸ このネットワークで表現可能な最大のホスト数

PART 6　インターネットプロトコルとIPアドレスを学ぼう

 まず、100.150.200.250というIPv4アドレスのクラスを求めます。0.0.0.0〜127.255.255.255の範囲にあるのでクラスAです。
したがって、このネットワーク部が8ビット、ホスト部が24ビットになります。❶のネットワークアドレスは、ホスト部のビットをすべて0にすればよいので100.0.0.0となります。❷のブロードキャストアドレスは、ホスト部のビットをすべて1にすればよいので100.255.255.255となります。❸の表現可能な最大のホスト数は2^n-2のnにホスト部のビット数である24を代入して$(2^{24})-2=16,777,214$［台］となります。

Q4　IPv4アドレスが11.1.1.100、サブネットマスクが255.255.255.192と設定されたホストについて、以下の質問に答えてください。

❶ このIPv4アドレスのクラスは何ですか？
❷ このIPv4アドレスをCIDR表記するとどのようになりますか？
❸ このホストの属するネットワークについて、表現可能な最大のホスト数はいくつですか？
❹ このホストの属するネットワークのネットワークアドレスとブロードキャストアドレスはいくつですか？

 ❶ 11.1.1.100は0.0.0.0〜127.255.255.255の範囲にあるのでクラスAです。
❷ 255.255.255.192を2進数で表現すると、11111111 11111111 11111111 11000000となり、1が26個あります。CIDR表記はIPアドレスとスラッシュ（／）とサブネットビット数で表現するので、11.1.1.100/26となります。
❸ ❷より、ネットワーク部とサブネット部の合計が26ビットだとわかります。そのためホスト部は残りの6ビット（32－26=6）です。$(2^n)-2$のnに6を代入して計算すると答えは62になります。
❹ ネットワークアドレスはホスト部をすべて0にします。これは2進数で論理積という計算を行う必要があります。

	ネットワーク部	ホスト部
11.1.1.100	0000 1011.0000 0001.0000 0001.01	10 0100
255.255.255.192	1111 1111.1111 1111.1111 1111.11	00 0000
11.1.1.64	0000 1011.0000 0001.0000 0001.01	00 0000

サブネットビットが1の場合、IPアドレスの対応するビットはそのままにします。サブネットビットが"0"の場合、IPアドレスの対応するビットは0にします。この計算を論理積といいます。
この結果、ネットワークアドレスは11.1.1.64となることがわかります。CIDR表記すると11.1.1.64/26です。
次にブロードキャストアドレスです。こちらはホスト部をすべて1にします。

	ネットワーク部	ホスト部
11.1.1.64	0000 1011.0000 0001.0000 0001.01	00 0000
11.1.1.127	0000 1011.0000 0001.0000 0001.01	11 1111

ネットワークアドレスが11.1.1.64でホスト部6ビットをすべて1にします。すると11.1.1.127という結果が得られます。CIDR表記すると11.1.1.127/26です。

Q5　200.201.202.203というIPv4アドレスはどのクラスに属しますか？

 クラスCです。192.0.0.0〜223.255.255.255の範囲にあるのがクラスCです。

6-3 IPv6アドレスを理解しよう

学習の概要
- ☑ IPv6アドレスの表記方法を理解しよう
- ☑ IPv6アドレスの種類を理解しよう
- ☑ IPv6アドレスが生成される流れを理解しよう

6-3-1　IPv6アドレスを学ぼう

IPv6アドレスもIPv4アドレスと同様に、送信元とあて先のパソコンやネットワーク機器を判断するための情報です。IPv4アドレスは32ビットでしたが、IPv6アドレスは**128ビット**です。

32ビットでは地球上の全人口より少ない数となる約43億個のアドレスしか表現できませんが、128ビットになるとほぼ無限大のアドレスを表現できます。

IPv6アドレスの表記法

IPv4アドレスでは、255.255.255.255のように10進数を4つにドットで区切って表記していました。IPv6アドレスは128ビットで、**16ビットずつ16進数を**コロン(:)で区切ります。128ビットの表記は16進数でも長いため、**0の連続については省略できる**というルールがあります 図6-22 。

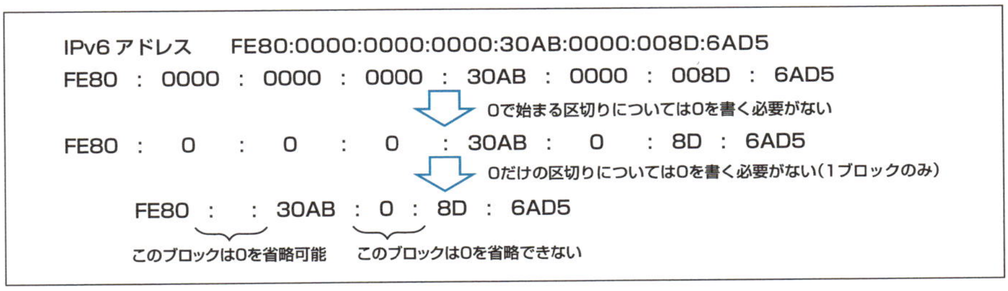

```
IPv6アドレス    FE80:0000:0000:0000:30AB:0000:008D:6AD5
FE80 : 0000 : 0000 : 0000 : 30AB : 0000 : 008D : 6AD5
                ⇩ 0で始まる区切りについては0を書く必要がない
FE80 :  0  :  0  :  0  : 30AB :  0  :  8D : 6AD5
                ⇩ 0だけの区切りについては0を書く必要がない(1ブロックのみ)
FE80 :    : 30AB :  0  :  8D : 6AD5
     このブロックは0を省略可能　このブロックは0を省略できない
```

図6-22　IPv6アドレスの表記法

参考
2012年6月6日に「World IPv6 Launch」と呼ばれる世界的なイベントがISOC (*Internet Society*) の提唱の下に実施されました。参加するWebサービス事業者、ISP、ネットワーク機器ベンダーがこの日を境に、恒久的なIPv6接続に対応するというもので、日本からも多くの事業者が参加していました。

ポイント
ブロック内で0から始まるもの、例えば 図6-22 の008Dは、0の部分を省略できます。したがって、"8D"とだけ記述すればよいことになります。

6-3-2　IPv6アドレスの種類

IPv4アドレスではユニキャスト、マルチキャスト、ブロードキャストの3種類の形態がありましたが、IPv6アドレスでは**ユニキャスト**、**マルチキャスト**、**エニーキャスト** (*Anycast*) の3種類となります。IPv4のブロードキャストアドレスは、IPv6ではマルチキャストアドレスに包括されます。

エニーキャストがIPv6の新しい概念で、「一番近いホストとの通信」を行うために使います。送信元はブロードキャストを送ってみて、最初にレスポンスが返ってきたホストとだけ通信が継続されるという仕組みです。

DNSサーバーなど同じ機能のサーバーがサブネット内に複数ある場合、クライアントと一番近いサーバーとの間でのみ、通信が行えるようになります。エニーキャストは実装依存の部分が大きく、サブネット内でしか使えません。

6-3-3　IPv6のプライベートアドレスとグローバルアドレス

　IPv4ではプライベートアドレスとグローバルアドレスがありました。プライベートアドレスは組織内で自由に割り当てられますが、インターネットへアクセスするにはグローバルアドレスにアドレス変換させる必要があります。
　IPv6では**リンクローカルアドレス**、**ユニークローカルアドレス**、**グローバルアドレス**という分類になります。

リンクローカルアドレス

　リンクローカルアドレスはサブネット内で利用するプライベートアドレスで、インターフェイスのMACアドレスを使って自動で生成されます。128ビットのIPv6アドレス内に48ビットのMACアドレスを埋め込んで自動生成されます（図6-23）。FE80::/10で始まるIPv6アドレスがリンクローカルアドレスです。

> **用語**
> リンク
> IPv6ではIPv4でのサブネットやセグメントと同じように、ブロードキャストドメインを「リンク」と呼びます。

> **参考**
> 128ビットで表現できる値は「2の128乗」です。これは全世界の人口（約70億人）がそれぞれ1秒間に3,000億個ずつ異なるIPアドレスを、地球ができてから現在まで（約50億年）ずっと使い続けても余ってしまう数です。

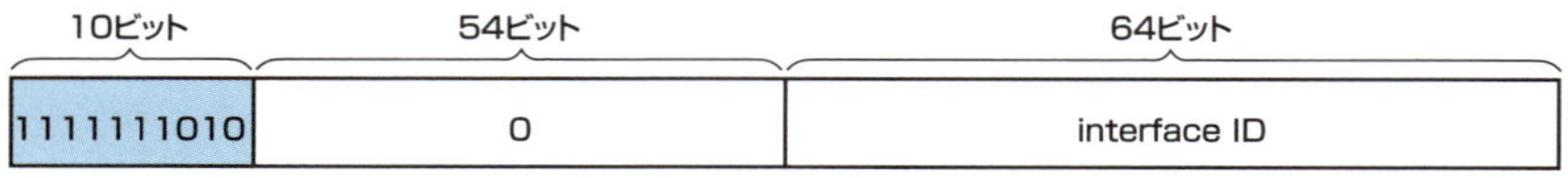

10ビット	54ビット	64ビット
1111111010	0	interface ID

図6-23　リンクローカルアドレス

ユニークローカルアドレス

　ユニークローカルアドレスはリンクローカルアドレスと同様に、プライベートアドレスの一種です。ユニークローカルアドレスはルーターを超えて、イントラネット内すべてで通信可能となるIPアドレスです（図6-24）。ユニークローカルアドレスはFC:7で始まります。

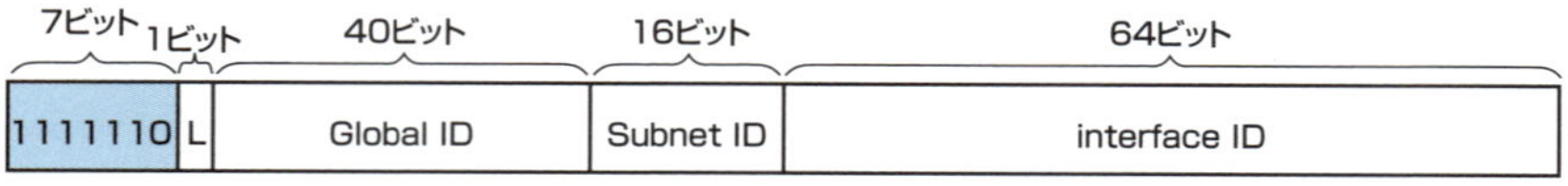

7ビット	1ビット	40ビット	16ビット	64ビット
1111110	L	Global ID	Subnet ID	interface ID

図6-24　ユニークローカルアドレス

グローバルアドレス

　IPv6の**グローバルアドレス**はRFC 3587で定義されており、IPv6 Aggregatable Global Unicast Addressと呼ばれます。和訳すると「IPv6集約可能グローバルユニキャストアドレス」です。
　IPv4のグローバルアドレスは主に3種類のクラスで区切られ、それ以外は地理的、論理的な概念がなく割り振られていました（各クラス内ではAPNICなど大陸ごと割り当てられた領域はありますが、全体的にばらばらです）。
　そうすると、例えば日本からアメリカへ送信される通信のルーティング情報もばらばらになってしまう傾向になります。

> **参考**
> IPv6 Global Unicast Address Format
> https://datatracker.ietf.org/doc/html/rfc3587

IPv6では大陸、国、事業者…という順でアドレス空間を階層化して割り当て、極端に言うと日本からアメリカへ向かう通信に関するルーティング情報は1つのエントリに集約できるようになります。

このような背景から「**集約可能グローバルアドレス**」と呼ばれます。先頭3ビットが001の2000::/3という値が使われます 図6-25 。

```
3ビット  45ビット                16ビット      64ビット
┌───┬──────────────────────┬──────────┬─────────────────────────┐
│001│ global routing prefix│ Subnet ID│       interface ID      │
└───┴──────────────────────┴──────────┴─────────────────────────┘
```

図6-25 グローバルアドレス

COLUMN | interface IDの生成方法

interface IDは48ビットMACアドレスを元に生成される、EUI-64と呼ばれる64ビットのMACアドレスです。生成方法は 図6-A の通りです。

まず、48ビットのMACアドレスを先頭24ビットのベンダーコードと後半24ビットの製品固有番号に分けます。先頭7ビット目をuniversal/localビット（U/Lビット）と呼び、この値を反転させます。

ベンダーコードと製品コードの間に、2進数で「11111111 11111110」（16進数で0xfffe）を入れます。これがinterface IDです。

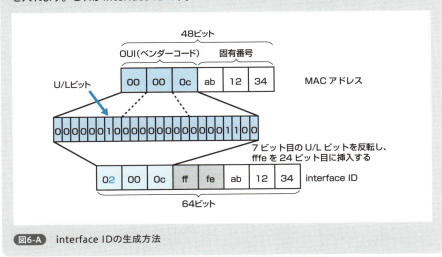

図6-A interface IDの生成方法

> **参考**
> interface IDのことを単にEUI-64と呼んだり、EUI-64 interface IDと表記されることもあります。48ページにあるように、EUI-64 interface IDはIPv6で使われる64ビットのMACアドレスです。

マルチキャストアドレス

IPv6ではブロードキャストアドレスという用語がなくなり、**マルチキャストアドレス**によってセグメント内すべてのホストにデータを送るようになります。IPv6のマルチキャストアドレスはRFC 3306で規定されています。

先頭8ビットがすべて1で、FF00::/8というプレフィックスで表されます。また、アドレス識別用のフラグとマルチキャスト通信範囲を示すスコープ（*Scope*）を持ち、group IDにてマルチキャストグループを識別します 図6-26 。主な予約

> **参考**
> RFC 3306で「Unicast-Prefix-based IPv6 Multicast Addresses」として規定されています。

PART 6 インターネットプロトコルとIPアドレスを学ぼう

済みマルチキャストアドレスとして 表6-04 のものがあります。

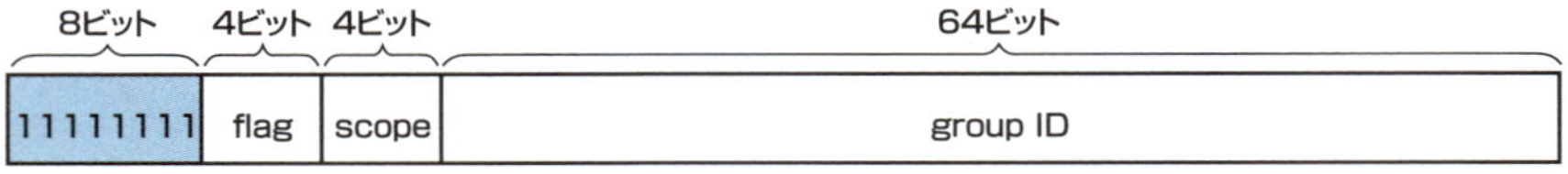

8ビット	4ビット	4ビット	64ビット
11111111	flag	scope	group ID

図6-26 マルチキャストアドレス

表6-04 主なIPv6マルチキャストアドレス

ノードローカルスコープ用	FF01:0:0:0:0:0:0:1 (FF01::1)	全ノードアドレス
リンクローカルスコープ用	FF02:0:0:0:0:0:0:1 (FF02::1)	サブネット内の全ノード
	FF02:0:0:0:0:0:0:2 (FF02::2)	サブネット内の全ルーター

エニーキャストアドレス

エニーキャストアドレスはマルチキャストのように、1つのアドレスで複数台の装置あてにデータを送ることができます。

マルチキャストはグループに参加するメンバ全員にデータを配信するのが目的ですが、エニーキャストは最初だけ全員（主にサーバー）にデータを送り、その後は一番近い、つまり応答時間が一番早いサーバーとだけ通信を継続します。

エニーキャストアドレスは特定リンクを指定するsubnet prefixに残りのビットをすべて0でパディングした形がRFCで規定され、すべてのルーターが実装する必要があります 図6-27 。

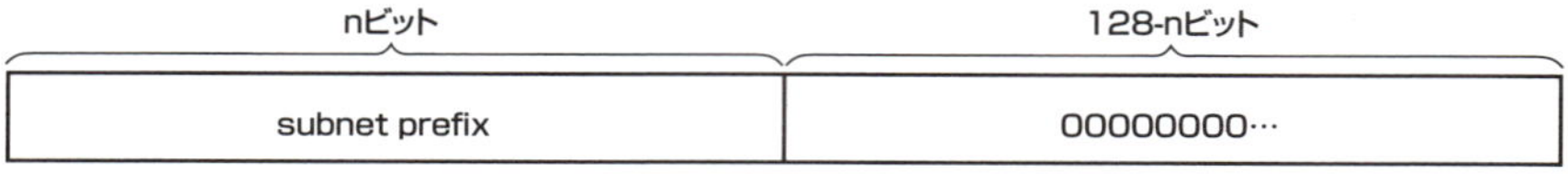

nビット	128-nビット
subnet prefix	00000000…

図6-27 エニーキャストアドレス

6-3-4 IPv6アドレスはどのように生成されるのだろう？

IPv6では、MACアドレスを使ってリンクローカルアドレスが自動生成されます。パソコンでIPv6プロトコルが利用可能になっていれば、MACアドレスを基にFE80で始まるリンクローカルアドレスが自動で生成されます。

なお、リンクローカルアドレスが生成されるためには、ネットワークに接続された状態でなければなりません。

重複アドレス検知

端末がアドレスを自動生成すると、そのアドレスが同一リンク内の他の端末で既に使われていないかを確認します。この処理を**重複アドレス検知**（*Duplicate Address Detection*、DAD）と呼びます。

6-3 | IPv6アドレスを理解しよう

この処理では、アドレス生成した端末が Neighbor Solicitation (NS、近隣要請) メッセージをall-nodes マルチキャストアドレス (IPv4でいうブロードキャスト🌐あてに、候補となるアドレスとともに送信されます。

他の端末がこれを受信し、候補アドレスを既に使用中の場合、Neighbor Advertisement (NA、近隣広告) メッセージを返します。

NAが他の端末から来ると、そのインターフェイスにアドレスを割り当てません。NAが来なければ、自動生成アドレスを使用します。

> **参考**
>
> IPv4でも「すべてのホストが受け取るマルチキャストアドレス」ということで224.0.0.1というブロードキャストのような役割のアドレスが使われていました。

ルーターアドバタイズメント (RA)

リンクローカルアドレスが確定すると、そのセグメントが接続されたルーター (ゲートウェイ) との間で通信を開始し、セグメント外との通信ができるようにグローバルアドレスの割り当てを行います。

ルーターアドバタイズメント (*Router Advertisement*、RA、ルーター広告) メッセージが一定間隔でルーターからすべての端末にマルチキャストで送信されます。端末はこのメッセージを受信してIPv6 ネットワークプレフィックス (サブネット情報) を取得します。

一定間隔で送出されるRAを待つ他に、即時に取得したい場合は、端末がRS (*Router Solicitation*、ルーター要請) メッセージをルーターに送り、RAを送り返してもらうこともできます。

6

インターネットプロトコルとIPアドレスを学ぼう

確認問題

Q1 IPv4にはなく、IPv6で追加・変更された仕様で正しいものは次のうちどれですか？

❶ アドレス空間として128ビットを割り当てた
❷ サブネットマスクの導入によって、アドレス空間の有効利用を図った
❸ ネットワークアドレスとサブネットマスクの対によってIPアドレスを表現した
❹ プライベートアドレスの導入によって、IPアドレスの有効利用を図った

A1 ❶が正解です。❷から❹までは、IPv4でも使われていた内容です。

Q2 IPv4アドレスでは、特定の単一ホスト宛ての [❶]、グループ宛ての [❷]、ネットワーク上のすべてのホスト宛ての [❸] の3種類の通信形態がありました。しかし、IPv6では [❸] が廃止され、[❷] に包括されました。

A2 ❶がユニキャスト、❷がマルチキャスト、❸がブロードキャストです。詳しくは153ページを参照してください。

6-4 IPにおけるデータの流れとは？

学習の概要
- ☑ IPにおけるデータの形を理解しよう
- ☑ IPヘッダーのパラメータを知ろう
- ☑ セグメントの構成を知ろう

6-4-1 各層ごとのデータの形

上位層のデータの形

OSI参照モデルの上位層、つまりアプリケーション層からセッション層にかけて、アプリケーションデータという形でユーザーが通信したいデータが生成されます 図6-28 。

図6-28 アプリケーションデータ

トランスポート層のデータの形

トランスポート層を流れるデータを**セグメント**と呼びます。1つのセグメントにはアプリケーションデータと、その前に付加されるTCPヘッダーやUDPヘッダーといったトランスポート層のプロトコルヘッダーで形成されます。**ヘッダー**はheaderというつづりで、head＝ヘッド（頭）にあるもの、という意味です。

このヘッダーという入れ物の中に、通信で使われるさまざまな情報が入っているのです。ヘッダーはトランスポート層だけでなく、その下のネットワーク層やデータリンク層にもあり、それぞれの層で必要な情報が詰まっています。

アプリケーションデータにTCPヘッダーがくっついてTCPセグメントになるように、上位層のデータに下位層のヘッダーを付けて下位層のデータ形式にすることを「**カプセル化**（Encapsulation）」と呼びます。お医者さんでもらう粉末の薬がカプセルの中に入っているように、ヘッダーで上位データを包みこんでしまうことです 図6-29 。

> ⚠ **注意**
> 「セグメント」にはネットワークの一部（コリジョンドメインなど）という意味もあるので、混同しないようにしましょう。

> ⚠ **注意**
> トランスポート層のプロトコルとしてTCPを使う場合はTCPヘッダー、UDPを使う場合はUDPヘッダーが付加されます。

図6-29 アプリケーションデータのカプセル化

ネットワーク層のデータの形

ネットワーク層を流れるデータを**パケット**と呼びます。IPの場合、IPパケットと呼びます。IPパケットでは、TCPセグメントなどのトランスポート層のデータをIPヘッダーでカプセル化します 図6-30 。

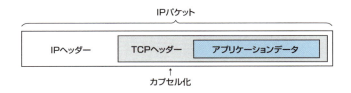

図6-30　TCPセグメントのカプセル化

データリンク層のデータの形

データリンク層を流れるデータを**フレーム**と呼びます。イーサネットの場合、**イーサネットフレーム**となります。イーサネットフレームでは、IPパケットなどのネットワーク層のデータを、イーサネットヘッダーでカプセル化します 図6-31 。データリンク層では、ヘッダーの他にトレイラ (Trailer) が終端部にくっつきます。

このトレイラには、**冗長符号**という決められた計算式を使ってデータの特徴を数値化したものが入っています。

送信側のコンピューターは、送信するデータをもとに冗長符号を計算してトレイラに格納します。受信するコンピューターは、受信したデータを基に冗長符号を計算して、トレイラにある冗長符号と比較します。計算したものとトレイラにあるものが一致していない場合、データが途中で消えてしまったり、変な雑音が入ったりして、データが電気的に変わったと言えます。

> 参考
>
> イーサネットフレームはIEEE 802.3で規定されています。

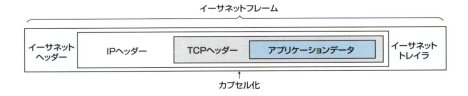

図6-31　IPパケットのカプセル化

物理層のデータの形

物理層を流れるデータを**ビットストリーム**と呼びます。これは単に「0と1が並んだだけのもの」と捉えてください。物理層では、電気的に0と1を示すだけですが、実際は何ボルトの電圧がかかっているので1、などといった形になります。

上位層から物理層にかけてのデータの形をOSI参照モデルに合わせてまとめると 図6-32 のようになります。

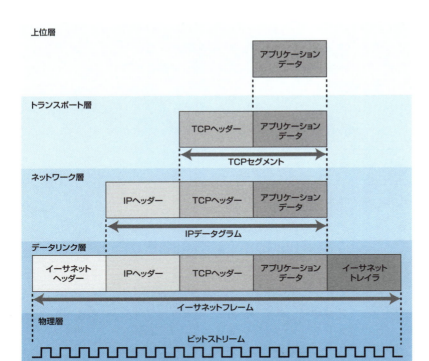

図6-32　OSI参照モデルの各階層に対するデータの形

6-4-2　IPヘッダーを見てみよう

IPv4ヘッダー

　IPはネットワーク層のプロトコルですのでパケットという形のデータが流れることになります。そのため、IPを流れるデータを**IPパケット**と呼びます。IPパケットは、**IPデータグラム**とも呼ばれます。

　IPパケットは、**IPヘッダー**と**IPペイロード**からなります。IPペイロードには、上位レイヤーのヘッダー情報や、アプリケーションデータが入っています 図6-33 。IPヘッダーにはIPの一番重要な仕事であるルーティング（通信経路選択）に必要な情報がたくさん入っています。

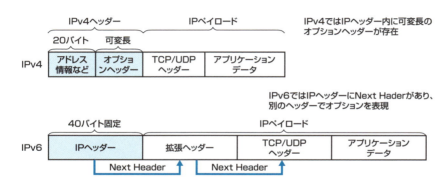

図6-33　IPv4とIPv6のIPヘッダー・IPペイロード

6-4 | IPにおけるデータの流れとは？

IPv4ヘッダーを構成する主な要素には次のようなものがあります 図6-34。

Version(4) バージョン	IHL(4) ヘッダー長	Type of Service(8) サービス種別	Total Length(16) トータル長	
Identification(16) 識別子			Flags(3) フラグメント	Fragment Offset フラグメントオフセット
Time to Live(8) 生存時間	Protocol(8) プロトコル		Header Checksum(16) ヘッダーチェックサム	
Source IP Address(32) 送信元IPアドレス				
Destination IP Address(32) あて先IPアドレス				
Options(可変長) オプション				Padding(可変長) パディング

※( )内の数字はビット数を示す

図6-34 IPv4のIPヘッダーの内容

- **バージョン**(*Version*)
  IPのバージョン。IPv4なので4が入ります。
- **ヘッダー長**(*Internet Header Length*、**IHL**)
  1ワード（32ビット）単位でヘッダーの長さを表します。オプションフィールドが何もなければ5ワード（つまり、5×32で160ビット＝20オクテット）となります。
- **サービス種別**(*Type of Service*)
  略して**ToSフィールド**と呼びます。IPネットワーク内でIPパケットの優先制御をするときに使われます。この一部をIP PrecedenceビットやDSCPビットとも呼びます。

> **用語**
> DSCP (*Differentiated Service Code Point*)

- **トータル長**(*Total Length*)
  オクテット（8ビット）単位でヘッダーとデータを合わせたパケット長を表します。
- **識別子**(*Identification*)
  上位レイヤーがIPデータグラムを識別するために使います。
- **フラグメント**(*Flags*)
  フラグメント（IPデータグラムの分割）をしているかどうかの情報が設定されます。フラグメント処理をしてはいけないことを表すDF(*Don't Fragment*)ビットとフラグメントされていて、後続の分割されたデータグラムがあることを示すMF(*More Fragment*)ビットがあります。
- **フラグメントオフセット**(*Fragment Offset*)
  8オクテット単位でフラグメント化されたIPデータグラムのオリジナルデータにおける位置を示します。
- **Time to Live**（生存時間）
  略して**TTL**と呼びます。ルーターを通過するたびに1つずつ減らされ、0になると廃棄されます。データグラムがネットワーク内に、永遠に残ってしまうことを防ぎます。
- **プロトコル**(*Protocol*)
  IPヘッダーにはプロトコルフィールドという要素があります。このフィールドの値によって、トランスポート層でTCPを使うのか、UDPを使うのかが決ま

PART 6 インターネットプロトコルとIPアドレスを学ぼう

ります。TCPの場合6が入り、UDPの場合17が入ります。

- **ヘッダーチェックサム** (*Header Checksum*)
  IPヘッダーのチェックサムです。伝送途中で情報が変化していないかをチェックするために、IPヘッダーに設定された各フィールド値をもとに計算して求めた値が設定されます。

- **送信元IPアドレス、あて先IPアドレス**
  (*Source IP Address*、*Destination IP Address*)
  このヘッダーの情報の中で一番重要なのは、<u>送信元IPアドレス</u> (*Source IP Address*) と<u>あて先IPアドレス</u> (*Destination IP Address*) です。これは郵便でいうと郵便番号や住所に相当する情報です。この情報がなければ、インターネットの中でIPパケットを送り届けることができません。

- **オプション** (*Option*)
  セキュリティなどルーターに行わせる処理を指定するために設定します。

- **パディング** (*Padding*)
  IPヘッダーが32ビットの倍数になるように0を挿入します。

IPv6ヘッダー

IPv6ヘッダーを構成する主な要素には次のようなものがあります 図6-35 。

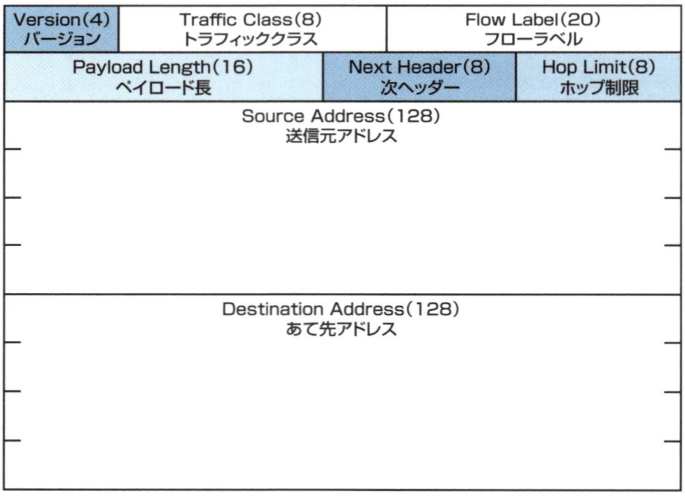

※( )内の数字はビット数を示す

図6-35 IPv6のIPヘッダーの内容

- **バージョン** (*Version*)
  インターネットプロトコルのバージョンです。IPv6の場合、6という数値が入ります。パケットを受け取った機器は、最初に先頭4ビットを見ることで、IPv4用の処理をすべきか、IPv6用の処理をすべきかを判断することができます。

- **トラフィッククラス** (*Traffic Class*)
  IPv4でいう Type of Service (ToS) フィールドのように帯域制御を行うため、

優先度を入れるフィールドです。

- フローラベル (*Flow Label*)

 Traffic Classと同じように帯域の優先制御を行うために使われるフィールドです。

- ペイロード長 (*Payload Length*)

 IPv4のTotal Lengthと同様にパケット長を表すフィールドです。IPv4では
 ヘッダーとペイロードを合わせたパケット全体の長さをオクテット単位の数値
 で表していましたが、IPv6ではヘッダーが40オクテットの固定長であるため、
 ペイロード長のみをオクテット単位でヘッダー内に記述します。

- 次ヘッダー (*Next Header*) 🎧

 IPv4の場合Protocolというフィールドでトランスポート層のプロトコルが何
 であるかを表しますが、IPv6ではトランスポート層のプロトコルに加えIPv4
 でオプションヘッダーと呼んでいた拡張IPヘッダーについても同じようにこ
 のフィールドで表します。

- ホップ制限 (*Hop Limit*)

 IPv4のTime To Liveと同じように送信元からあて先まで経由可能なルーター
 の数を表します。

- 送信元アドレス (*Source Address*)

 送信元アドレスでIPv6では128ビットの値となります。

- あて先アドレス (*Destination Address*)

 あて先アドレスで128ビットの値です。

拡張ヘッダー

 IPv4ではオプションパラメータを表現するためにIPヘッダー内のオプション
フィールドを利用していました。

 IPv6ではIPヘッダーは固定長ですが、オプションパラメータを表現するため
に拡張ヘッダー (*Extension Header*) を用います。拡張ヘッダーはTCP/UDPヘッ
ダーと同じように、IPv6ヘッダー内のNext Headerというフィールドによって
識別されます。拡張ヘッダー内にもNext Headerフィールドが存在するので、
複数の拡張ヘッダーを連結させることも可能です。

 主な拡張ヘッダーには次のものがあります。

- ホップバイホップオプションヘッダー (*Hop-by-Hop Options header*)

 経路途中でパケットを処理するすべてのノードが行わなければならない処理を
 指定します。

- あて先オプションヘッダー (*Destination Options header*)

 あて先ノードでのみ行うべき処理を指定します。

- ルーティングヘッダー (*Routing header*)

 パケットがあて先へ到達するまでに経由する中継ノードを送信元が指定するた
 めに使われます。

- フラグメントヘッダー (*Fragment header*)

 パスMTU値よりも大きいパケットを分割して送信するために使われます。

ポイント

Next Headerフィールドには、図6-33のように次にどのヘッダーが来るかを示します。各拡張ヘッダーには、専用の数値が割り当てられています。この中にプロトコル番号が入っていれば、トランスポート層のヘッダーが次に来ます。

- 認証ヘッダー（AH、*Authentication header*）
  IPsec で使われデータの改ざんを防ぐための認証情報が含まれます。AH とも呼ばれています。
- 暗号ペイロードヘッダー（*Encapsulating Security Payload header*）
  IPsec で使われ経路途中で盗聴を防ぐため、パケットを暗号化するための情報が含まれます。ESP とも呼ばれています。
- 上位層ヘッダー（*upper-layer header*）
  TCP、UDP といったトランスポート層のプロトコルを示します。

参照

IPsec については **10-2-2**（274ページ）を参照してください。

確認問題

Q1 ネットワーク層を流れるデータを何と呼びますか？

A1 パケットです。トランスポート層がセグメント、データリンク層がフレーム、物理層がビットストリームです。これは一般的な呼び方で、例えばIPデータグラムというように他の呼び方もあるので注意しましょう。

Q2 ネットワーク上にパケットが永久に残り続けるのを防ぐため、ルーターを経由するたびにある値を減らし、その値が0になったらパケットを破棄します。この値を何と呼びますか？

A2 TTL（*Time to Live*）です。Windowsのtracertコマンドや Linux/macOSのtracerouteコマンドはこのTTLを利用して目的ホストまでの経路を表示します。

Q3 IPv4ヘッダーには無くIPv6ヘッダーには存在するパラメータは次のうちどれですか？
❶ 送信元アドレス（*Source Address*）
❷ ペイロード長（*Payload Length*）
❸ サービス種別（*Type of Service*）
❹ プロトコル（*Protocol*）

A3 正解は❷のペイロード長です。IPv6はヘッダー長が40オクテットの固定長であるため、IPv4のようにヘッダーを含めた値ではなく、ペイロードだけの長さをバイト単位で表します。
送信元アドレスはIPv4とIPv6の両方にあります。IPv4の「サービス種別」はIPv6では「トラフィッククラス」というパラメータに変わりました。
IPv4ヘッダーで上位プロトコルが何かを表す「プロトコル」は、IPv6では拡張ヘッダーを含めて次にどのヘッダーが来るかを示す「次ヘッダー（*Next Header*）」というパラメータに置き換わっています。

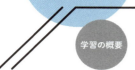

6-5 どのとびらからデータを流そう？

学習の概要
- ☑ IPv4アドレスとMACアドレスの関係を知ろう
- ☑ ARPの動きを理解しよう
- ☑ RARPの働きを知ろう

6-5-1 データがカプセル化される流れ

パソコンでもルーターでも、ネットワークインターフェイス、つまりネットワークの出入り口が1台に1つしかないとは限りません。その場合、どのインターフェイスにデータを流したらいいのかを決める必要があります。

ユーザーが作成したデータは、上位層から徐々に**カプセル化**されます。メールを送ったり、インターネットでWebを見るときは、メールアドレスやドメイン名、URLであて先を識別します。これは人間にとってわかりやすいためです。

しかし、それらの情報はネットワーク層ではIPアドレスという形で扱われます。メールアドレスの@（アットマーク）以降やURLのドメイン名は、DNSという仕組みを使ってIPアドレスに変換されます。こうすることで、あて先のIPアドレスがわかるわけですが、通信を行うためにはあて先のMACアドレスを知る必要があります。

参照
DNSの詳しい説明は、**9-3-2**（243ページ）で行います。

参照
IPv6アドレスとMACアドレスの関係は**6-3-4**（156ページ）で説明しています。

図6-36 において、ホストAとスイッチ、スイッチとルーター、ルーターとホストBの間はMACアドレスによって制御されます。IPアドレスの制御が行われるのは、ホストAとルーター、ルーターとホストBの間だけです。

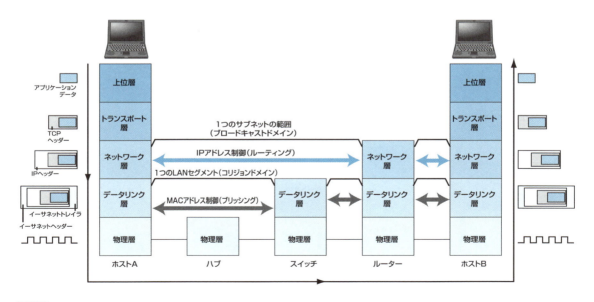

図6-36　階層ごとのデータとアドレス制御の流れ

6-5-2 ARP (Address Resolution Protocol)

図6-36 ではホストAはルーターが同一サブネット上にあることがわかるので、ルーターに直接IPパケットを送信しようとします。ところがLANの項で説明した通り、イーサネット上にパケットを送出するためには、あて先のMACアドレスを知っている必要があります。このとき、IPv4アドレスから対応するMACアドレスを知るための仕組みが必要となります。

IPネットワークでは、<u>ARP</u>（アドレス解決プロトコル）を使ってMACアドレスを求めます 図6-37 。ARPでは、知りたいIPv4アドレスをパケットに設定して、MACブロードキャストを行います。これを**ARPリクエスト**と呼びます。

> **参照**
> MACアドレスの制御については、**4-3-3**（97ページ）を参照してください。

> **注意**
> ARPはIPv4用のプロトコルで、RFC 826で規定されています。

> **用語**
> ARP（*Address Resolution Protocol*）

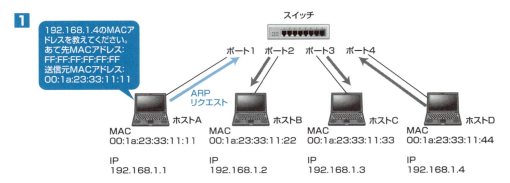

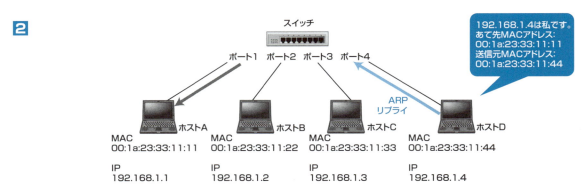

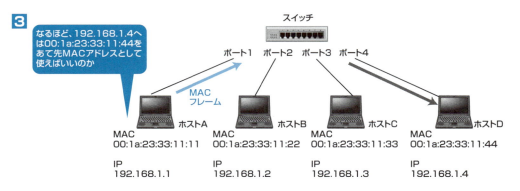

図6-37　ARP処理の流れ

パケットは同一サブネット上にあるすべてのノードが受信します。知りたいIPv4アドレスを持つノードは1つしかないはずなので、そのノードが自分のMACアドレスを書き込んで、送信元のノードに回答として返します。これを**ARPリプライ**と呼びます。

各ホストは、MACアドレスの解決が行われると、MACアドレスとIPv4アドレスの対応表をメモリ上に保持します。保持した内容を**キャッシュ**（Cache）と呼び、アドレスの対応表を**ARPテーブル**と呼びます。

まずはARPテーブルに目的のあて先IPアドレスがないかを確認して、なければARPリクエストを出します。

パケットを送信するたびに毎回ARPリクエストを出していたのではムダですし、ネットワークのトラフィックを増やしてしまいます。また、IPv4アドレスは管理者の手によっていつでも変更できます。そうすると、せっかくキャッシュを持っていてもIPv4アドレスに対応するMACアドレスが変わってしまい、うまく通信できなくなってしまいます。

そのため、数十分に1回など、定期的にキャッシュされた情報を削除して、必要なら再度ARPを行い、正しいIPv4アドレスとMACアドレスのペアを維持します。あて先IPv4アドレスがARPテーブルで見つかった場合、IPv4アドレスはMACアドレスに対応付けられ、IPパケットをMACフレームにカプセル化するために使用されます。

ARPはデータリンク層のプロトコルと言えます 図6-38 。ARPリクエストやARPリプライで使われるデータの形はIPパケットではなく、フレームです。

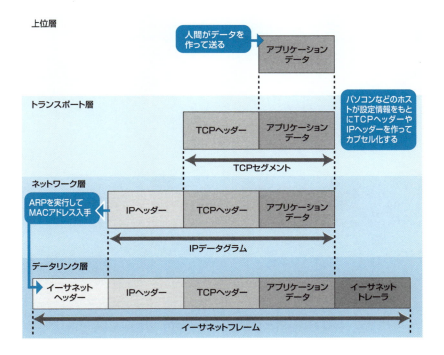

図6-38　階層モデルとARP処理

PART 6　インターネットプロトコルとIPアドレスを学ぼう

6-5-3　RARP（Reverse Address Resolution Protocol）

　ARPのついでにRARPも学習しましょう 図6-39 。RARPはReverse ARP、つまりARPの逆を意味します。ARPはIPアドレスからMACアドレスを求めるものです。RARPは逆に、MACアドレスからIPアドレスを求めるプロトコルです。

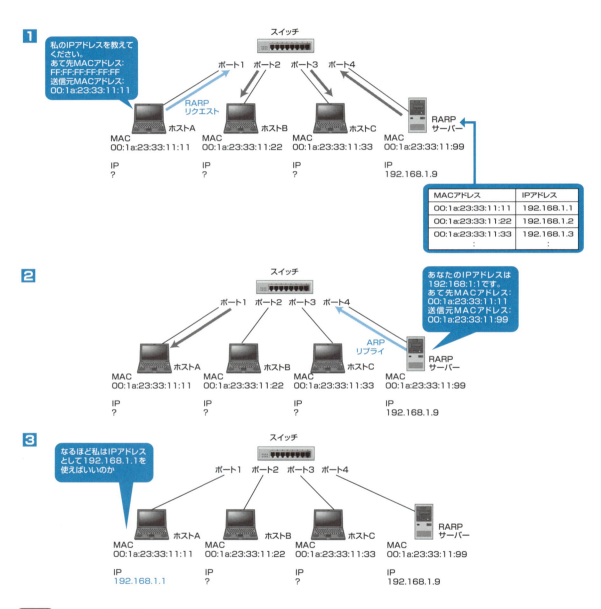

図6-39　RARP処理の流れ

　通常、パソコンやルーターのIPアドレスはユーザーが設定する必要があります。パソコンやルーターのIPアドレスは、メモリやハードディスクなど記憶領域上に記憶されます。ところが、中にはIPアドレスを記憶する領域を持たないコンピューターもあったのです。それはディスクレスUNIXと呼ばれ、ハードディ

168

スクを持たず、OSもネットワーク上のサーバーからローディングしてくるというものでした。

このコンピューターは、自身のIPアドレスさえも記憶しておくスペースを持たないため、OSをネットワークからロードする前段階として、自身のIPアドレスを取得するための仕組みが必要でした。

このような記憶領域を持たないマシンでも、ネットワークインターフェイスにはハードウェアアドレス、つまりMACアドレスは必ず組み込まれています。RARPではこのMACアドレスを元に、IPv4アドレスなど対応するネットワーク層のアドレスを問い合わせます。問い合わせを行うとき、ARPと同じようにブロードキャストを送信します。RARPのパケットはARPの拡張として設計されています。

ARPはネットワーク内に探したいIPv4アドレスを持つホストがいれば、そのホストがリプライ（返信）を返してくれました。

RARPでは、**RARPサーバー**といって、MACアドレスをIPv4アドレスに変換できるホストがネットワーク上に1台以上ある必要があります。このRARPサーバーがRARPリクエストに対するリプライを行います。

このRARPですが、単にMACアドレスからIPv4アドレスを取得する分には、簡単でよいですが、もっといろんな情報をRARPサーバーからもらえたら便利になるということでBOOTPやDHCPというプロトコルが開発されました。

> 用語
> **BOOTP**
> （*Bootstrap Protocol*）
> ブートピーと読みます。IPv4用のプロトコルで、RFC 951で規定されています。コンピューター用語でのブートとは「起動する」という意味です。BOOTPを使って、ネットワーク上のサーバーから起動に必要な情報を取得できます。

6-5-4　DHCP (Dynamic Host Configuration Protocol)

DHCPはBOOTPをもとにしてできたプロトコルです。

BOOTPではクライアントごとの設定は省略できるのですが、IPv4アドレスとホスト名はそれぞれ設定する必要がありました。

この手間も省いて、各クライアントに起動時に動的にIPv4アドレスを割り当てて、終了時にIPv4アドレスを回収するためのプロトコルがDHCPです。**DHCPサーバー**側では、**プールアドレス**といって、IPv4アドレスを**DHCPクライアント**用にいくつかまとめて用意しておくだけです。同時にゲートウェイアドレスやドメイン名、サブネットマスクその他の情報をクライアントに通知することもできます。

DHCPはUDPを使って動作します。*Part 6*でも学びますが、UDPを使えばブロードキャストが可能です。そのため、あて先IPv4アドレスを知らなくても代わりにブロードキャストアドレスを使ってサーバーと通信することができます。

詳しい動作を見てみましょう。DHCPは 図6-40 のように4つの処理があります。

> 注意
> DHCPはIPv4用のプロトコルで、RFC 2132で規定されています。ここでは詳しく触れませんが、IPv6向けにDHCPv6と呼ばれる同様のプロトコルがあり、RFC 8415で規定されています。

① **DHCPディスカバー** (*DHCP Discover*)
　ブロードキャストでLAN内にいるDHCPサーバーに対してクライアントがアドレスを要求します。
② **DHCPオファー** (*DHCP Offer*)
　MACユニキャストでクライアントに対してDHCPサーバーがIPv4アドレスの提案をします。

③ DHCPリクエスト（*DHCP Request*）

クライアントがDHCPサーバーから提案されたIPv4アドレスを使いたいと要求します。

④ DHCPアック（*DHCP ACK*）

IPv4アドレスを提案したDHCPサーバーがクライアントのリクエストを承認（*Acknowledgment*）します。

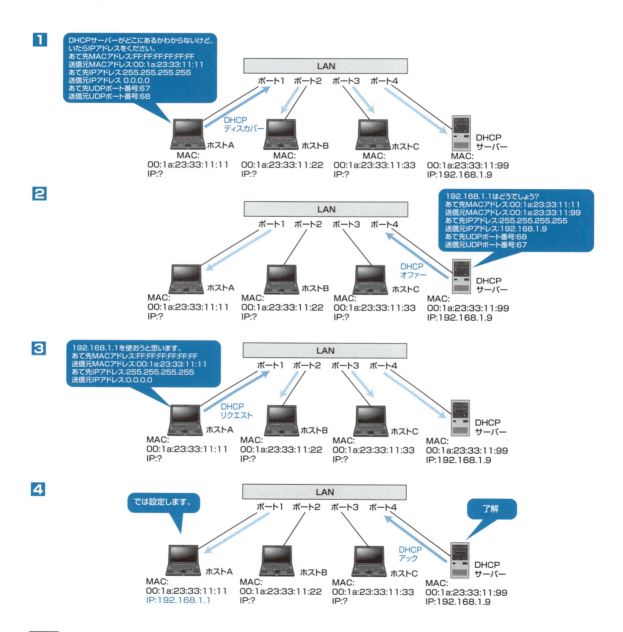

図6-40　DHCPサーバーを使ったアドレスのリース処理

DHCPサーバーはLAN内に複数存在することもあります。そのため、複数のサーバーがDHCPオファーをクライアントに渡すこともあります。クライアン

トは複数のオファーに対して、1つのIPv4アドレスを選択します。そして全部のサーバーに対してDHCPリクエストすることで、採用されなかったDHCPサーバーは「使われなかったな」と判断します。

DHCPではアドレスを貸し出す（リース）という考え方をとります。1日（24時間）リースという設定をすれば、一度割り当てられたIPv4アドレスは24時間有効で、その間パソコンをネットワークから切り放しても、システム終了しても、そのアドレスはパソコンのMACアドレスに対して有効です。

そして24時間を過ぎて初めて、再度DHCPサーバーから新たにアドレスが割り当てられます。その時のアドレスは、先に割り当てられたものとは違うものかもしれませんし、場合によっては同じかもしれません。基本的に、その時のDHCPサーバーにプールされているアドレスの空き状態によって決まるだけです。

参考

IPv6の場合、157ページで説明したルーターアドバタイズメントによってグローバルアドレスが割り当てられます。

確認問題

Q1 IPアドレスからMACアドレスを取得するプロトコルは何ですか？

A1 ARPです。ARPとRARPのどちらがMACアドレスをIPアドレスに変換するのか、間違えないようにしましょう。

Q2 MACアドレスからIPアドレスを取得するプロトコルを何と呼びますか？

A2 RARPです。RARPはその後BOOTP、DHCPへと発展していきました。

Q3 LANに接続されたパソコンに対して、そのIPアドレスをパソコンの起動時などに自動設定するために用いるプロトコルは何ですか？

A3 DHCPです。ブロードキャスト通信を行いDHCPサーバーあてに割り当てるIPアドレスを要求します。

Q4 DHCPの説明として、適切なものはどれですか？
❶ IPアドレスの設定を自動化するためのプロトコルである
❷ ディレクトリサービスにアクセスするためのプロトコルである
❸ 電子メールを転送するためのプロトコルである
❹ プライベートIPアドレスをグローバルIPアドレスに変換するためのプロトコルである

A4 正解は①です。

Let's Try! 練習問題

解答は別冊9ページ

Q1

ブロードキャストドメインは何というネットワーク機器によって分割されますか?

Q2

IPアドレスの192.168.1.1はどのクラスに属しますか。また、何もサブネットマスクが指定されていないとき、このアドレスに対するネットワークアドレスは何ですか?

Q3

次のうち間違っているものはどれですか?すべて選んでください。

❶ アドレス10.1.2.3のネットワークアドレスは10.1.0.0である
❷ アドレス187.22.33.5のホスト部は16ビットである
❸ アドレス224.0.0.1はクラスCである
❹ クラスBでは1つのネットワークにホストが最大65,535台接続できる

Q4

10.0.0.0のネットワークに20台だけホストを接続するとします。考えられる最大のサブネットマスクは何ビットになりますか?

Q5

IPv6のマルチキャストアドレスのプレフィックスはどれですか?

❶ 2000::/3　　❷ FC00::/7　　❸ FE80::/10　　❹ FF00::/8

Q6

TCP/IPにおけるARPの説明として、適切なものはどれですか?

❶ IPアドレスからMACアドレスを得るプロトコルである
❷ IPネットワークにおける誤り制御のためのプロトコルである
❸ ゲートウェイ間のホップ数によって経路を制御するプロトコルである
❹ 端末に対して動的にIPアドレスを割り当てるためのプロトコルである

Q7

電源オフ時にIPアドレスを保持することができない装置が、電源オン時に自装置のMACアドレスから自装置に割り当てられているIPアドレスを知るために用いるデータリンク層のプロトコルで、ブロードキャストを利用するものはどれですか?

❶ ARP　　❷ DHCP　　❸ DNS　　❹ RARP

PART 7

TCP・UDPって
何だろう？

この Part ではトランスポート層のプロトコルである、
TCP と UDP について学びます。
どちらも IP の上位層で動作しますが、異なる点がたくさんあります。
TCP と UDP はそれぞれどのような働きをするのでしょうか？

7-1 TCP と UDP の違い

7-2 TCP の役割

7-3 TCP ポートって何だろう？

7-4 TCP はどのように信頼性を確保するのだろう？

7-5 リアルタイム通信に適した UDP

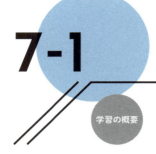

7-1 TCPとUDPの違い

学習の概要
- ☑ トランスポート層の役割を理解しよう
- ☑ TCPとUDPの違いを知ろう
- ☑ コネクション型とコネクションレス型の違いを理解しよう

7-1-1 トランスポート層の働き

TCP🔵 と **UDP**🔵 はどちらもOSI第4層（レイヤー4）、つまり**トランスポート層**のプロトコルです 。**Part 3**でも紹介したように、第4層の役割は、アプリケーションに対して信頼ある通信を提供することです。

インターネットを介してメールをやり取りする場合を考えてみましょう。メールはインターネットに接続しているパソコンとパソコンの間でやり取りされます。

インターネットの中には、たくさんのルーターやスイッチといったネットワーク機器が世界中に網の目のようにつながっています。これらのネットワーク機器を通過して、メールのデータが流れていきます⚠️。

ネットワーク機器同士はレイヤー3、つまりネットワーク層のプロトコルを使って、お互いのパソコンを結び合うにはどの経路を使ったらよいのかを決めていきます。

レイヤー4のTCPやUDPは、レイヤー3で決められた経路を使ってデータのやり取りを行います。間に存在する他のネットワーク機器を気にすることなく、パソコンとパソコンが1本の線で結ばれているかのように通信ができるわけです。

そしてメールがあて先のパソコンに届いたら、そのパソコンではどのアプリケーションにメールのデータを渡せばよいのかを決めていきます。

🔵 **用語**
TCP (*Transmission Control Protocol*)
UDP (*User Datagram Protocol*)

⚠️ **注意**
実際の電子メールのやりとりは、間にメールサーバーを仲介させるので、直接パソコン同士で通信するわけではありません。これはスマートフォンやタブレットなどでも同様です。メール以外でFTP (*File Transfer Protocol*、ファイル転送プロトコル) を使ったファイル転送や、Telnetを使って相手のパソコンにアクセスする場合は、直接通信することになります。

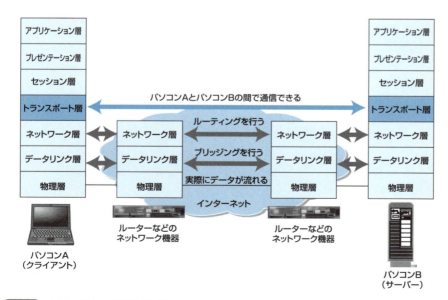

図7-01 トランスポート層の位置づけ

パソコンの中には入っているアプリケーションは1つとは限りません。そこで、TCPやUDPは**ポート番号**という数値を使って、データをどのアプリケーションに渡せばよいかを識別します 図7-02 。

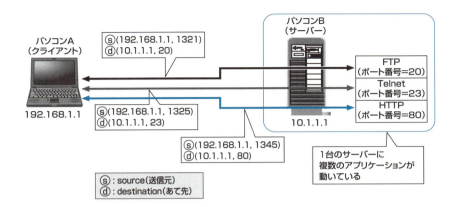

図7-02　IPアドレスとポート番号のペアによってアプリケーションを識別する

7-1-2 使い道が異なるTCPとUDP

　TCPにはいろいろな仕事があります。例えば再送制御といって、送信元から来るはずのデータが来ないときに、受信側から送信側へもう一度送るよう指示する作業があります。また、データが送られてくるスピードが速い場合、もう少し遅くなるように制御する作業があります。

　一方、UDPは何もしません。単に送られてきたデータをアプリケーションに渡すだけです。

　データを海外旅行や出張に例えると、TCPがパッケージツアー、UDPが個人手配の海外出張のようなものだと言えます。

　パッケージツアーの場合は、ツアーコンダクターがチケットやホテルの手配、パスポート取得や保険契約代行、空港までの案内、海外でのレンタカーやバスの手配などを代行してくれます。ツアー参加者は、旅行代理店のサービスに任せて旅行を楽しめるので、海外旅行初心者や家に残された家族も安心できます。

　一方、個人手配の海外出張では、チケットやホテルの手配をはじめ、現地到着後も何かと本人や会社で処理しなければならないので大変です。しかし、急遽明日出発しなければならない場合も対応できますし、必要に応じて、複数の目的地へそれぞれ異なる社員を自由に派遣することもできます。ただし、日本にいる会社関係者は、何らかの形で出張した社員の状況を把握する必要があります。

　この例えをTCP/IPの通信にあてはめてみると、旅行に行く人がIPパケット、残された家族や会社がアプリケーション層のソフトウェアのようなイメージになります。

7-1-3 コネクション型とコネクションレス型

TCPとUDPには**コネクション型**（Connection-oriented）か、**コネクションレス型**（Connectionless-oriented）かという違いもあります。

コネクション型

コネクション型では、データがやりとりされる前に、送信側と受信側の間で信号のやり取りをして、**コネクション**（Connection）と呼ばれる通信経路を確立します。

スマートフォンをイメージしてください。スマートフォンをかけるとき、電話をかける人（送信側）が相手の電話番号を入力して、発信ボタンを押します。そして相手に電波が届けば、プルプルッと発信音が鳴ります。電波が届くということは、通信経路ができているわけです。相手が電波の届かない場所にいたり、電源を切っていると通信経路は確立されません 図7-03 。

相手が着信に気づいて、携帯の着信ボタンを押して初めて通信経路が確立され、初めて会話ができるようになります。なお、着信に気付かずに留守電になってしまうと、通信経路はできているのに確立されなかったということになります。

このように会話やデータ通信を行う前に通信経路（コネクション）を確立して通信を行う方式を**コネクション型**と呼びます。TCPではスマートフォンで電話をかけるように、TCPセグメントを送信する前に**TCPコネクション**を確立するのです。

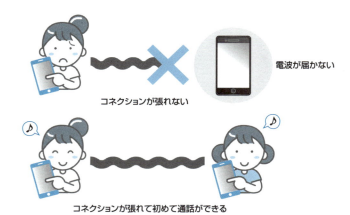

図7-03　コネクション型ではコネクションを張ってからでないと通信できない

コネクションレス型

コネクションレス型では、コネクションの確立を行わずにデータ通信を行います。コネクションレス型のプロトコルとしてUDPの他にIP、IPX、X.25などがあります。

IPと同じように、コネクションレス型のネットワークで扱われるデータを**パケット**と呼びます。そしてコネクションレス型のネットワークはパケット交換とも呼びます。コネクション型ネットワークでは、データは確立されたコネクショ

ン上を通ります。そのためデータはネットワーク内で常に同じ経路を使うことになります。

コネクションレス型ネットワークでは、同じ目的地に着くデータがパケットに分割されると、各パケットは異なる経路を通ることもあります。その場合、目的地で1つのデータに再構築されます。

スマートフォンで電話をかけるのはコネクション型と言えますが、スマートフォンでメールを送信するのはコネクションレス型と言えます。というのも、メールの送信ではコネクションの確立を行わないため、受信者が電波の届く範囲にいるかどうかは気にせずに、メールを送ることができるからです。

確認問題

Q1 TCPはコネクション型とコネクションレス型のどちらですか?

A1 TCPはコネクション型です。コネクション型のプロトコルでは、データを送信する前に送信元とあて先の間でコネクションを接続します。

Q2 TCPと比較してUDPの利点は何ですか?

A2 UDPはコネクションを張らないため、複数のあて先に同時にデータを送信できます。また、コネクションを張らないため、さらにヘッダーがTCPより小さくなり、余分なトラフィックが少なくなります。

Q3 TCPとUDPはOSI参照モデルの何層のプロトコルですか?

A3 トランスポート層のプロトコルです。TCPはOSI参照モデルでいうトランスポート層の機能を持っていますが、UDPは再送制御や輻輳制御など行わず、ほとんどのトランスポート層の機能を持ちません。

Q4 TCPとUDPは何という値を使ってアプリケーションを識別しますか?

A4 ポート番号です。ポート番号に関する詳細は**7-3**を参照してください。

TCPの役割

学習の概要
- ☑ TCPにおけるデータの流れを知ろう
- ☑ TCPヘッダーのパラメータを知ろう
- ☑ TCPの機能を理解しよう

7-2-1　TCPは信頼できる通信

　TCPは送信元のホストでアプリケーションデータを適当な大きさに分割し、**TCPセグメント**を生成します。これを**セグメント化**と呼びます。受信したホストでは分割されたセグメントを元のアプリケーションデータに直します。
　TCPは次の機能を使って信頼性のある通信を提供します。

- コネクション管理
　データを送信する前に送信元と受信先でコネクションを張るための処理を行います。このとき、どの大きさにセグメント化したらよいか、セグメントを一度に何個送ってもよいのかを伝え合います。コネクションはIPアドレスとポート番号の組み合わせで識別されます。

- 順番制御、エラー検出と再送制御
　シーケンス番号という数値を使って、アプリケーションデータの位置を識別します。この数値をもとにセグメントの順番を認識し、ばらばらに受信したものを正しい順番に並べかえたり、途中で受信に失敗したものを検出したりします。

- フロー制御
　状況に合わせてデータを転送する速度を調整します。受信先が処理できる分だけデータを送ります。またネットワークが混雑状態になった場合もそれに合わせて転送速度を落としたりします。

> **参照**
> データのセグメント化は図7-11を参照してください。

> **参照**
> コネクション管理については、7-4-1(185ページ)を参照してください。

> **参照**
> シーケンス番号については、7-4-2(187ページ)を参照してください。

> **参照**
> フロー制御については、7-4-3(190ページ)、7-4-4(192ページ)を参照してください。

　TCPは送信元とあて先間で1対1のコネクションを確立する必要があるため、ブロードキャスト通信（一斉通信）やマルチキャスト通信（1対多通信）が行えません。このような通信を行うには、UDPを利用します。

7-2-2　TCPではどんなデータが流れるのだろう？

　これまでも見てきたように、データの形はレイヤーによって異なります。レイヤー4のデータ形式のうち、TCPで扱われるデータを**TCPセグメント**、UDPで扱われるデータを**UDPデータグラム**と呼びます。
　TCPは 図7-04 のように、アプリケーション層から受け取ったアプリケーションデータを適当な大きさに切り分け（セグメント化）、TCPヘッダーでカプセル化します。

> **参考**
> 各レイヤーにおける「データの形」はPDU (*Protocol Data Unit*)と呼ばれます。

7-2 | TCPの役割

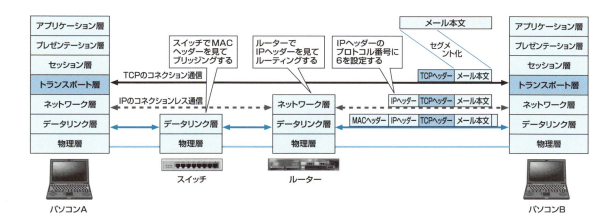

図7-04　各階層のデータにおけるTCPセグメントの位置づけ

　TCPセグメントは、エンドシステム間で確立されたTCPコネクション上を流れます。TCPコネクションは仮想的な回線と見ることができ、ネットワーク層以下の処理を気にせずにセグメントの送信を行います。

　ネットワーク層では、TCPセグメントをIPヘッダーでカプセル化したIPパケットを使って通信が行われます。このとき、IPv4ヘッダーのプロトコル番号フィールドに上位層でTCPを使用していることを示す「6」を設定します。IPパケットはパソコンやサーバーといったエンドシステムとルーターの間でやりとりされます。

　データリンク層では、IPパケットをさらにMACヘッダー（イーサネットヘッダー）でカプセル化し、トレイラを付加したイーサネットフレームの通信が行われます。イーサネットフレームはエンドシステムとルーター、ルーターとスイッチ、スイッチとエンドシステムのそれぞれでやりとりされます。

　ATMやフレームリレー、トークンリング、PPPなどイーサネット以外のデータリンク層プロトコルの場合、MACヘッダーではなく、それぞれのプロトコルで決められたヘッダーが付けられます。

　TCPセグメントのヘッダー部にはTCPで使用されるさまざまなパラメータが入っています。トランスポート層でアプリケーションから渡されたデータをセグメント化し、TCPヘッダーでカプセル化します。

> 参考
> IPv6ヘッダーでは、次ヘッダー（*Next Header*）フィールドに6を設定します。

7-2-3 TCPヘッダーを見てみよう

ヘッダー部には、TCPで行ういろいろな制御の基となる情報が入ります 図7-05 。

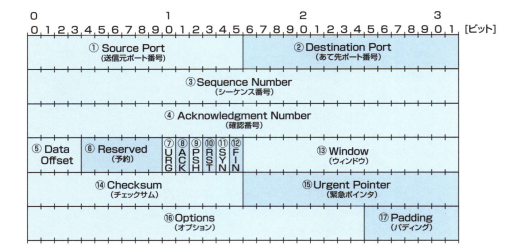

図7-05　TCPヘッダーの要素

① ② **送信元ポート番号、あて先ポート番号** (*Source Port*、*Destination Port*)
　アプリケーションを識別するためのTCPポート番号が入ります。共に16ビットの領域があり、0〜65535までが利用できます。

> 参照
> ポート番号については7-3 (183ページ)を参照してください。

③ **シーケンス番号** (*Sequence Number*)
　断片化されたアプリケーションデータのどの部分のデータかを判断します。バイト単位で、データを何バイト送ったのかがわかります。

> 注意
> シーケンス番号はSNと略されることもあります。

④ **確認番号** (*Acknowledgement Number*)
　受信ホストがどこまで受信したかをこのフィールドに入れて、送信ホストに返信します。実際は次に受け取りたいシーケンス番号の値が入ります。

> 注意
> 確認番号はANと略されることもあります。

⑤ **データオフセット** (*Data Offset*)
　ワード (32ビット) 単位でTCPデータ部がどこから始まるかを示します。つまりTCPヘッダーが何ワードあるのかを表します。

⑥ **予約** (*Reserved*)
　すべて0が入ります。

⑦ **URG** (アージェント、*Urgent Pointer field significant*、緊急ポインタフィールド有無)
　緊急メッセージがTCPセグメント中にある場合、このビットを1にします。緊急メッセージがどこにあるかは、緊急ポインタフィールドで示されます。現在はほとんど使われないビットです。

> 参考
> URG、ACK、PSH、RST、SYN、FINには制御ビット (*Control Bits*) があります。このビットは通常0ですが、特別なTCPセグメントではこのうちのどれかのビットが1になります。

⑧ **ACK** (アック、*Acknowledgment field significant*、確認応答フィールド有無)
　確認応答を行うとき、このビットを1にして、確認番号フィールドに次に受信したいシーケンス番号を入れます。

⑨ **PSH**（プッシュ、*Push Function*、転送強制機能）

TCPセグメントはアプリケーションデータの再構築が必要なときがある場合、いったんセグメントをためておきます。このビットを1にしたセグメントはためる処理を行わず、すぐにアプリケーションに渡すようにします。

⑩ **RST**（リセット、*Reset the connection*、コネクションリセット）

通常TCPコネクションを終了するにはFINビットを使いますが、何らかの影響でうまくコネクションが終了できないとき、このビットを1にしたセグメントを使ってTCPコネクションをリセット（初期化）します。

⑪ **SYN**（シン、*Synchronize sequence numbers*、同期手順）

TCPコネクションを確立するときに使います。**7-4-1**で説明するコネクションの確立を参照してください。

⑫ **FIN**（フィン、*Finish*、*No more data from sender*、転送データ終了）

TCPコネクションを終了するときに使います。**7-4-1**で説明するコネクションの終了を参照してください。

⑬ **ウィンドウ**（*Window*）

ウィンドウ制御に用いるウィンドウサイズが入ります。ウィンドウサイズの単位はオクテットです。

⑭ **チェックサム**（*Checksum*）

16ビットのチェックサムです。IPv4パケットのチェックサムと計算方法は同じです。ただし、IPパケットのチェックサムがIPヘッダーだけを計算対象とするのと異なり、TCPではヘッダーとペイロード（データ部）と疑似ヘッダー（*Pseudo Header*）を計算対象にします。疑似ヘッダーの中には送信元IPアドレス、あて先IPアドレス、プロトコル番号、TCPセグメント長が入ります。これらの要素すべてが通信途中でおかしくなっていないかを確認します。

> **参考**
> IPv6では、IPパケットのヘッダーチェックサムの計算は行われません。

⑮ **緊急ポインタ**（*Urgent Pointer*）

緊急データのストリーム上の終了バイト位置を示します。このフィールドに値が入るTCPセグメントはURGビットが1になります。

⑯ **オプション**（*Options*）

最大セグメント長（MSS）などのオプションが入ります。

> **用語**
> MSS（*Maximum Segment Size*）

⑰ **パディング**（*Padding*）

TCPヘッダーの長さを32ビットに合わせるため詰め物（*Padding*）です。空データの0が入っています。

PART 7 TCP・UDPって何だろう？

確認問題

Q1 TCPヘッダーの送信元ポート番号フィールドは何ビットですか？

A1 16ビットです。もちろんあて先ポート番号も16ビットです。ポート番号の詳しい説明は**7-3**を参照してください。

Q2 TCPヘッダーのパラメータのうち、断片化されたアプリケーションデータの位置を示すために使われるものは何ですか？

A2 シーケンス番号です。シーケンス番号がどのように使われるかは**7-4-2**で詳しく説明します。

Q3 TCPではアプリケーションデータを何という形に変えてデータ転送しますか？

A3 TCPセグメントです。

Q4 TCPコネクションを確立するときに使用するTCPヘッダー内のフラグは何ですか？

A4 SYNです。SYNフラグが立っている、つまりTCPヘッダー内のSYNフィールドが1であるTCPセグメントがTCPコネクションを確立する時に最初に通信相手へ送られます。

Q5 TCPコネクションを終了するときに使用するTCPヘッダー内のフラグは何ですか？

A5 FINです。TCPコネクションを正常終了したい場合、FINフラグを立てたTCPセグメントを相手に送ります。うまくコネクションが終了できなかったり、強制的にコネクションを切断したい場合はRSTを使います。

7-3 TCPポートって何だろう？

- ポート番号の役割を理解しよう
- 主なTCPのポート番号を知ろう

7-3-1　アプリケーションの識別子

　TCPやUDPで使われる**ポート番号**とは何でしょうか？　これはTCP（UDP）を使用するアプリケーションを一意に定める番号です。ネットワーク層のプロトコルでは、論理アドレスであるIPアドレスによってパソコン（端末）が識別されます。トランスポート層では、識別されたパソコンの中でどのプロトコル（アプリケーション）を使うか識別するのにポート番号が使用されます。

ポート番号でアプリケーションを識別

　IPアドレスを会社の住所とすると、ポート番号は部署名のようなものです。例えば、あるパソコンからFTPを使ってLinuxサーバーからファイルを取得するとき、FTPのポート番号（21）がTCPヘッダーのあて先ポート番号フィールドに設定されます。

　このTCPセグメントをLinuxサーバーが受信すると、サーバー内ではポート番号を確認して、「あ、これはFTPのアプリケーションに渡さないと」と判断して、FTPアプリケーションを起動します。

7-3-2　ウェルノウンポート番号

　7-2で解説したTCPヘッダーや、**7-5**で紹介するUDPヘッダーを見ると、**送信元ポート番号**と**あて先ポート番号**のフィールドがそれぞれ**16ビット**です。つまり、2^{16}で、65,536種類（**0〜65535**）のポート番号が存在するわけです。

　RFC 1700にWell Known Numbers（**ウェルノウンポート番号**、よく知られたポート番号）の一覧があります。ここには、ポート番号**0〜1023**がよく知られたポート番号としてプロトコル別に予約されています。255以下の番号は共通のアプリケーション用、256〜1023までの番号はアプリケーション用に企業に割り当てられます 。

　FTPもその1つですが、よく知られたポート番号は主にサーバーへのあて先ポート番号として使われます。パソコンからの送信元ポート番号には1024以上のよく知られていないポート番号が使われます。

> **参考**
> ウェルノウンポート番号については以下のサイトを参照してください。
> http://www.iana.org/assignments/port-numbers

PART 7　TCP・UDPって何だろう？

表7-01　ポート番号の種類とその範囲

ポート番号	名前	説明
0〜1023 (0x0〜0x3FF)	ウェルノウンポート	プロトコル別に予約され、そのプロトコルのサービスを提供するサーバーが利用する。クライアントでは通常使用しない
1024〜49151	登録ポート	番号とプロトコルの関係をIANAに登録できる。クライアントが送信元ポートとして使う
49152〜65535	ダイナミックポート	ユーザーが自由に使うことができる。クライアントが送信元ポートとして使う

> **用語**
>
> **IANA**（*Internet Assigned Numbers Authority*）
> インターネットにおける番号（IPアドレスなど）およびパラメータなどの管理を行う組織です。

　次にTCPの主なウェルノウンポート番号を紹介します **表7-02**。1023まではウェルノウンポート番号としてほぼ予約されており、1024〜49151はIANAに登録することで利用できます。

表7-02　主なTCPポート番号

ポート番号	プロトコル	説明
20	FTPデータ	FTPのデータ通信
21	FTP (*File Transfer Protocol*)	ファイル転送プロトコル
23	Telnet	Telnetサーバー
25	SMTP (*Simple Mail Transfer Protocol*)	簡易メール転送プロトコル
80	HTTP (*Hyper Text Transfer Protocol*)	ハイパーテキスト転送プロトコル
110	POP3 (*Post Office Protocol version 3*)	ポストオフィスプロトコル
123	NTP (*Network Time Protocol*)	ネットワークタイムプロトコル
143	IMAP (*Internet Mail Access Protocol*)	インターネットメールアクセスプロトコル
179	BGP (*Border Gateway Protocol*)	BGPルーティングプロトコル
443	HTTPS (*Hyper Text Transfer Protocol over SSL*)	セキュリティ機能付きのHTTP
1512	WINS (*Windows Internet Name Service*)	Windowsの名前解決
1723	PPTP (*Point-to-Point Tunneling Protocol*)	ポイントツーポイントプロトコル

確認問題

Q1 TCPのポート番号のうち、0〜1023番を特に何と呼びますか？

A1 ウェルノウンポート番号（*Well Known Port Numbers*）です。

Q2 FTPのポート番号は何番ですか？

A2 21番です。主要なウェルノウンポート番号は覚えるようにしましょう。また、FTPではデータ転送用に20番ポートも使用します。

7-4 TCPはどのように信頼性を確保するのだろう？

- ☑ TCPコネクションの確立と終了の処理を理解しよう
- ☑ シーケンス番号の役割を理解しよう
- ☑ ウィンドウ制御とは何かを知ろう

7-4-1 コネクションの確立と終了

コネクションの確立

電話の場合、図7-06 のような一連の動作があって、初めて通話ができます。このような動作を**コネクションの確立**と呼びます。TCPでは、データを流す前にTCPコネクションを確立する必要があります。電話と似ていますが、TCPコネクション確立の動作を**3ウェイハンドシェイク**（Three-way Handshake）と呼びます。

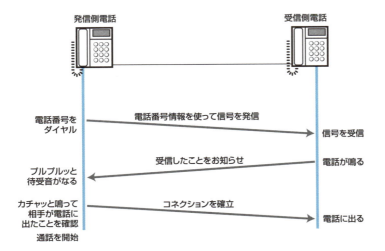

図7-06 電話のコネクション確立シーケンス

図7-07 は、パソコンAからパソコンBにTCPコネクションを張りにいく場合の例です。パソコンAのように、自分からコネクション確立を試みる端末を**クライアント**（Client）と呼び、パソコンBのようにそれを受けてサービスを提供する端末を**サーバー**（Server）と呼びます。ちなみに 図7-07 のように矢印を使って端末間の信号のやり取りを表現する図を**シーケンス図**と呼びます。

最初にクライアントが**SYN**を送るのは、TCPヘッダーの中にあるSYNビットを1に設定したTCPセグメントを送るためです。SYNはシンと発音して、同期をとるという意味の単語、Synchronizationの頭文字です。SYNは「これから始めるよ」という合図のようなものです。電話でいうと受話器を取って電話番号をダイヤルしたところです。

PART 7　TCP・UDPって何だろう？

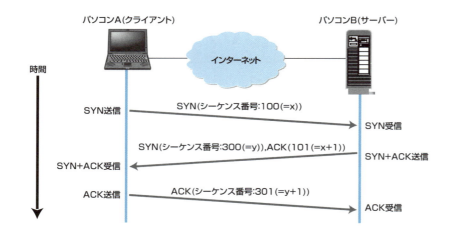

図7-07　TCPのコネクション確立シーケンス

　クライアントからのSYNを受け取ったサーバーは、受け取り確認としてのACK（アック）とともに、サーバーとしてのSYNを送ります。ACKは受け取り通知という意味の単語、Acknowledgementの頭文字です。

　TCPではアプリケーションデータをどこまで送ったのかを表すために**シーケンス番号**を使います。3ウェイハンドシェイクでは、TCPコネクションで使われるシーケンス番号の初期値を決めます。

　シーケンス番号は、クライアントからサーバーへの上り方向へ向かうTCPセグメントで使われるものと、サーバーからクライアントへの下り方向へ向かうTCPセグメントで使われるものの2種類あります。この上りと下りで論理的に2つのコネクションが確立され、それぞれの初期シーケンス番号には異なるランダムな値が使われます。

　図7-07の例だと、クライアントからサーバーへ向かうシーケンス番号の初期値は100です。この値はクライアントが決めて、サーバーが確認応答番号が101であるACKを返すことで了承します。サーバーからクライアントの方では300で、これはサーバーが決めてクライアントが確認応答番号が301であるACKを返すことで了承します。

　この例でわかるように、SYNで送られるNという初期シーケンス番号に対してN+1という確認応答番号でACKを返します。クライアントがサーバーのSYNに対するACKを返すことで、コネクション確立が完了します。

コネクションの終了

　電話の場合、通話が終わると図7-08のようにしてコネクションを切ります。
　TCPの場合、コネクション終了のシーケンス図は図7-09のようになります。
　コネクションを終了するときは、発信者と受信者どちらから先に終了しても構わないため、クライアントやサーバーは区別しません。終了するときは確立するときと違って、3ウェイ（3つの矢印）ではありません。
　図7-09でFINを受信したパソコンBでは、上位層で動いているアプリケーショ

> **参考**
> シーケンス番号の初期値は特にいくつを使うということはなく、ランダムな（適当な）値が使われます。
> 毎回、番号を変えることで確実にデータを識別し、さらに他人にデータを推測せづらくします。ちなみに英語ではInitial Sequence Numberと書き、ISNと略されます。

ンにTCPコネクションが使えなくなったことを認識させてから、自身のFINを送ります。

図7-09 は正常動作のパターンですが、異常が起きたときはFINではなく**RST**（*Reset*）を使います。通信相手や途中のネットワークで異常が起きて、ありえないデータを受信したり、いつまでたっても応答がない場合などはRSTビットを1に設定したTCPセグメントを送信します。

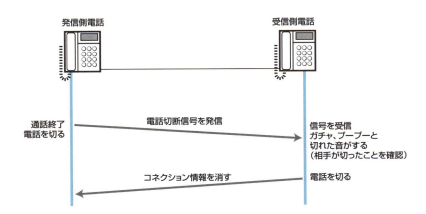

図7-08　電話のコネクション終了シーケンス

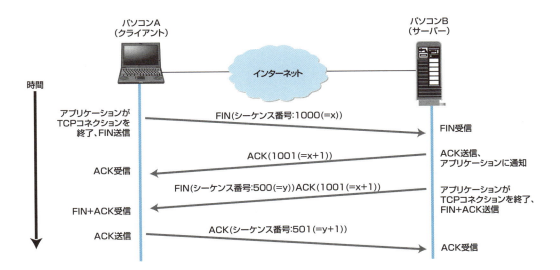

図7-09　TCPのコネクション終了シーケンス

7-4-2　シーケンス番号を使ったデータ転送

TCPは、TCPヘッダーのシーケンス番号と確認応答番号フィールドを用いてシーケンス処理を行います。シーケンス処理とは**順番制御**のことです 図7-10 。

PART 7 TCP・UDPって何だろう？

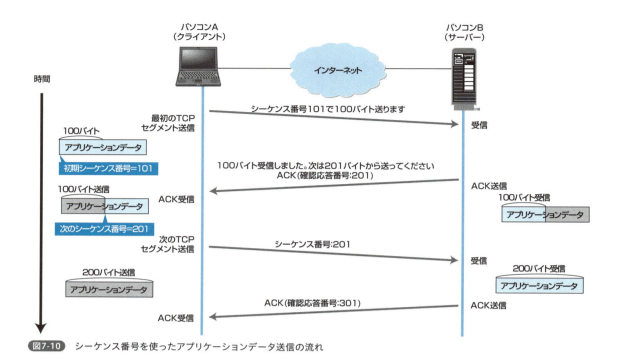

図7-10 シーケンス番号を使ったアプリケーションデータ送信の流れ

　TCPでは長いアプリケーションデータを送るとき、下位のIP層やイーサネットで処理できる長さに分割して、TCPヘッダーを付加してTCPセグメントにして送ります 図7-11 。

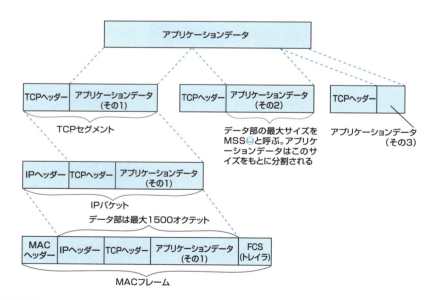

図7-11 アプリケーションデータのセグメント化

　例えば、イーサネットのデータ部 には最大1,500オクテットまでしか設定できません。そのため、ここからIPヘッダーとTCPヘッダーの分を抜いた長さしかアプリケーションデータは設定できないのです。

 参照

イーサネットのデータ部は**4-3-2**（95ページ）を参照してください。

このようにTCPセグメントのデータ部に設定できる最大長を **MSS** と呼びます。例えばMSSが1,000バイトの場合、4,800バイトあるアプリケーションデータは5つのTCPセグメントに分けられます。

MSS（*Maximum Segment Size*）

　分割されたものを受け取り先で元のアプリケーションデータに直すときに、順番を意識する必要があります。各TCPデータグラムは、送信前に番号付けされます。受信ホストのTCPは、セグメントを完全なメッセージに再組立てします。ひと続きであるべきシーケンス番号が欠けた場合、その欠けた番号のセグメントは再送信されます 図7-12 。

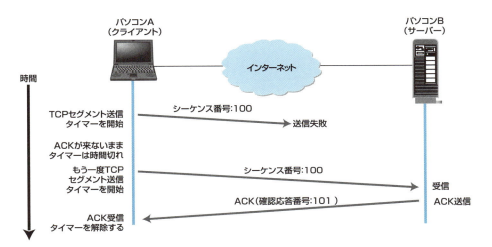

図7-12　セグメントの再送処理

　また所定の時間内に確認応答がないセグメントも再送信されます。この制御は、タイマーを利用して行われます。分割されたデータが再送されたり、後から送ったセグメントに先を越されてデータの順序が入れ替わったりすることもあるため、受信側では **バッファ** というデータを貯めておく箱を用意して、並べ替えを行います 図7-13 。

PART 7　TCP・UDPって何だろう？

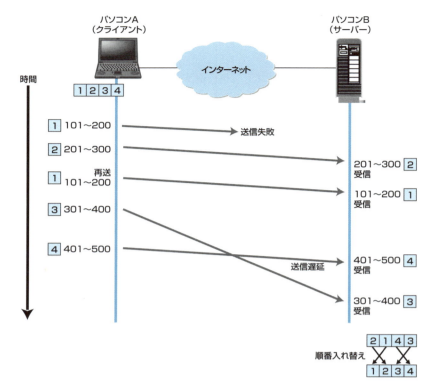

図7-13　セグメントの順序制御

7-4-3　ウィンドウ制御

　TCPヘッダー にウィンドウというフィールドがありました。これは何のために使われるのでしょうか？

　先ほどTCPコネクション上での基本的なデータのやり取りを見ました。この場合、TCPセグメントを1つ送るごとに確認応答（ACK）を受けていました。ACKを受けないと次のTCPセグメントを送信しませんでした。これだと大量のデータを送る場合、時間がかかってしまいます。そのため、相手からのACKを待たなくても次のTCPセグメントをどんどん送れるように、**ウィンドウ制御**という方法を使います。

　ウィンドウとは、受信したデータをためておくことができる箱のことです。この箱を**バッファ**と呼びます。箱の大きさを**ウィンドウサイズ**といいます。

　このウィンドウサイズはバイト（オクテット）単位で、TCPヘッダーのウィンドウフィールドに設定されます。クライアントやサーバーがTCPコネクションを確立するとき、SYNのTCPセグメントでこの値を相手に通知します 図7-14 。

　TCPセグメントは複数個まとめて送られますが、受信側では1個1個のセグメントに対してACKを返します。送信側では、まとめて送ったTCPセグメントに対して、ACKが1つでも来たら次のデータを送信できます 図7-15 。

> **参照**
> TCPヘッダーについては
> **7-2-3**（180ページ）を参照してください。

7-4 | TCPはどのように信頼性を確保するのだろう？

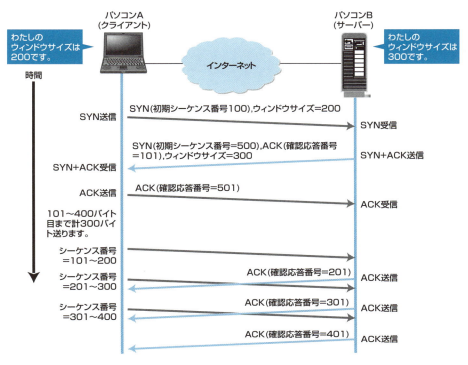

図7-14 ウィンドウ制御の流れ

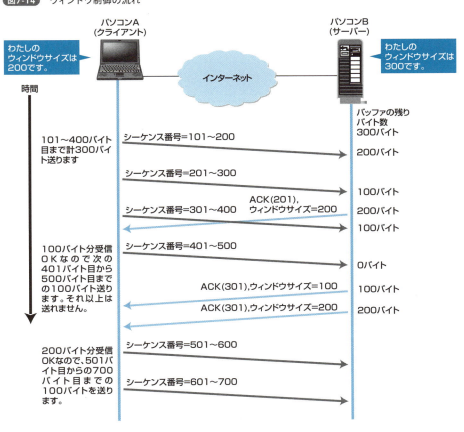

図7-15 ACKが返ってきたら次のデータを送ることができる

ただし、ウィンドウサイズからまだ受信できていないバイト数を引いた分のデータしか送ることはできません。例えば、ウィンドウサイズが300ですでに300バイト送っているとき、100バイト受信したというACKしかまだ返ってきていなければ、200バイト分はまだ受信できていません。したがって「ウィンドウサイズの300バイト － 送信できていない200バイト」で、次は100バイトまでなら送ることができるのです。

ウィンドウ（Window）には「窓」という意味がありますが、この窓から見える範囲が送信可能と言えます。**図7-16** のように、窓を徐々にずらしていって、どの範囲のデータを連続して送ることができるかを制御します。このような考え方を**スライディングウィンドウ**と呼びます。

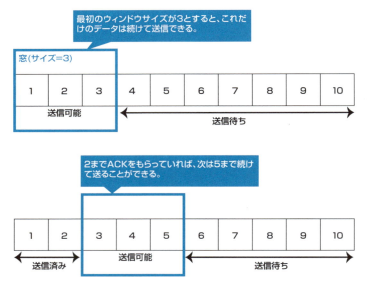

図7-16 スライディングウィンドウのイメージ

7-4-4 輻輳制御

輻輳は「ふくそう」と読みます。これはネットワーク上の交通渋滞を表す単語です。これは1Mbpsの回線に接続されたパソコンが10Mbpsでデータを送ってしまったり、あて先への経路途中にあるルーターの性能が劣っていたりなどして、スムーズにデータが転送されない状態です。

このようなネットワーク上の交通渋滞を避けるための仕組みがTCPでは用意されています。先ほどのウィンドウ制御の説明では、受信側から受け取ったウィンドウサイズをもとに、いきなり最大限のバイト数を送りました。しかし実際は**スロースタート**という方法を使って、一度に送信するTCPセグメントの数を徐々に増やしていきます **図7-17**。

最初は、1MSSから始めます。MSSとはTCPセグメントデータ部の最大サイズのことです。受信側のウィンドウサイズを16MSSとします。先ほどの例だとウィンドウサイズをバイト単位で説明しました。MSSもバイト単位で、例え

MSSは**7-4-2**（189ページ）を参照してください。

ば1MSSが1,000バイトだとすると、16MSSというのは16,000バイトということになります。

送信側では**輻輳ウィンドウ**(Congestion Window)という値を決めておきます。例では8MSSとしておきます。ウィンドウサイズ1MSSからTCPのデータ転送を始めて、この輻輳ウィンドウの半分の値(つまり例では4MSS)になるまで、次に送るデータのウィンドウサイズを2倍にします。1MSS、2MSS、4MSS、…という感じです。ここまでがスロースタートというフェーズ(過程)です。

これを過ぎると、今度は**輻輳回避**(Congestion Avoidance)というフェーズに入ります。このときは2倍ずつでなく、1MSSずつウィンドウサイズを増やしていきます。こうして徐々に増やしていくと、そのうち処理が追いつかなくなって、輻輳状態になることもあります。

送信側でACKを受信できずにタイムアウトしてしまった場合、輻輳が起きたと判断して、データ送信量を減らします。このあと、再度スロースタートを使って徐々にデータ送信量を増やしていきます。

> **参考**
> RFC 1323でウィンドウスケールオプションが定義されています。これを使うと、ウィンドウサイズの最大値を65,535バイトから1ギガバイトに拡張できます。

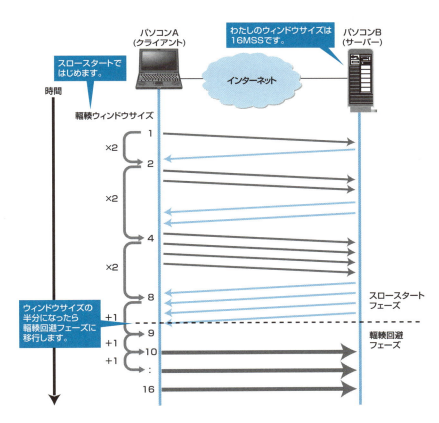

図7-17 スロースタートと輻輳回避

PART 7 TCP・UDPって何だろう？

確認問題

Q1 初期シーケンス番号にはどのような値が使われますか？

A1 シーケンス番号はアプリケーションデータの位置を示すものです。通信を行うとき最初に使うシーケンス番号を初期シーケンス番号と言います。この値は特に決められているわけではなく、ランダムな（適当な）値が使われます。毎回初期シーケンス番号を変えることで確実にデータを識別し、さらに他人にデータをのぞかれることを無くします。

Q2 シーケンス番号10000に対するACKの確認応答番号はいくつになりますか？

A2 10001です。ACKの確認応答番号は次に受信したいシーケンス番号になります。10000番まで受信できたことに対して、次に受信したい10001番を送信側に知らせるのです。

Q3 TCPでコネクションを確立するための手順を何と呼びますか？

A3 3ウェイハンドシェイクです。クライアントがSYNをサーバーに送り、サーバーはSYN＋ACKを返し、最後にクライアントがACKを返すという手順です。この処理によってサーバーはどのポート番号のどのアプリケーションを使用するか、準備を行います。

Q4 TCPコネクションが異常時に、強制的にコネクションを終了するときに使うフラグは何ですか？

A4 RSTです。正常終了時にはFINを使い、異常時にはRSTを使います。

Q5 TCPのフロー制御では、受信確認をメッセージ単位で行わずに、複数のメッセージを連続して送信します。この処理において、受信確認を待たずに送信できる最大メッセージ数を何と呼びますか？

A5 ウィンドウサイズです。問題文の処理のことをウィンドウ制御と呼びます。

7-5 リアルタイム通信に適したUDP

- ☑ UDPの役割を理解しよう
- ☑ UDPの特徴を学ぼう
- ☑ UDPヘッダーの形を知ろう

7-5-1 何もしないUDP

UDPはTCPのようにコネクションを確立したり、シーケンス番号を使ってデータの順番を制御したり、交通渋滞を回避するような仕組みをいっさい持っていません。

UDPを使う理由は、とにかく早く、手軽に、データが送受信できるためです。ただし、UDPは「やりっぱなし」のプロトコルなので、データが紛失していようが、順番が入れ替わっていようがおかまいなしです。そのため、上位層であるアプリケーション層、つまりパソコンに入っているアプリケーションなどでその処理を代わりに行ってあげる必要があります。

リアルタイム性を重視する

UDPは信頼性よりも、リアルタイム性が要求されるアプリケーションに向いています。TCP/IPには、ネットワーク管理用のプロトコルとしてSNMPがあります。SNMPは、ルーターなどのネットワーク機器が、障害通知やネットワーク利用状況など、管理者に知らせたい出来事を指定したサーバーにリアルタイムで送るためのプロトコルです。

このような用途では、とにかく早く知らせることを最優先とする必要があります。その目的に適したUDPを使う一方、途中でデータが紛失してしまうことも想定して、3回までは再送するなどのルールなど設けるなどしています。

またLINE通話やSkypeなどのインターネット電話や、ストリーミングのライブ映像などもリアルタイム性が要求されるため、TCPではなくUDPが使われています。もしデータの紛失や遅延があったとしても、音質が少し劣化したり、映像が一瞬乱れたりするくらいで、サービスに大きな影響を与えないと考えられているからです。

また、TCPはコネクションを利用するため、1対1の通信しか行えませんが、UDPはコネクションを利用しないため、1対多の通信が可能となり、先ほど例に出した音声通信や動画配信などの用途に適しています。

このような通信は、ブロードキャストやマルチキャストを使って行われます。

用語
UDP
(*User Datagram Protocol*)

用語
SNMP (*Simple Network Management Protocol*)

参考
近年の動画ストリーミングやリアルタイム性を重視するWebアプリケーションの普及に伴い、Web通信のパフォーマンス改善が求められるようになりした。そこでTCPより高速かつ効率的な、UDPベースのQUICや、それを利用するHTTP/3が登場しました。YouTubeの動画再生でもQUICが使われています。詳細は**9-2-4**(239ページ)を参照してください。

7-5-2 UDPではどんなデータが流れるのだろう？

UDPもTCPと同様、トランスポート層で動きます 図7-18 。

195

PART 7　TCP・UDPって何だろう？

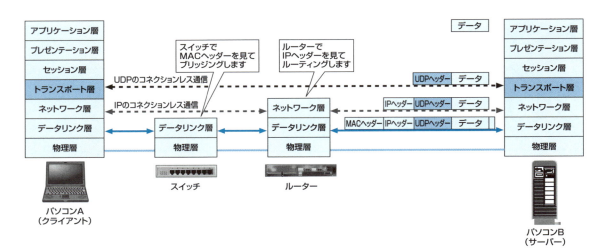

図7-18　UDPでのデータの流れ

　UDPもTCPと同様に、アプリケーション層から受け取ったアプリケーションデータをUDPヘッダーでカプセル化します。UDPヘッダーでカプセル化されたデータを**UDPデータグラム**と呼びます。

　UDPデータグラムはエンドシステム間をコネクションレスに流れます。途中でデータがなくなってしまってもUDPは再送処理など行いません。そのため、アプリケーション自身が再送処理などを必要に応じて行います。

　ネットワーク層では、UDPデータグラムをIPv4ヘッダーでカプセル化されたIPv4パケットの通信が行われます。このとき、IPv4ヘッダーのプロトコル番号フィールド🔗に17を設定します。これは上位層でUDPを使っている、という意味になります。IPv4パケットはパソコンやサーバーといったエンドシステムとルーターの間でやりとりされます。

　データリンク層ではTCPの場合と同様に、IPv4パケットをさらにMACヘッダー（イーサネットヘッダー）でカプセル化し、トレイラを付加したイーサネットフレームの通信が行われます。イーサネットフレームはエンドシステムとルーター、ルーターとスイッチ、スイッチとエンドシステムのそれぞれでやりとりされます。

　図7-19のように、UDPヘッダーは4つのフィールド（要素）しかありません。送信元ポート番号、あて先ポート番号、長さ、チェックサムです。

> **参考**
> IPv6ヘッダーでは、次ヘッダー（*Next Header*）フィールドに17を設定します。

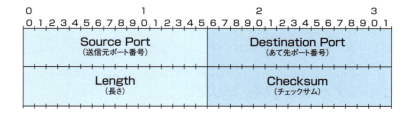

図7-19　UDPヘッダーの要素

チェックサム⚠は、データが正しく送信されたかをチェックするための値です。長さのフィールドには、オクテット✏（バイト）単位の長さが入ります。この長さは、ヘッダーとペイロードを合わせた長さになります。ヘッダーだけで8オクテットあるので、長さフィールドには最低でも8という数字になります。

UDPのデータ部分（ペイロード）には、アプリケーションデータが入ります。こうして見ると、UDPは単にIPv4パケットにポート番号情報を加えただけになります。

TCPのヘッダーと比べてみてください。TCPヘッダーは24 オクテットです。UDPヘッダーはこの3分の1です。シーケンス番号、ウィンドウ、制御ビットと、すべて無くなって最低限必要な情報だけです。

UDPの主なウェルノウンポート番号は 表7-03 の通りです。

> ⚠ 注意
>
> チェックサムは、TCPと同様にヘッダーとデータと疑似ヘッダーに対して計算されます。また、チェックサム機能を使わない場合は0を設定します。チェックサムが間違っているものを受信すると、そのデータグラムを廃棄します。再送制御は行われません。

> ✏ 参考
>
> オクテットとは8ビットのことです。TCPヘッダーは24オクテットなので192ビットとなります。

表7-03 主なUDPポート番号

ポート番号	説明	日本語
53	DNS (*Domain Name System*)	DNSサーバー
67	BOOTP/DHCP Server	BOOTPまたはDHCPサーバー
68	BOOTP/DHCP Client	BOOTPまたはDHCPクライアント
69	TFTP (*Trivial File Transfer Protocol*)	簡易ファイル転送プロトコル
161	SNMP (*Simple Network Management Protocol*)	簡易ネットワーク管理プロトコル
162	SNMPトラップ	SNMPのトラップ用
443	QUIC	UDPベースの高速Web通信
500	ISAKMP (*Internet Security Association and Key Management Protocol*)	IPsecの鍵管理
520	RIP (*Route Information Protocol*)	RIPルーティングプロトコル
1701	L2TP (*Layer 2 Tunneling Protocol*)	レイヤー2トンネリングプロトコル
1812	RADIUS (*Remote Authentication Dial-In User Service*)	RADIUS認証用

確認問題

Q1 UDPヘッダーは何バイトですか？

A1 図7-19 を確認するとわかりますが、8バイト（64ビット）です。TCPヘッダーは最低でも20バイトあります。

Q2 UDPヘッダーには送信元ポート番号、あて先ポート番号の他にどんなフィールドがありますか？

A2 長さフィールドとチェックサムフィールドです。

Let's Try! 練習問題

解答は別冊11ページ

Q1

TCPで緊急なデータを送信するときに使う制御ビットはどれですか？

❶ URG   ❷ ACK   ❸ PSH   ❹ RST

Q2

TCPヘッダーフィールドに設定される値がオクテット単位のものはどれですか？正しいものをすべて選んでください。

❶ シーケンス番号   ❷ データオフセット   ❸ ウィンドウ   ❹ チェックサム

Q3

TCPのフロー制御に関する記述のうち、適切なものはどれですか？

❶ OSI基本参照モデルのネットワーク層の機能である
❷ ウィンドウ制御はビット単位で行う
❸ 確認応答がない場合は再送処理によってデータ回復を行う
❹ データの順序番号をもたないので、データは受信した順番のままで処理する

Q4

クライアントとサーバー間で3ウェイハンドシェイクを使用し、次の順序でTCPセッションを確立するとき、サーバーから送信されたSYN/ACKパケットのシーケンス番号Aと確認応答番号Bの正しい組合せはどれですか？

順序	パケット	パケットからの送信方向	シーケンス番号	確認応答番号
1	SYN	クライアントからサーバー	11111	なし
2	SYN/ACK	サーバーからクライアント	A	B
3	ACK	クライアントからサーバー	11112	22223

❶ A－11111   B－22222   ❷ A－11112   B－22223
❸ A－22222   B－11112   ❹ A－22223   B－11111

PART 8

ルーティングって
何だろう？

インターネットの中で、データはどうやって目的地まで
たどり着くことができるのでしょう？
IPのもっとも重要な役割は、IPパケットを目的地まで正しく送り届ける
ことです。
このPartではIPパケットをインターネット内で中継する
ルーターの働きを中心に学習します。

8-1 データにも"道順"がある

8-2 道順を決めよう

8-3 道順を決めるのはルーター

8-4 ルーティングプロトコルを学ぼう

8-1 データにも"道順"がある

学習の概要
- ☑ ルートとは何か学ぼう
- ☑ ルーティングとはどういうことか理解しよう
- ☑ IPパケットの流れを知ろう

8-1-1 地下鉄で目的地まで移動するとき

　ルーティングの学習を始める前に、イメージしやすくなるようにここで地下鉄の路線探索を行ってみましょう。

　図8-01 は東京近郊の地下鉄路線図です。たくさんの路線と駅があって、それぞれの路線は乗換駅で接続されていることがわかります。

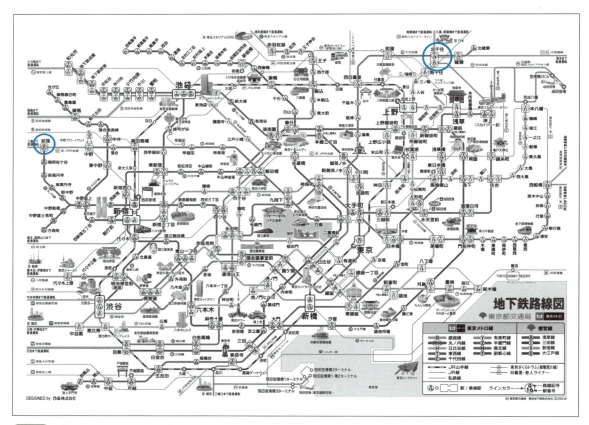

図8-01　東京近郊の地下鉄路線図（東京地下鉄株式会社ホームページから転載）

　この路線図の右上に北千住という駅があります。北千住駅は千代田線の駅です。ここから路線図中央左端にある丸ノ内線の荻窪という駅まで行きたいとします。

　東京メトロだけを使ってなるべく早く目的地に着きたいのですが、どのような経路が考えられるでしょうか。

- 千代田線で大手町まで行って、東西線に乗り換える
- 千代田線で大手町、霞ヶ関、国会議事堂前のいずれかの駅まで行って、丸ノ内線に乗り換える
- 日比谷線で茅場町まで行って、東西線に乗り換える
- 日比谷線で霞ヶ関まで行って、丸ノ内線に乗り換える

JRなどを使えば、さらに選択肢は増えるでしょう。東京に住んでいればそれほど難しいことではないかもしれませんが、初めて東京を訪れた人にとっては、複雑でわかりにくいため、このような路線図は重宝します。

また、地下鉄には上りと下りの2つの方向へ行くホームがあるので、ホームを間違えてしまうと目的地にたどりつけません。さらに別の路線に乗り換える際、階段が多かったり距離が離れていると、さらに余計に時間がかかってしまいます。

このようなことからも一番効率がよい経路を利用するには、いろいろな要素を気にしなければならないことがわかります。ネットワークの経路検索についてもこの地下鉄の例と同様に、データを正確に効率よく送信するための技術が使われているのです。

> **参考**
>
> 現在では、Yahoo!路線情報（https://transit.yahoo.co.jp/）や駅探（https://ekitan.com/）など、無料で使える便利なサービスが数多く提供されるので、路線図を直接見ることも少なくなりました。

8-1-2 ルートとルーティング

先ほどの例の北千住駅から荻窪駅のように、自分が今いる場所からある目的への道順のことを**経路**、または**ルート**と呼びます。

ルートは目的地までの道順

ルート（*Route*）には、道、通路、経路という意味があります。また、ルートセールス（巡回営業）や、病気の感染ルートなどの言葉でも使われています。同様にネットワークでデータを目的地まで送る場合、そのデータが通る道順もルートと呼びます。

ルーティングはルートに沿って送ってあげること

人やものをルートに沿って送ってあげることを**ルーティング**（*Routing*）と呼びます。ネットワークの世界では、ルーティングとはデータを送信元からあて先まで送り届けてあげることです。

また、送り届けるために必要となるルートを選択することもルーティングと呼びます。そして、インターネットの中でルーティングという作業を行っているのが**ルーター**（*Router*）です。

ルーターはデータの入ったIPパケットのあて先IPアドレスを見て、自分が持っているルーティング情報をもとに、次にどの方向へIPパケットを送り出すかを決めます。

PART 8　ルーティングって何だろう？

8-1-3　人間が地下鉄で移動する場合

　先に地下鉄で経路を探す例を紹介しました。地下鉄以外にもバスや電車、飛行機などいろいろな手段で目的地へ行くことができます。しかしどの場合でも、目的地までの経路がわかる路線図が無いと移動できません。路線図だけでなく、駅のホームや空港の搭乗ゲートの場所を知っておく必要があります。

　また、急いでいる場合は時刻表で時間を確認して、いちばん早く目的地にたどり着ける経路を探す必要があります。

　どこへ行くにも、自分から進んで情報収集を行って目的地までの経路を知っておくか、そうでなければ駅で駅員さんに聞いたりする必要があります。

8-1-4　インターネット上でパケットが移動する場合

　人間と違ってIPパケットは自分で行き先を決めることができません。そのため、経路途中のルーターが与えられた情報をもとにIPパケットを転送してあげる必要があります。ルーターはIPパケットを目的地に正しく届けるためにいろいろな情報を収集する必要があります。

　*Part 6*で、IPはネットワークを越えた通信だと説明しました。1つのネットワークだとMACアドレスを管理できなくなったり、ブロードキャストが頻繁にやりとりされてしまって大変なので、ネットワークを区切りました。その区切られたネットワーク間は、ルーターによって中継されます。

インターネットではそれぞれの"駅"がルーターになる ||||||||||||||||||||||||||||||||||

　地下鉄の例でいうと、それぞれの駅がルーターになります。東京23区内には、280を超える地下鉄の駅が存在します。そのため、東京23区内であれば、地下鉄の駅は比較的近い場所に存在しており、都合に合わせて移動できる交通手段として多くの人が利用しています。

　もし東京23区内に地下鉄の駅が10駅しかなかったら、どうなるでしょうか。東京23区の人口（2025年現在、約980万人）を考えると、大変なことになると想像できるでしょう。

　「ネットワークを区切る」とは、人間が地下鉄を利用する場合に駅を増設するようなものです。インターネットには、世界中にある無数のネットワークがつながっています。というより、無数のネットワークがつながったものがインターネットと呼ばれているのです。

　これを地下鉄の例に当てはめると、全世界に地下鉄網が張り巡らされていて、無数の駅があるようなイメージです。そのため、日本の自宅からアメリカにいる友達にメールを送ったり、ヨーロッパ旅行中に日本のWebサイトをチェックしたりすることがとても簡単にできるようになるのです。

8-1 | データにも"道順"がある

COLUMN | ルーティングと乗換案内の対比

TCP/IPネットワークの根幹をなす「ルーティング」という概念ですが、身近な存在である鉄道網を例にすると分かりやすく理解できます。例えば、駅や路線、時刻表といった要素は、ネットワークのルーターや回線、通信速度に対応し、目的地までの所要時間や運賃を計算するアルゴリズムは、ネットワークのルーティングプロトコルに相当します。 表8-A に示すような対比ができます。

表8-A 乗換案内とルーティングの対比

項目	鉄道網における乗換案内	ネットワークにおけるルーティング
対象と目的	乗客が目的地へ効率的に乗り換えられる経路を提供	目的のあて先へデータ（パケット）を効率的に届ける最適な経路の提供
経路決定の要素	駅、路線、時刻表、運賃、混雑状況	IPアドレス、トポロジー、回線速度、帯域幅
経路選択時に参照する情報	駅と経路、所要時間、運賃の対応表	IPアドレスと出力インターフェイスの対応表（ルーティングテーブル）
経路選択のルール	経路検索アルゴリズム、運行管理システム	RIP、OSPF、BGPなどのルーティングプロトコル
経路選択の基準（コスト）	所要時間、運賃、乗換回数、混雑度	ホップ数、遅延時間、帯域幅、信頼性
状況変化への対応	遅延や事故発生時、経路を再検索	ネットワーク状況変化に応じて動的に経路変更

確認問題

Q1 ネットワークの世界でルートとはどういう意味ですか？

A1 送信元からあて先まで、データが通る道順という意味です。

Q2 ネットワークの世界でルーティングとはどういう意味ですか？

A2 データを送信するためのルートを選択し、そのルートに沿ってデータを送り届けることです。

Q3 ルーターによって転送制御されるのは次のうちどれですか？
❶ イーサネットフレーム
❷ IPパケット
❸ TCPセグメント
❹ アプリケーションデータ

A3 ルーターによって転送制御されるのは❷のIPパケットです。ルーターはネットワーク層の処理を行い、IPパケット内のIPヘッダーを見て経路制御を行います。

8-2 道順を決めよう

学習の概要
- ☑ ルーティングテーブルの役割を理解しよう
- ☑ ルーティングテーブルの要素を知ろう
- ☑ デフォルトルートを理解しよう

8-2-1 ルーティングテーブルとは？

8-1の地下鉄の例では、路線図を見ながら北千住駅から荻窪駅まで行くルートを決めました。それと同じように、ドライブであれば道路地図、JRに乗るのであればJRの路線図というように、人間は自分の知らない場所へ行くときに地図を参照します。地図を見ながら、目的地へ行くにはこの交差点を右に曲がろうとか、この駅で新幹線に乗り換えよう、などを判断しています。

ではインターネットの世界においては、ルーターは何を見てルートを判断するのでしょうか？

> **参考**
> 最近ではドライブの場合はカーナビ、JRの場合は路線検索が一般的になっていますが、ネットワークを理解する上での例えということをご理解ください。

ルーティングテーブルの仕組み

この判断に使われるものを**ルーティングテーブル**（Routing Table）と呼びます。ここでのテーブルは机ではなく表のことです。ルーティングテーブルは経路表と訳すことができます。

ルーターは入ってきたパケットのあて先を見て、あて先ネットワークへ行くにはどの**ポート**から出せばいいのかをルーティングテーブルで判断します。

図8-02のように、ルーターはあて先に対する出力先ポートの一覧をルーティングテーブルという形で持ちます。

> **注意**
> ルーターのポートとは、ケーブルを接続するインターフェイスと同じものを指します。TCPやUDPのポートとは異なるので、注意しましょう。

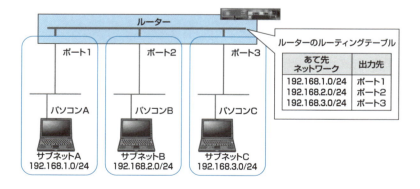

図8-02 ルーターの持つルーティングテーブル

ルーターは駅員さんの役割をする

先ほどの地下鉄の例で考えてみましょう。大手町駅は千代田線、丸ノ内線、東西線、半蔵門線、三田線という5つの路線の乗り継ぎができます。

204

北千住駅から荻窪駅を目指している小学生が、途中の大手町駅で駅員さんに「地下鉄で荻窪駅に行きたいのですが」と聞いたとします。駅員さんは、「それなら東西線に乗り継ぐといいね。東西線の4番ホーム、中野方面乗り場へ行ってね。」と行き先を教えてくれます。

　ルーターはこの駅員さんと同じ役割を行っています。つまり、駅員さんの頭の中には大手町駅を経由する路線図が入っているように、ルーターもルーティングテーブルを持っているのです 図8-03 。

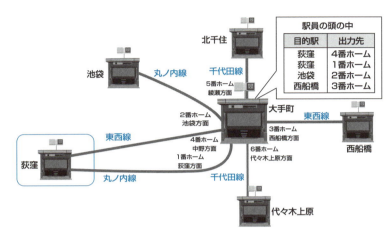

図8-03　大手町の構造と駅員の頭にあるルーティングテーブル

8-2-2　ルーティングテーブルの要素

　図8-02 では簡単にあて先ネットワークと出力先のテーブルで説明しました。実際には、ルーティングテーブルは次の5つの要素を持ちます。

> ① あて先IPアドレス (Destination Address)
> ② サブネットマスク (Subnet Mask または Network Mask)
> ③ ゲートウェイ (Gateway)
> ④ インターフェイス (Interface)
> ⑤ メトリック (Metric)

　この5つの要素をひとまとめにしたものを**エントリ**、または**ルーティングエントリ**と呼びます。

　あるあて先アドレスを持ったIPパケットがルーターやパソコンに到着したとします。このときルーターやパソコンは、あて先IPアドレスとサブネットマスクを使って、あて先ネットワークを判断します。

ゲートウェイは次のパケット受け取り先

　そのパケットを次にどこへ渡せばよいかという情報を**ゲートウェイ** (Gateway) と呼びます。ちなみにここでのゲートウェイとは、第4層までを処理する機器

参照

機器としてのゲートウェイについては、**3-4-4**(73ページ)を参照してください。

PART 8 ルーティングって何だろう？

ではありません。

　ネットワークにおけるデータの流れを、火災訓練でのバケツリレーで考えてみましょう。バケツをIPパケットとすると、バケツをリレーする人がルーター、最後に水を火元にかける人があて先となるパソコンに相当します。

　ルーターは、バケツリレーの人のように、パケットを次にリレー（転送）します。このリレーする人の数をホップ（hop）と呼びます。水を汲む人と消火する人の間に3人いる場合、3ホップで消火できることになります 図8-04 。

　そしてこのとき、次に渡す人がゲートウェイになります。ゲートウェイは次のホップの場所となるので、**ネクストホップ**（Next Hop）とも呼ばれます。

　また、インターフェイスとは、ゲートウェイにたどり着くために自分のどのポートから出せばよいかという情報です 図8-05 。

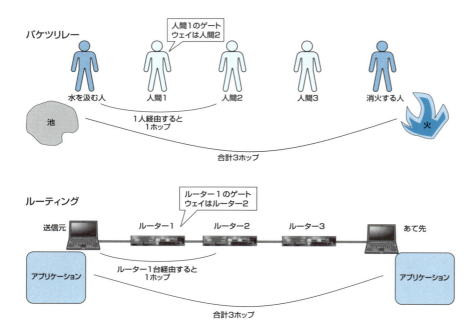

図8-04　次にバケツを渡す人がゲートウェイ

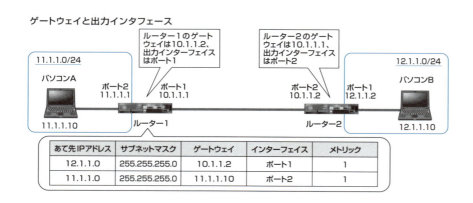

図8-05　ルーティングテーブル要素の具体例

メトリックって何だろう？

最後に**メトリック**について説明します。

これはどの経路を使うべきかを表す優先度のことです。ある場所から同じ目的地へ複数のインターフェイスから到達できる場合があります。このとき、どちらのインターフェイスを使ってパケットを送出するかを決めるための優先度になります。

メトリックは小さいほど優先されます。通常、回線速度を比較して速い方や、あて先まで経由するネットワークの数が少ない方がメトリックは小さくなります。

図8-06において、パソコンCからパソコンBへパケットを送る際に、ルーター3からルーター2を通るパターンと、ルーター3からルーター1を経由してルーター2を通るパターンの2つのルートがあります。

> **参考**
> 8-1（200ページ）での地下鉄の例で北千住から荻窪に行く場合に、いくつかの経路があったのを思い浮かべるとわかりやすいでしょう。

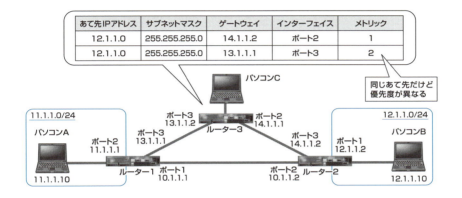

図8-06　メトリックの具体例

この場合、ルーター1を経由する方が遠回りなので、メトリックを2にして優先度を下げます。こうすると、ルーター3はポート2だけをルーティングに使うことになります。ただし、ルーター3のポート2につながっているケーブルが抜けたりするなど障害が発生した場合は、ポート3の方を使うようになります。

地下鉄の例で考えてみよう

地下鉄の例で考えてみましょう　図8-07。

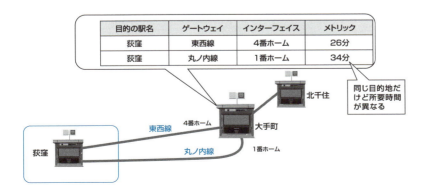

図8-07　地下鉄のメトリックの例

あて先IPアドレスとサブネットマスクは目的地の駅名になります。ゲートウェイが次に乗るべき路線の名前、インターフェイスがホームの番号、メトリックが目的地までの所要時間とすることができます。

8-2-3　道順がわからないときは？

ルーターやパソコンに複数のネットワークインターフェイスがあって、受信したパケットのあて先がネットワークテーブル上のどのエントリのものでもない場合、あて先不明ということで受信したパケットを捨ててしまいます。

ただし、**デフォルトゲートウェイ**が設定されている場合は、このようなパケットを無条件にそちらへ転送します。デフォルトゲートウェイを通るルートを**デフォルトルート**と呼びます。

デフォルトルートはIPアドレス0.0.0.0、サブネットマスク0.0.0.0で示されます。CIDR方式で表記すると0.0.0.0/0となります。ルーターやパソコンは、パケットを受信すると、そのあて先ネットワークがルーティングテーブルのエントリと一致しないかを検索していきます。この検索の結果、あて先ネットワークが見つからない場合は、0.0.0.0/0が適用されます。

例えば、図8-08ではサブネットC（192.168.3.0）へのルーティングエントリが設定されていません。しかし、デフォルトゲートウェイとしてポート3が設定されています。

> **参照**
> CIDR方式の表記については**6-2-4**（151ページ）を参照してください。

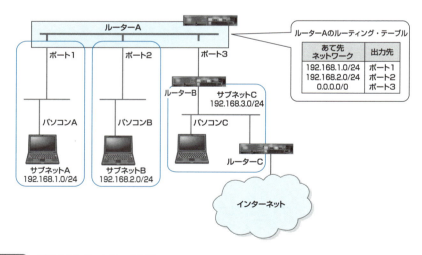

図8-08　デフォルトゲートウェイの例

このとき、パソコンAからパソコンCへのパケットが送られると、ルーターは192.168.3.0/24というネットワークへはどのポートから出せばよいか、ルーティングテーブルを検索します。検索しても192.168.3.0/24のエントリがないので、0.0.0.0/0というエントリが適用されて、ポート3から出て行きます。

さらにポート3からは、ルーターBとルーターCを経由することでインターネットへも接続できます。

ルーターAに0.0.0.0/0というエントリを設定してあげるだけで、サブネットAとサブネットB以外のどのあて先へのパケットもポート3から出してくれるので、インターネットへもアクセスできるようになります。

デフォルトゲートウェイを地下鉄で考えると

デフォルトゲートウェイを地下鉄の例に当てはめてみましょう 図8-09 。

北千住駅からおばあちゃんの家がある名古屋駅へ旅行しようとしている小学生が、千代田線に乗って大手町駅までやってきました。そこで駅員さんに、「名古屋駅へ行きたいんですが」と尋ねました。

名古屋駅には東京の地下鉄だけでは行くことができません。そこでデフォルトゲートウェイとして、大手町から徒歩で行ける東京駅を設定します。駅員さんは、「名古屋駅は地下鉄では行けないから、東京駅へ徒歩で移動して、そこの駅員さんに聞いてね」と東京駅へ誘導します。

このようにデフォルトゲートウェイを設定することによって、より広い範囲へのアクセスが可能になるわけです。

> **ポイント**
> デフォルトゲートウェイは、ルーターに直結しているネットワークである必要があります。ゲートウェイとは次のパケット受け取り先になるので、2つ以上先のネットワークを指定できません。地下鉄の例であれば、大手町駅は実際に東京駅への乗換口があるのでデフォルトゲートウェイの例になります。しかし、大手町に乗換口のない新宿駅や名古屋駅をデフォルトゲートウェイとすることはできません。

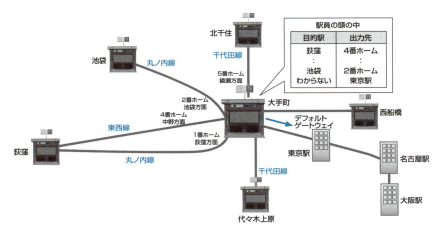

図8-09 地下鉄の駅に存在しない目的地へは、デフォルトゲートウェイである東京駅に送る

確認問題

Q1 ルーティングテーブルが持つ5つの要素は何ですか?

A1 あて先IPアドレス、サブネットマスク、ゲートウェイ、インターフェイス、メトリックです。これは最低限必要な要素です。ルーターの場合、ルーティングプロトコルとその優先順、ルートの送信元IPアドレスなどもルーティングテーブルに入ったりします。

Q2 デフォルトゲートウェイとはどういうものですか?

A2 受信したIPパケットのあて先がルーティングテーブルにない場合、無条件に送信されるゲートウェイです。デフォルトゲートウェイを通るルートをデフォルトルートと呼びます。

8-3 道順を決めるのはルーター

学習の概要
- ☑ スタティックルーティングとは何かを理解しよう
- ☑ ダイナミックルーティングとは何かを理解しよう
- ☑ スタティックルートとダイナミックルートの違いを知ろう

8-3-1　ルーターの役割

　ルーターのいちばん重要な仕事は、自分が受け取ったIPパケットを次の受け取り先まで正しく転送してあげることです。これまで見てきたように、ルーターはIPパケットのIPヘッダーに書かれたあて先IPアドレスを見てネクストホップまで転送するものでした。

　どうやってネクストホップを決めるのかというと、ルーティングテーブルのエントリを検索して、転送したいIPパケットのあて先IPアドレスに一致した場合、そのエントリに示されたゲートウェイをネクストホップとする、という方法でした。

　ということは、ルーティングテーブルのエントリが正しい情報でない場合、正しくIPパケットを転送できません。しかし、ルーターは最初は何も情報を持っておらず、何らかの方法でルーティングテーブルを作成して、それをメモリという記憶領域に記録しておく必要があります。

　ルーターはどのようにルーティングテーブルをメモリに記録し、正しい情報を保つのでしょうか？

8-3-2　ルーティングテーブルはどう作られる？

　図8-10 をご覧ください。ルーターAは3つのインターフェイスを持っています。

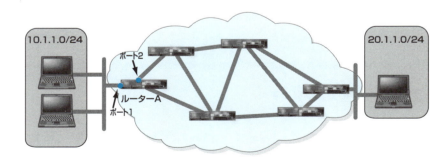

図8-10　20.1.1.0/24へはどうやって行けばよい？

　10.1.1.0/24というネットワークに関しては、ルーターAは直接接続しているので、例えば、10.1.1.2というあて先アドレスを持ったパケットが来た場合、ポート1へ送ってあげることができます。

　では、ルーターAが右端の20.1.1.0/24という直接接続されていないネットワー

クへの行き方をどのように知るのでしょうか？それには2つ方法があります。

1つ目は、管理者がルーターに「20.1.1.0/24へパケットを届けるには、ポート2を使いなさい」と設定してあげることです。

2つ目は、ルーティングプロトコルという処理をルーターに動作させて、自動的に20.1.1.0/24への行き方を学習させることです。

8-3-3　スタティックルーティングとは？

ネットワーク管理者があるあて先アドレスを持つIPパケットに対して、どのインターフェイスから出て行けばよいかをルーターに設定します。つまり、ルーティングテーブルのエントリを管理者が作成してあげるのです。このときに作成される経路を**スタティックルート**（Static Route）と呼びます。また、スタティックルートを使うルーティングを**スタティックルーティング**（Static Routing）と呼びます。

> **参考**
> スタティックルーティングは「静的ルーティング」とも呼ばれます。

スタティックルートの実際

図8-11のネットワーク図でスタティックルートについて考えてみましょう。

ルーターAでは、ゲートウェイとして20.1.1.2を指定します。これはルーターAと接続されたルーターBにあるポート2のIPアドレスです。ゲートウェイのIPアドレスには、自身のインターフェイスのIPアドレスではなく、1つ先のアドレスを設定します。

> **参考**
> 図8-11のルーティングテーブルにあるconnectedという表示は、対象となるネットワークがルーターのインターフェイスに直接つながっている（直結している）ことを示します。

ルーターAのルーティングテーブル

あて先IPアドレス	あて先マスク	ゲートウェイ	インターフェイス	メトリック
10.1.1.0	255.255.255.0	20.1.1.2	ポート2	1
192.168.1.0	255.255.255.0	connected	ポート1	1

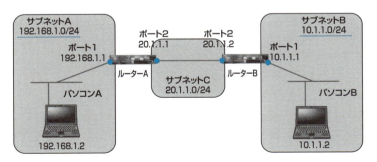

ルーターBのルーティングテーブル

あて先IPアドレス	あて先マスク	ゲートウェイ	インターフェイス	メトリック
192.168.1.0	255.255.255.0	20.1.1.1	ポート2	1
10.1.1.0	255.255.255.0	connected	ポート1	1

図8-11　スタティックルーティングの例

また、ゲートウェイを正しく設定しておくと、自動的にどのインターフェイスからパケットを送出するかが決まります。

さらに、ゲートウェイのIPアドレスを設定しないで、自身のどのインターフェイスからパケットを出せばよいかを設定する方法もあります。ルーターAの場合は20.1.1.2と設定せずに、「10.1.1.0/24へ行くにはポート2から出しなさい」という設定になります。

以上のように、スタティックルート設定時は次の2通りのやり方があります。

> ① ゲートウェイ、つまりルーターが知っている経路上の次のアドレスを設定する
> ② どのインターフェイスから送出するかを設定する

ちなみに 図8-11 ではルーターAのデフォルトルートとして192.168.1.2、つまりパソコンAを指定しています。そのためデフォルトゲートウェイがポート1になっています。ルーターAに10.1.1.0/24以外のあて先のパケットが来たときは、このデフォルトゲートウェイから出すことになります。

参考
この例では、デフォルトルートはルーターに直結、つまりゲートウェイが"connected"であるものが選ばれるためです。

8-3-4 ダイナミックルーティングとは？

先ほど説明したように、ルーターに経路情報を設定していけば、人間が思うままにルーティングを行わせることができます。ルーターの数が少なく、ルーティングを考慮すべきネットワーク数が少なければ、それでも問題ありません。

しかし、ネットワークの構成が変わると、その都度人間が経路情報の設定を変えてあげなければ、正しいルーティングが行えなくなってしまいます。

ダイナミックルーティングとダイナミックルート

ルーティングの対象となるネットワーク数が多くなると、手動で設定するスタティックルーティングでは限界があるため、ルーターに自動的に経路情報を作らせてしまう方法ができました。この方法を使ったルーティングを**ダイナミックルーティング**（Dynamic Routing）と呼びます。また、ダイナミックルーティングで使う経路を**ダイナミックルート**（Dynamic Route）と呼びます。

ダイナミックルーティングを行わせるには、管理者がルーターにルーティングプロトコルを動作させる必要があります。

ダイナミックルーティングを行うと、新しいルーターをネットワーク内に設置するときはもちろん、障害が起きてルーターとルーターの間の回線（リンク）が切断されてしまった場合でも、自動的に迂回経路（**バックアップルート**）を見つけて通信を継続できるという利点もあります。

参考
ダイナミックルーティングは「動的ルーティング」とも呼ばれます。

参照
ルーティングプロトコルについては**8-4**（214ページ）を参照してください。

8-3 | 道順を決めるのはルーター

確認問題

Q1 ルーティングの種類について、正しいものはどれですか？ 正しいものをすべて選んでください。

❶ スタティックルーティングでは管理者が設定するルートを使う
❷ スタティックルーティングではルーティングプロトコルが使われる
❸ ダイナミックルーティングでは管理者が設定するルートを使う
❹ ダイナミックルーティングではルーティングプロトコルが使われる

A1 ❶と❹が正しいです。ネットワークの構成が変化すると、スタティックルーティングでは管理者がルーターの設定を変更してやる必要があります。ダイナミックルーティングの場合はルーティングプロトコルによって自動的に更新されます。

Q2 192.168.1.1/24のネットワークへ10.1.1.1というゲートウェイを使ったスタティックルートを設定するのに、あるルーターでは"set static_route 192.168.1.1 255.255.255.0 10.1.1.1"というコマンドを使います。このルーターに対して20.2.2.2をデフォルトゲートウェイとする設定をするには、どのようなコマンドを使えばよいですか？

A2 "set static_route 0.0.0.0 0.0.0.0 20.2.2.2"となります。あて先IPアドレスが0.0.0.0、サブネットマスクが0.0.0.0になります。デフォルトルートもスタティックルートの1つとして扱うことができます。

Q3 あらかじめネットワーク管理者によってネットワーク内の各ルーターに手動で設定された経路情報を使うルーティングを何と呼びますか？

A3 スタティックルーティングです。静的ルーティングや静的経路制御とも呼ばれます。

Q4 ルーター同士で経路情報を交換し合うことで自動的に形成されたルーティングテーブルを使うルーティングを何と呼びますか？

A4 ダイナミックルーティングです。動的ルーティングや動的経路制御とも呼ばれます。ダイナミックルーティングではルーティングプロトコルが使われます。

8
ルーティングって何だろう？

8-4 ルーティングプロトコルを学ぼう

学習の概要
- ☑ ルーティングプロトコルとは何かを学ぼう
- ☑ ディスタンスベクタ型のルーティング方法を理解しよう
- ☑ リンクステート型のルーティング方法を理解しよう

8-4-1 ルーティングプロトコルとは？

　ルーティングプロトコルは、ルーティングさせる範囲内にあるすべてのルーターで動作させます。すると各ルーターが自分の持っている情報を出して、他のルーターからの情報を受け取って解釈し、ルーティングエントリを作っていきます。

　ルーティングプロトコルとは情報伝達のための手段、つまり言語のようなものです。ネットワーク内に存在する、同じプロトコルが理解できるルーター間で、ルーティング情報の送信方法、ルーティング情報を送信するタイミング、更新情報の送信方法、更新情報を誰が見つけるか、などについて話し合います 図8-12 。

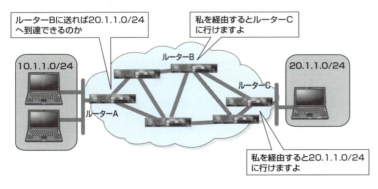

図8-12　ルーティングプロトコルを使ってルーター同士が話し合う

　8-4-2で説明しますが、ルーティングプロトコルはネットワークの規模に応じていくつか種類があります。異なるプロトコルを話すルーターがネットワーク内にいる場合、それらルーター間ではルーティング情報のやりとりをすることができません。

　通常、同じ方針で管理されるネットワーク内にあるルーターはすべて同じルーティングプロトコルを使います。同じ方針で管理されているネットワークのことを、**自律システム**（**AS**、*Autonomous System*）と呼びます。

　自律システムとは具体的には、1つの大学が運営するネットワークやNTTなど1つの通信事業者（キャリアと呼びます）、規模の大きいプロバイダーが所有するネットワークといったものになります。

> 参照
> 自律システム（AS）については、215ページのコラムを参照してください。

COLUMN | AS番号

AS番号（自律システム番号）は1～65535の16ビットの数です。

AS番号は、IANA（インターネットアドレス管理機構）によって割り当てられます。IANA (Internet Assigned Numbers Authority) は、南カリフォルニア大学情報科学研究所（ISIのジョン・ポステル (Jon Postel) 教授が中心となって始めたプロジェクトグループです。

IANAではドメイン名、IPアドレス、プロトコル番号など、インターネット資源のグローバルな管理を行っていましたが、現在はICANN（ドメインネームとIPアドレスの割り当てに関するインターネット法人）という非営利団体の1機能となっています。

AS番号は実際には地域ごとに3つの割り当てや管理を行う担当機関があります。

- ARIN　　：米国、カリブ海地域、アフリカ諸国
- RIPE NCC：ヨーロッパ諸国
- APNIC　 ：アジア太平洋地域

AS番号はBGPなどのEGPを使用する場合に限って必要になります。そのため、この番号を取得するのは大学やNTT、KDDIといった大規模ネットワークを持つ通信事業者になります。
また、64512～65535のAS番号はプライベートAS番号とも呼ばれ、プライベートIPアドレスと同じように、インターネットに接続しないネットワークで使用できるよう予約されています。

RFC 1930にAS番号の使用に関するガイドラインが規定されています。

IANAのURL
http://www.iana.org/

用語
ISI (*Information Sciences Institute*)
ICANN (*Internet Corporation for Assigned Names and Numbers*)
ARIN (*American Registry for Internet Numbers*)
RIPE NCC (*Resource IP Europeens Network Coordination Center*)
APNIC (*Asia Pacific Network Information Center*)

8-4-2 ルーティングプロトコルの種類

ルーティングプロトコルを大別すると、自律システム間で動作する **EGP** と自律システムの内部で動作する **IGP** があります 図8-13。

用語
EGP (*Exterior Gateway Protocol*)
IGP (*Interior Gateway Protocol*)

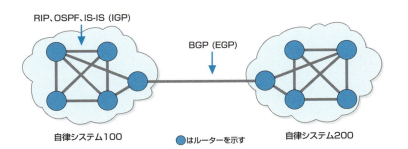

図8-13 IGPとEGPの使われる範囲

EGPの種類

EGPには **BGP** というプロトコルが使われます。このプロトコルは自律システムという巨大なネットワークを世界規模で結ぶものですから、ここでは名前だけ覚えておきましょう。

用語
BGP (*Border Gateway Protocol*)

BGPはRFC 1771で規定されており、現在バージョン4が使われています。

IGPの種類

IGPは小規模なネットワークから使えます。IGPの例として、RIP、OSPF、IS-IS、IGRP、EIGRPなどがあります 表8-01 。このうち、RIPとOSPFがよく使われます。RIPもOSPFもRFC標準のプロトコルで、RIPは小規模、OSPFは広域なネットワークに対応します。

用語

RIP (*Routing Information Protocol*)
OSPF (*Open Shortest Path First*)
IS-IS (*Intermediate System-to-Intermediate System*)
IGRP (*Interior Gateway Routing Protocol*)
EIGRP (*Enhanced Interior Gateway Routing Protocol*)

表8-01 主なIGPルーティングプロトコル

プロトコル名	規格	型	規模
RIP	RFC 1058	ディスタンスベクタ	小規模
RIPバージョン2	RFC 2453	ディスタンスベクタ	小規模
OSPF	RFC 2328	リンクステート	大規模
IS-IS	ISO 10589	リンクステート	大規模
IGRP	Cisco Systems独自	ディスタンスベクタ	小規模
EIGRP	Cisco Systems独自	ハイブリッド	大規模

IGPの型

IGPのプロトコルは、ルーティング情報交換の方式によって**ディスタンスベクタ型**、**リンクステート型**、**ハイブリッド型**の3つに分類できます。

ディスタンスベクタ型のルーティングプロトコルにはRIPやIGRPがあります。このプロトコルは距離（ディスタンス、*Distance*）と方向（ベクタ、*Vector*）だけを意識してルーティングを行います。方向とはどのインターフェイスから出せばよいかということであり、距離は**ホップ数**のことです。あて先まで一番ホップ数（距離）が少ないルートを選びます。

リンクステート型のルーティングプロトコルにはOSPFやIS-ISがあります。このプロトコルはネットワーク全体の地図を作成して、その地図を見ながらルーティングを行います。ディスタンスベクタ型の場合、個々のルーターは別々の情報を持ちますが、リンクステート型の場合、すべてのルーターが同じネットワーク地図をもつイメージになります。

ハイブリッド型はディスタンスベクタとリンクステートを合わせたもので、このプロトコルにはEIGRPがあります。

8-4-3 ディスタンスベクタ型でのルーティング

ディスタンスベクタ(*Distance-Vector*)**型**のルーティングプロトコルとして代表的なものに **RIP** があります。

ディスタンスベクタ型のルーティングでは、各ルーターが隣り合うルーターからルーティングテーブルを受信します。

図8-14 では、ルーター2がルーター1から情報を受け取ります。ルーター2は、ホップ数を加算して、**メトリック値**(ディスタンスベクタ)を増やします。メトリックは先ほどルーティングテーブルに必要な要素として紹介したものです。ルーター2は、ルーティングテーブルをもう一方の隣接ルーターであるルーター3に渡します。

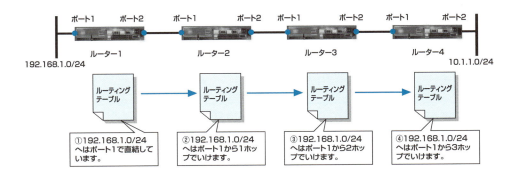

図8-14 ディスタンスベクタ型ルーティングの概要

このようなルーティングテーブルのやりとりを隣り合うルーター間で行い、情報をためていきます。たまった情報をもとに、最適な経路を選択します。最適な経路とはメトリック値が一番小さいものです。

では、どのようにルーティングテーブルができていくか、具体的に見てみましょう。

それぞれのルーターは、自分のポートが所属しているネットワークの情報は初めから持っています。ルーティングプロトコルを動作させる前に、管理者がポートのIPアドレスを設定するからです(図8-15 の①)。

次に、隣のルーターから自分と直接接続していないポートの情報をもらいます。ルーター1の場合、ルーター2のポート2とは直接つながっていないのですが、ルーター2は最初からポート2の情報を持っているので、すぐにルーター1へ教えてあげることができます。この段階で、ホップ数1で到達できるルーティングエントリが収集できます(図8-15 の②)。

さらに次の段階で、ホップ数2で到達できるルーティングエントリが収集できます。図では3つしかルーターがつながっていないので、ホップ数2のエントリで収集が終了します。もっと多くのルーターがつながっていると、その分情報収集が続いていくのです。

図8-15 の③のように、すべての経路情報がネットワーク上のルーターに行き渡ったとき、ネットワークが「**収束した**」といいます。

参考
「収束」のことを英語でコンバージェンス(*Convergence*)と呼びます。

PART 8　ルーティングって何だろう？

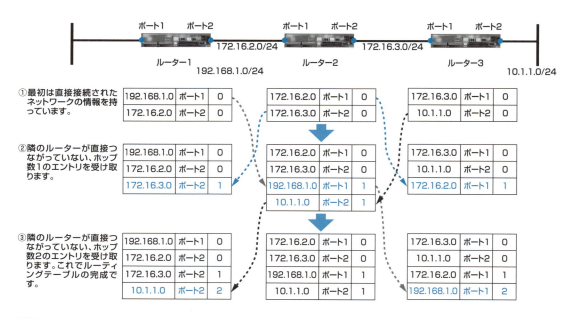

図8-15　ディスタンスベクタ型のルーティング情報収束までの流れ

8-4-4　ディスタンスベクタ型の問題とその対策

　ディスタンスベクタ型のルーティングプロトコルでは、ネットワーク全体が見渡せず、隣り合うルーターからの情報を信じるしかありません。そのため、**ルーティングループ**（Routing Loop）という問題が発生してしまいます。

ルーティングループとその解消法

　ルーティングループ発生までの過程を見てみましょう。
　すでに収束したネットワークの一部が通信できなくなった場合、そのエントリを使ってもあて先に到達できません。図8-16 ①のように、ルーター1はポート1につながるネットワークへ到達できなくなると、ルーター1は自分の持つ192.168.1.0へのエントリを使えないものと判断します。
　しかし、ルーター2とルーター3は192.168.1.0というエントリを持っています。そのため、ルーター1は定期的に送られる隣のルーターからのルーティング情報の中から192.168.1.0のエントリを見つけ、「ルーター2を経由すれば192.168.1.0へ行けるのか」と判断し、自身のルーティングテーブルに設定してしまいます。
　ルーター1は新しいエントリを設定したため、「自分の情報が変わりましたよ」と隣のルーターにアップデートを伝えます。するとルーター2はこのアップデートを受け取り、ルーティングテーブルを書き換えると同時にそのアップデートを隣のルーターに伝えます。
　こうなると、パケットが通過するたびに間違った情報が行き渡り、永遠にテーブル更新を続けます。これがルーティングループです。
　ディスタンス型のルーティングプロトコルでは、隣り合うルーターに対して定

期的にルーティング情報を送ります。RIPの場合、30秒置きとなります。そのため、経路が使えなくなったとしても、30秒経たないとその情報が隣のルーターまで伝わって来ないのです。

ルーティングループが起きないようにするには、どうしたらよいのでしょうか？

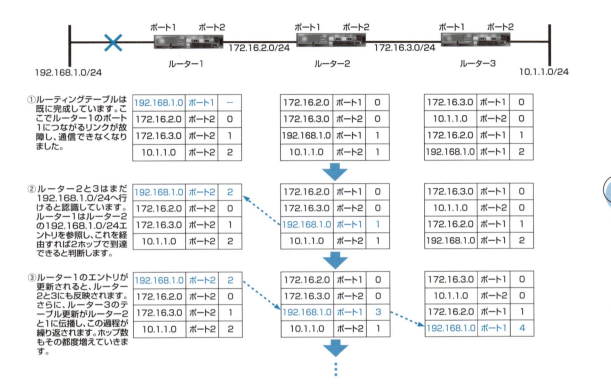

図8-16 ルーティングループ発生の流れ

スプリットホライズン

ルーティングループを回避する方法として、**スプリットホライズン**（Split Horizon）があります。これは、経路情報を教えてくれたインターフェイスには、同じ情報を流さないようにする、というものです 図8-17 。

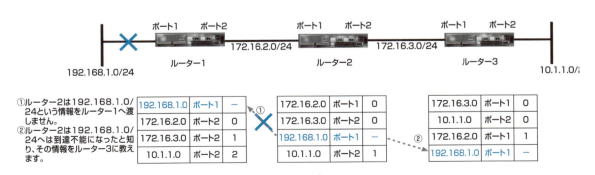

図8-17 スプリットホライズンの仕組み

PART 8　ルーティングって何だろう？

　先ほどの例の場合、ルーター2は192.168.1.0/24という経路をもともとポート1経由でルーター1から教えてもらっていました。そのため、ルーター2は192.168.1.0/24という経路情報をポート1へは流さないようにします。こうなると、ルーター2は192.168.1.0/24へは到達できないと判断して、自らのルーティングテーブルからこのエントリを削除します。

　この機能は、余計な情報を渡さないということで、より早くルーティング情報を行き渡らせることができます。つまり、より早く「収束」させることができるのです。

ポイズンリバース

　ポイズンリバース（*Poison Reverse*）は**ルートポイズニング**（*Route Poisoning*）という機能で使われ、経路情報の更新がうまくいかなかったときに発生するルーティングループを回避させます。

　ルートポイズニングは通信できなくなったエントリに対して、無限のメトリックを設定します。

　RIPの場合、16という値が無限に相当します。というのも、RIPでは15ホップまでしかルーティングしない、という決まりがあるからです。

　図8-18 ではルーター1がルートポイズニングを行い、この更新情報をルーター2が受信します。ルーター2はポイズンリバースをルーター1に送り、メトリックが無限になったエントリを無効にします。

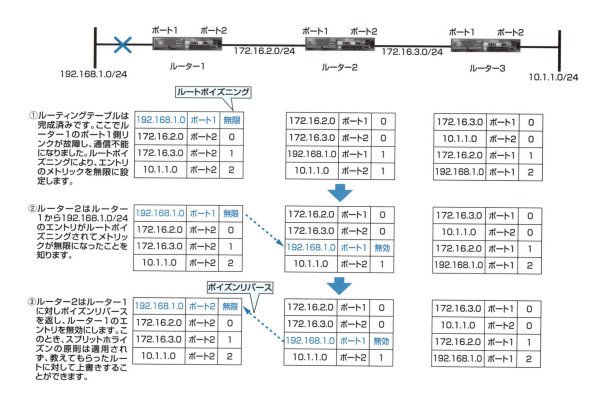

図8-18　ポイズンリバースの流れ

先ほどスプリットホライズンで経路情報を教えてもらったルーターへは同じ経路情報を伝えない、と説明しましたが、ポイズンリバースは例外で、スプリットホライズンより優先されます。

トリガードアップデート

ルーティングループは、ルーターが使えなくなった経路情報をそのまま持ちつづけてしまい、それを他のルーターに伝えてしまいます。そこで、経路が使えなくなったと判断したルーターがそのことを他のルーターにすぐ教えてあげればよい、ということで**トリガードアップデート**（Triggered Update）という機能が用意されています。

トリガードアップデートは、自分の持っている経路情報に変更が生じた場合は、次の定期更新を待たずに更新情報を送ります。

ホールドダウンタイマー

ホールドダウンタイマーは、経路情報に変化が生じたとき、すぐにその変化を反映させないで、しばらく待っておこうというものです。例えば、192.168.1.0/24 のルートが使えなくなったというアップデート（更新情報）が来たとします。このとき、ルーターはホールドダウンタイマーを開始します。

ホールドダウンタイマーが作動している間は、このエントリはルーティングに使えません。ホールドダウンタイマー作動中に、他のルーターからこのルートに対して現在の値より悪い（ホップ数の大きい）メトリック値の経路が来た場合、ルーティングループする可能性があるのでこの経路は無視します。

逆に現在値よりよい（ホップ数の小さい）メトリック値の経路が来た場合、ルーターはこれを信じてルーティングエントリをアップデートするとともに、ホールドダウンタイマーを解除します。

8-4-5 リンクステート型でのルーティング

リンクステート（link-state）型のルーティングプロトコルとして代表的なものにOSPFがあります。リンクステート型のルーティングでは、**SPF** （最短パス優先）というアルゴリズム（計算方法）を使って、ルーティングテーブルを作り出します。SPFアルゴリズムは、**リンクステートアルゴリズム**、発明者の名前を取って**ダイクストラのアルゴリズム** とも呼ばれます。

ディスタンスベクタ型では、離れた位置にあるネットワークの具体的な情報や、離れたルーターの情報は使用されないのに対して、リンクステート型ではネットワークの完全な情報を持ちます。

リンクステート型のルーティングプロトコルでは、ルーター同士で情報のやり取りを行って、まず**トポロジカルデータベース**というデータの一覧を作ります。

次にSPFアルゴリズムを使って、**SPFツリー**を作ります。SPFツリーを使うと、どの経路を通れば一番早く目的地にたどり着けるのかが一目瞭然になります。このSPFツリーをもとに、目的地と最短経路でたどり着くにはどのポートから出

用語

SPF (Shortest Path First)

用語

ダイクストラのアルゴリズム
(Dijkstra's Algorithm)
エドガー・ダイクストラ（Edsger Wybe Dijkstra）によって1959年に考案されたアルゴリズムで、複数の経路がある2地点間の最短経路を効率的に求めることが可能です。最短経路探索とも呼ばれます。

せばよいかを一覧表にした、ルーティングテーブルを作ります 図8-19 。
　リンクステート型のルーティングプロトコルは、ネットワークの規模が大きくなるほど効果があります。

① リンクステートパケットをやりとりする

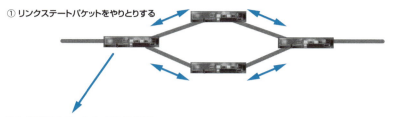

② トポロジカルデータベースを作成する

③ SPFアルゴリズムで計算し、SPFツリーを作成する
④ SPFツリーから最短経路を取得してルーティングテーブルに反映する

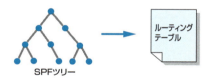

図8-19　リンクステート型のプロトコルで使われる要素

8-4-6　スタティックルートの設定例

　最後に、実際にどのようにルーターへスタティックルートを設定するか、一例を見てみましょう。

```
Router#ip route 10.1.1.0 255.255.255.0 20.1.1.2
```

　これはCisco Systemsのルーターへの設定例です。
　「Router#」というコマンドプロンプトに、ip routeコマンドとそのパラメータとしてネットワークアドレス（プレフィックス）、サブネットマスク、ゲートウェイアドレスの順に入力します。
　また、次のようにゲートウェイアドレスではなく、出力インターフェイスも指定することもできます。

```
Router#ip route 10.1.1.0 255.255.255.0 serial0
```

　さらに、デフォルトルートもスタティックルートとして設定できます。デフォルトルートのあて先IPアドレスはいくつだったか覚えていますか？　"0.0.0.0/0"

でしたね。

```
Router#ip route 0.0.0.0 0.0.0.0 20.1.1.2
```

　このように設定すると、あて先の不明なIPアドレスはすべて、20.1.1.2という IPアドレスを持つゲートウェイへ送出されることになります。

確認問題

Q1 ルーティングプロトコルのうち、IGPとEGPの違いは何ですか？

A1 IGPはAS（自律システム、*Autonomous System*）内部で動作し、EGPはAS外部で動作します。それぞれInterior Gateway Protocol（内部ゲートウェイプロトコル）、Exterior Gateway Protocol（外部ゲートウェイプロトコル）の略なので、覚えやすいと思います。

Q2 ディスタンスベクタ型のルーティングプロトコルで、通信ができなくなったルーティングエントリに対して無限のメトリックを設定することを何と呼びますか？

A2 ルートポイズニングです。ルートポイズニングはポイズンリバースというルーティングループを回避する処理の中で行われます。ルーティングループを回避する手段としては他にスプリットホライズンがあります。カタカナ語でわかりづらいですが、それぞれどのように処理されるのか押さえておきましょう。

Q3 次のうち、ディスタンスベクタ型のIGPはどれですか？

❶ RIP
❷ OSPF
❸ BGP
❹ IS-IS

A3 ディスタンスベクタ型のIGPはRIPです。OSPFとIS-ISはリンクステート型のIGPです。BGPはEGPです。

Q4 ディスタンスベクタ型のルーティングプロトコルで、ルーターが保持する経路情報に変更が起きた場合、すぐに他のルーターへ更新情報を送る機能を何と呼びますか？

A4 トリガードアップデートです。使えなくなった経路情報を即座に他のルーターへ通知する目的で使われます。

Let's Try! 練習問題

解答は別冊12ページ

Q1

次の用語のうち、OSPFに関連するものはどれですか？正しいものをすべて選んでください。

❶ IGP　　❷ EGP　　❸ ディスタンスベクタ　　❹ リンクステート

Q2

リンクステート型のルーティングプロトコルで使う最適経路の計算方法を何と呼びますか？

Q3

ディスタンスベクタ型のルーティングプロトコルはどこからルーティング情報を取得しますか？

❶ ネットワーク上のすべてのルーター
❷ ネットワーク上の代表ルーター
❸ リンクでつながった隣のルーター
❹ リンクでつながった隣のパソコン

Q4

ルーティングループを防ぐため、経路情報を教えてくれたインターフェイスには、同じ情報を流さないようにすることを何と呼びますか？

❶ スプリットホライズン　　　　❷ ポイズンリバース
❸ トリガードアップデート　　　❹ ホールドダウンタイマー

Q5

ルーティングプロトコルではないものはどれですか？

❶ BGP　　❷ OSPF　　❸ RARP　　❹ RIP

Q6

RIPを用いたルーティングに関する記述として、正しいものはどれですか？

❶ 2点間の伝送遅延時間が最小になるようなルートを選択する
❷ 2点間のホップ数が最小になるようなルートを選択する
❸ 回線速度や中継段数をコストに換算し、コストが最小になるようなルートを選択する
❹ 複数のルートが存在する場合に、各ルートのトラフィックが均一になるようにルートを選択する

PART 9

9

インターネット上で
何ができる?

本Partでは、インターネット上で利用されるさまざまなアプリケーショ
ンサービスを提供するサーバーと、そのサービス例としてWebとメー
ルについて学びます。また、アプリケーションやサーバー基盤として提
供されるクラウドサービスについても紹介します。

9-1　サーバーについて理解しよう

9-2　ホームページはどうして表示される?

9-3　URLって何だろう?

9-4　送ったメールはどうやって処理される?

9-5　クラウドコンピューティングとは?

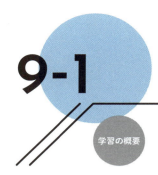

9-1 サーバーについて理解しよう

学習の概要
- ☑ サーバーの役割を理解しよう
- ☑ サーバー構築時の注意点を理解しよう
- ☑ サーバー仮想化を理解しよう

　インターネット上には、Webやメールといったアプリケーションサービスを提供する多数のサーバーが存在します。これらのサービスはアプリケーション層（レイヤー7）のプロトコルに従います。ここではそのサーバーについて概要を説明します。

9-1-1　サーバーの役割と種類

　インターネット上（またはインターネットプロトコルを使用している社内ネットワーク）には、サービスを提供するさまざまなサーバーが存在します 表9-01 。ユーザーは自分のパソコンからクライアントとして**サーバー**へアクセスします 図9-01 。

表9-01　インターネット上に存在する主なサーバー

サーバーの種類	説明	主に利用されるプロトコル	主に使われるポート番号
Webサーバー	Webサイトのデータを保存し、ユーザーからのリクエストに応じてWebページを送信するサーバー	HTTP	TCP 80
		HTTPS	TCP 443
		WebSocket	TCP 80/443
		QUIC	UDP 443
アプリケーションサーバー	アプリケーションソフトウェアを実行するためのプラットフォームを提供するサーバー	アプリケーションによるが、WebアプリであればHTTP、HTTPS	アプリケーションによるが、WebアプリであればTCP 80/443
データベースサーバー	データベースを管理し、データの保存、検索、更新などの処理を行うサーバー	MySQL	TCP 3306
		PostgreSQL	TCP 5432
		Oracle	TCP 1521
		SQL Server	TCP 1433
		MongoDB	TCP 27017
ファイルサーバー	ファイルを共有するためのサーバー	SMB/CIFS	TCP 445（Microsoft-DS）、TCP 139（NetBIOS-SSN）
		NFS	TCP/UDP 2049、TCP/UDP 111（rpcbind）、TCP 892（mountd）
		FTP	TCP 21（制御用）、TCP 20（アクティブモード：データ転送用）、TCP 1024-65535（パッシブモード：データ転送用）
		SFTP	TCP 22
メールサーバー	メールを送受信するためのサーバー	SMTP	TCP 25
		POP3	TCP 110
		IMAP	TCP 143
		IMAPS	TCP 993
		POP3S	TCP 995
DNSサーバー	ドメイン名とIPアドレスを相互に変換するサーバー	DNS	UDP 53
		DoH（DNS over HTTPS）	TCP 443

プロキシサーバー	クライアントと外部ネットワークとの間で中継を行うサーバー。セキュリティ対策やアクセス制御などに利用される	HTTP、HTTPS	TCP 80、443、任意のプロキシ用ポート番号
		SOCKS（SOCKS4、SOCK5）	TCP 1080
VPNサーバー	仮想プライベートネットワーク（VPN）を構築するためのサーバー。セキュリティ強化やリモートアクセスなどに利用される	PPTP	TCP 1723
		L2TP/IPsec	UDP 500（IKE）、UDP 4500（NAT-T）
		IPsec	UDP 500（IKE）、UDP 4500（NAT-T）
		OpenVPN	UDP 1194、TCP 443
		WireGuard	UDP 51820
ゲームサーバー	オンラインゲームを提供するためのサーバー	ゲームによる	ゲームによる
ストリーミングサーバー	動画や音楽などのストリーミング配信を行うサーバー	RTSP	TCP 554
		RTMP	TCP 1935
		RTP	UDP 5004等（偶数ポート）
		RTCP	UDP 5005等（RTPポートの次の奇数）
クラウドサーバー	クラウドコンピューティング環境で提供される仮想サーバー	サービスによる	サービスによる

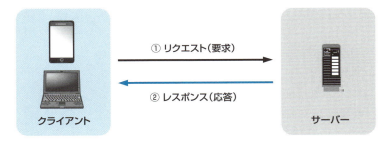

図9-01 Webサイトにアクセスする際のサーバーのやりとり

　サーバーへのアクセスは、自動的もしくは定期的に行われる場合もあれば、ユーザーが手動で行う場合もあります。

　例えばWebブラウザからWebサイトにアクセスする場合、DNSサーバーに問い合わせてWebサーバーのドメイン名をIPアドレスに変換しますが、これは自動的に行われます。その後、ユーザーがWebブラウザに手動でURLを入力したり、お気に入りに登録したページのリンクをクリックしたりして、解決されたIPアドレスあてに、HTTPまたはHTTPSを利用してWebページの取得要求が行われます。

サーバーのOS

　私たちが普段使っているパソコンのOSとしてWindowsやmacOSなどがありますが、サーバー用途の場合は、主に次のOSが使われています。

- **Windows Server**
  Windows環境との親和性が高く、GUI が充実しているため操作性も優れています。クラウドサービスの利用増加に伴い、Azure Stack HCIなどのハイパーコンバージドインフラストラクチャも注目されています。

- **UNIX**
  特定用途やレガシーシステムで利用されるケースが多く、新規導入は減少傾向

> **用語**
> **GUI**（*Graphical User Interface*）
> アイコンやボタンを使い、直感的に操作できるインターフェイスです。

にあります。長年の利用実績があり、信頼性は高いです。BSD、HP-UX、AIXなどの種類があります。

・Linux

2025年現在、サーバーOSとして最も普及しているOSです。主な製品としてRed Hat Enterprise Linux（RHEL）、Ubuntu Serverなどがあります。以前多く利用されていたCentOSはCentOS 8で開発が終了し、AlmaLinuxやRocky Linuxなどの後継OSが登場しています。

サーバーで使用するハードウェア

サーバーで使用されるCPU、メモリ、ハードディスクなどの記憶装置は、基本的にパソコンと同じアーキテクチャが採用されています。ただサーバー向けにはより高い処理能力、大容量メモリ、信頼性、耐久性が求められるため、これらの要件を満たすように最適化された高性能な部品が使用されています。このような物理的な部品で構成されるサーバーは**物理サーバー**と呼ばれます。物理サーバーには、設置方法や形状によって主にデスクトップ型、ラックマウント型、ブレード型の3種類があります。

デスクトップ型サーバーは、一般的なデスクトップパソコンと同じ形状をしており、比較的小規模なシステムや開発用サーバーとして使用されることが多いです。ただし、設置スペースが必要で拡張性は限られます。

ラックマウント型サーバー 図9-02 は専用のラックに設置できる形状で、EIA 規格に基づいて標準化されたサイズのため、効率的に収納できるという利点があります。このタイプは中規模から大規模なシステムに適しており、拡張性が高く、多くの機器をコンパクトに配置することが可能です。

ブレード型サーバー 図9-03 はその名の通り薄型でブレード（刃）のような形状をしており、専用筐体に複数を格納して使用します。非常にコンパクトで高密度な設置が可能なことから、大規模システムやデータセンターに適しており、消費電力や冷却効率にも優れています。

近年では仮想化技術の進歩により、1台の物理サーバー上に複数の仮想サーバーを構築することが一般的になっていますが、仮想サーバーも最終的には物理サーバー上で動作するため、物理サーバーは依然として重要な役割を担い続けています。

> **参考**
> 物理サーバーに対し、**9-1-3**（230ページ）で説明する仮想サーバーなどを論理サーバーと呼びます。

> **用語**
> **EIA**（*Electronic Industries Alliance*）
> 電子工業会。なお、EIAでは、サーバーの大きさを幅19インチ（482.6mm）、高さ1.75インチ（44.45mm）の倍数と定めています。高さ1.75インチの機器を1Uと呼び、その倍の高さ3.5インチの機器は2Uとなります。

図9-02　ラックマウント型サーバー（HPE　ProLiant DL560 Gen11）

図9-03　ブレード型サーバー（HPE　Synergy 12000フレーム）

サーバープラットフォームの動向

　これまでサーバーを利用する場合、サーバーマシンや設置する部屋（マシンルーム）、通信回線など、必要な設備を自前で保有して運用するのが一般的でした。これを「**オンプレミス**（On Premise）」と呼びます。

　しかし最近では、AWS、Microsoft Azure、GCPなどのクラウドサービスを利用する場面が増えてきました。

　またDocker、Kubernetesなどのコンテナ技術の利用によるアプリケーション開発・運用の効率化や、サーバー管理の負荷の軽減のためにAWS Lambda、Azure Functions、Google Cloud Functionsなどのサーバーレスアーキテクチャの利用が進むなど、サーバー環境も変化しています。

用語
AWS（*Amazon Web Services*）
GCP（*Google Cloud Platform*）

参照
クラウドコンピューティングの詳細については**9-5**（252ページ）を参照してください。

9-1-2　オンプレミスでのサーバー構築時の注意点

　オンプレミスでは、組織がシステムを所有および運用することになります。オンプレミスでサーバー構築を行う場合、次の点に注意する必要があります。

サーバーのリソース

　サーバー上でどのようなサービスをどの規模（トランザクション数、ユーザー数、コネクション数）で提供したいかによって、必要なリソースが異なります。リソースとはCPUやRAM、ハードディスクのような記憶装置など、サーバーを構成する要素の容量を指します。仮想サーバーを構成する際も、1台の仮想サーバーでどの程度のリソースを割り当てるかを設計する必要があります。

参考
トランザクションとは、システム内での一連の処理をまとめたもので、データの整合性を保つための単位です。これは、1つまたは複数のTCPコネクションやUDPセッションで構成されます。

サーバーの置き場所

　サーバーが停止すると、Webサイトが閲覧できない、メールが送受信できないなど、ユーザーやクライアントにとって多大な影響が出てしまいます。そのようなことが起きないよう、オンプレミスの運用では次のようにさまざまな環境を整える必要があります。

- 発熱に対する空調対策
- 十分な電源容量の確保
- UPSの設置
- 火災や地震への対応
- 冗長機器や中央管理システムの設置
- 選任管理者の設置
- 盗難や不正侵入の対策

用語
UPS（*Uninterruptible Power Supply*）
停電時などに電力を供給するための無停電電源装置のことです。

　そのため、これら環境が整ったサーバールーム（マシンルーム）やデータセンターにサーバーが導入される場合がほとんどです。多くのデータセンターはデータセンター事業者が運営しています。このような事業者を利用する企業は、ハウジングまたはホスティングにより自社のサーバーを運用します。

参考
ホスティングサービスは従来ASP（*Application Service Provider*）とも呼ばれていました。

ハウジングとは、データセンターの一画（専用ラック）を間借りして、自社で用意したサーバーを設置して運用することです。コロケーションとも呼びます。また、データセンター事業者が用意したサーバーをユーザー企業が間借りすることをホスティングと呼びます。

ホスティングで間借りできるサーバーには、「ユーザー専用の物理サーバー」、他のユーザーと1台の物理サーバーを共有する「共用サーバー」、仮想的に1台の専用サーバーのようにした「仮想サーバー」があります。

9-1-3　サーバーの仮想化

9-1-1でサーバーのリソースに関する注意点を説明しましたが、**サーバー仮想化**という技術を使うことで、効率的にサーバーの構築を行うことができます。

仮想マシンは、物理サーバーのCPU、メモリ、ストレージなどのリソースを仮想的に分割し、1台の物理サーバー上で複数を同時動作させる仕組みです。

この仕組みにより、ハードウェア資源を共有して利用効率を高め、リソースを効率的に活用できます。仮想マシンのCPU、メモリ、ストレージは必要に応じて柔軟に変更できるため、リソース割り当ての自由度も高いです。

また、物理サーバーに比べて作成や削除が容易なため、展開スピードが速く、可用性も高くなります。仮想マシンは別の物理サーバーに容易に移動できるためです。さらに、専用の管理ツールによる効率的な管理も大きな利点です。

仮想化技術には、主に表9-02で挙げている2つの種類があります。

> **参考**
> 仮想マシンはVM（Virtual Machine、バーチャルマシン）と呼ぶこともあります。

> **用語**
> ストレージ
> データやファイルを保存しておく場所のことです。2-2-3（39ページ）で説明したHDDやSSDなどがあります。

表9-02　仮想化技術の種類

項目	ホスト型 図9-04	ハイパーバイザー型 図9-05
概要	物理サーバー上にホストOSをインストールし、その上で仮想化ソフトウェアを動作させて仮想マシンを作成	物理サーバー上に直接ハイパーバイザーをインストールし、その上で仮想マシンを作成
メリット	・既存のOS環境を活用できる ・導入が容易 ・GUIによる操作がしやすい ・低コストで導入できる場合が多い	・負荷が少なく、高性能 ・ハードウェアリソースを効率的に利用できる ・ゲストOSの独立性が高い ・セキュリティが高い
デメリット	・ホストOSのオーバーヘッドによりパフォーマンスが低下する可能性がある ・ホストOSの安定性に依存する ・ゲストOSの種類やバージョンに制限がある場合がある	・導入に専門知識が必要な場合がある ・ホストOSがないため、一部の管理機能が利用できない場合がある ・導入コストが高い場合がある
主な用途	・個人のPCでの仮想環境構築 ・開発環境やテスト環境の構築 ・既存システムの仮想化	・サーバー仮想化 ・データセンター ・クラウドコンピューティング
主な製品	VirtualBox、VMware Workstation、Parallels Desktopなど	VMware ESXi、Microsoft Hyper-V、Xen、KVMなど

仮想マシンには多くの利点がありますが、中でも特に便利な機能としてスナップショットを簡単に取得できることが挙げられます。

仮想マシンのスナップショットとは、特定の時点における仮想マシンの状態を保存したものです。仮想マシン全体の複製を作成するのではなく、その時点でのディスクの状態を記録することで、少ないストレージ容量で効率的にバックアップを取得できます。

スナップショットは、仮想マシンを以前の状態に迅速に戻す必要がある場合に役立ちます。例えば、ソフトウェアのアップデートや設定変更を行う前にスナップショットを取得しておけば、問題が発生した場合でも、スナップショットから元の状態に簡単に戻すことができます。

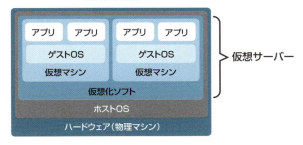

図9-04　ホストOS型

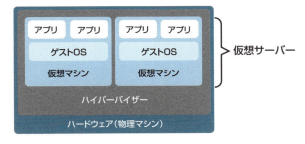

図9-05　ハイパーバイザー型

9-1-4　コンテナ型仮想化

　前項で説明したホスト型仮想化とハイパーバイザー型仮想化に加えて、近年注目されているのが**コンテナ型仮想化**です。コンテナは、OSレベルの仮想化技術を利用し、アプリケーションの実行に必要なライブラリや設定ファイルなどをパッケージ化して、独立した環境として実行する技術です。

　イメージとしては、シェアハウスのようなものです。キッチンや風呂などの共有スペース（OSカーネル）を他の住人（コンテナ）と共同で利用し、自分の部屋（コンテナ）には必要なものだけを持ち込むような形です。

　コンテナは、ホストOSのカーネルを利用するため、ゲストOS全体をインストールする必要がなく、サイズはメガバイト単位で収まります。そのため、仮想マシンに比べて起動が速く、リソースの消費も抑えることができます。これは、シェアハウスでは水道やガスなどのインフラはすでに整備されているため、入居者はすぐに生活を始められるのと同じです。

　一方、仮想マシンの場合は、サイズはギガバイト単位になり、起動に時間がかかります。これはアパートに入居すると、水道やガスの契約、調理道具の準備な

どは自分で一から行う必要があることをイメージするとわかりやすいでしょう。

　ただし、コンテナはホストOSのカーネルに脆弱性があると、すべてのコンテナに影響が及ぶ可能性があり、仮想マシンに比べると独立性やセキュリティ面で劣る部分があります。

　コンテナは、アプリケーションの開発・デプロイを効率化し、リソースを節約できるというメリットがあります。また、WindowsとmacOSなど異なるホストOS間や、開発と商用環境間での持ち運びが簡単です。

　このように、コンテナ型仮想化は、従来の仮想化技術とは異なる特徴を持つため、用途に合わせて仮想マシンなどの他の技術と比較検討し、適切な技術を選択することが重要です。

　コンテナの代表的な技術として、DockerやKubernetesがあります。

9-1-5　サーバーレスアーキテクチャ

　サーバーレスアーキテクチャは、サーバーの管理をクラウドプロバイダーに任せることで、開発者がインフラストラクチャの運用にわずらわされることなく、アプリケーションの開発に集中できるアーキテクチャです。

　従来のサーバー運用では、サーバーの調達、OSのインストール、セキュリティ対策、負荷分散など、多くの作業が必要でした。しかし、サーバーレスアーキテクチャでは、これらの作業をクラウドプロバイダーが代行してくれるため、開発者はアプリケーションの開発に専念できます。

　サーバーレスアーキテクチャの代表的なサービスとして、AWS Lambda、Azure Functions、Google Cloud Functionsがあります。

サーバーレスアーキテクチャの特徴

サーバーレスアーキテクチャの特徴は次の通りです。

- **イベント駆動型**
　サーバーレスアーキテクチャは、イベント駆動型で動作します。イベントとは、HTTPリクエスト、データベースの更新、メッセージキューへのメッセージの追加など、アプリケーションの状態を変化させる出来事です。イベントが発生すると、クラウドプロバイダーが自動的にリソースを割り当て、アプリケーションを実行します。
- **サーバー管理不要**
　サーバーレスアーキテクチャでは、サーバーの管理はクラウドプロバイダーが行います。開発者は、サーバーの運用やメンテナンスを行う必要はありません。
- **スケーラビリティ**
　サーバーレスアーキテクチャは、自動的にスケーリングします。アクセス量が増加した場合でも、クラウドプロバイダーが自動的にリソースを調整してくれるため、アプリケーションのパフォーマンスを維持できます。

用語

Docker
コンテナの作成、実行、管理を行うためのプラットフォーム。コンテナイメージの構築、共有、実行を容易にするツールを提供しています。

用語

Kubernetes
コンテナ化されたアプリケーションのデプロイ、スケーリング、管理を自動化するシステム。

用語

メッセージキュー
アプリやシステム間のデータ交換を時間に左右されずスムーズに行う仕組みです。宅配ボックスのように、送信側のデータを一時的に保持し、受信側は都合の良い時に取り出せます。

用語

スケーリング
処理負荷に応じてCPUやメモリなどのリソースを自動で増減させることです。

9-1 | サーバーについて理解しよう

- **コスト効率**
  サーバーレスアーキテクチャは、従量課金制です。実際に使用したリソースの分だけ料金を支払うため、コストを削減できます。

イベント駆動型

特徴の中にあるイベント駆動型を普段みなさんが使っているスマホアプリを例に考えてみましょう。例えば、写真加工アプリで「フィルターをかける」ボタンをタップしたとします。このとき、次のような流れで処理が行われます。

① イベント発生（「ボタンをタップ」というイベントが発生）
② イベント検知（アプリが「ボタンがタップされた」ことを検知）
③ 処理実行（タップされたボタンに対応するフィルター処理を実行）
④ 結果出力（フィルターがかかった写真が表示される）

ポイントは、アプリは常にすべての処理を実行しているのではなく、イベントが発生した時だけ必要な処理を実行するということです。

このように、イベント駆動型は、ユーザーの操作やセンサーからの入力など、さまざまなイベントに対応して柔軟に動作するアプリを実現するために欠かせない仕組みです。この仕組みを採用しているサーバーレスアーキテクチャでは、以下のようなメリットがあり、効率的な運用が可能になっています。

- **効率的な動作**
  必要な時だけ処理を行うので、無駄なリソースを使わない
- **柔軟な対応**
  さまざまなイベントに対応して、多様な機能を実現できる
- **わかりやすい構造**
  イベントごとに処理が分かれているので、プログラムの構造が理解しやすい

確認問題

Q1 サーバーや通信回線などを自社で用意してシステム構築する形態を何と呼びますか？

A1 オンプレミスと呼びます。オンプレミスの形態では、サーバーやネットワーク機器、電源設備などを自社のマシンルームやデータセンターで用意して構築します。

Q2 サーバーの仮想化には、ホストOS上で仮想化ソフトを使用してゲストOSを動作させるホストOS型と、[❶]と呼ばれる仮想化ソフト上で複数のゲストOSを運用する[❶]型と呼ばれる2種類があります。[❶]に入る言葉は何ですか？

A2 ハイパーバイザーです。ハイパーバイザー型のサーバー仮想化では、ホストOSを使用せずに仮想マシンを制御するハイパーバイザーを物理マシンに直接インストールして仮想サーバーを構築します。

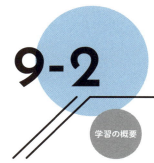

9-2 ホームページはどうして表示される?

学習の概要
- ☑ ホームページを見る仕組みを学ぼう
- ☑ HTMLとは何かを理解しよう
- ☑ HTTPの仕組みを理解しよう

9-2-1 ホームページを見る仕組み

　ホームページを表示するために必要なすべてのデータは、インターネットに接続されたコンピューターに保管されています。このコンピューターを **Webサーバー** （*Web Server*）、または **WWWサーバー** と呼びます。

　「ホームページを見る」ことは、インターネット上のWebサーバーに置いてあるホームページのデータをパソコンに取り出して表示することです。このときホームページのデータは、どのWebサーバーに置かれていてもかまいません。Webサーバーがインターネットに接続されていれば、どのサーバーのホームページでもパソコンに取り出して見ることができるのです。

> **参考**
> Webサーバーはホスティング、企業のデータセンター、個人が持つ常時接続のサーバーなどいろいろな種類があります。

Webの特徴はハイパーリンク

　ホームページを見るための仕組みを **WWW** （ダブリュダブリュダブリュ）と呼びます。または **Web**（Web）とも呼ばれます。

　Webの特徴として、**ハイパーリンク**（リンクとも呼びます）を挙げることができます。ホームページ内のある文字や絵を他のページや画像などと関連付けて、クリックするだけでそのページや画像を表示できる機能です 図9-06 。

　リンクする先のページや画像は、同じWebサーバーの中にある必要はありません。インターネットに接続しているWebサーバーであれば、どこにあってもかまいません。

> **用語**
> WWW（*World Wide Web*）

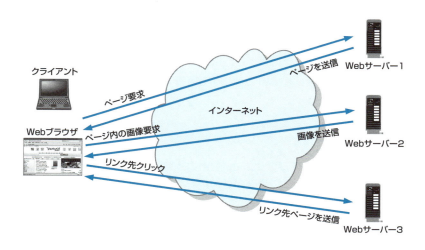

図9-06　Webブラウザはたくさんのサーバーから情報を集めることができる

9-2-2　HTMLって何だろう？

WWWでは、**Webブラウザ**というアプリケーションを使ってホームページのデータを表示します。マイクロソフト社のEdge、Google社のChrome、Mozilla FoundationのFirefoxが有名です。最近では携帯電話にもWebブラウザが入っていて、インターネット上のホームページを見ることができます。

Webブラウザで表示するデータは**HTML**（エイチティエムエル）という言葉で書かれています。例えば、「この文は赤で表示する」「ここに画像を表示する」「この絵をクリックすると次のページにジャンプする」といった命令があります。HTMLは文章の構造を決めたり、どんなふうに表示するかという命令からできている言語です。

ソース表示とは

HTMLで書かれたホームページのファイルをHTMLファイルと呼びます。このファイルの名前には.htmや.htmlという拡張子が付きます。http://www.example.com/index.htmlというURLを使ってWebアクセスするとき、index.htmlがHTMLで書かれたファイル名になります。通常は、1つのHTMLファイルが1ページ（1回にWebブラウザに表示される単位）にあたります。

Webブラウザでホームページを表示して、ホームページ上の適当なところで右クリックすると、「ページのソースを表示」というメニューがあると思います。これを選択すると、HTML言語で書かれた命令が見えます **図9-07**。

「ページのソースを表示」とあるように、HTMLで書いた **図9-08** のようなプログラムを**ソース**（Source）と呼びます。

> **ポイント**
> Webブラウザでホームページを見るという動作を、「ネットサーフィン」と呼んでいます。この言葉は、1992年にジーン・アーモア・モリー（Jean Armour Polly）という人がつけたそうです。波乗りのサーフィンにあやかって、インターネット上を波乗りするように楽しく見て回るという感じでしょうか。

> **用語**
> HTML（*HyperText Markup Language*）

> **用語**
> 拡張子
> パソコンで利用するファイル種別を表す識別子です。例えば、マイクロソフトのExcelファイルであれば.xls、Wordファイルであれば.docといった拡張子が付きます。

> **参照**
> URLについては**9-3**（241ページ）を参照してください。

> **注意**
> **図9-07** の例はGoogle Chromeの場合です。他のWebブラウザでは、操作が異なります。

> **注意**
> **図9-08** は **図9-07** のソースではありません。

図9-07　ソース画面表示メニュー

PART 9 　インターネット上で何ができる？

図9-08　HTMLファイルの中身

```
<html>
<head>
<TITLE>IP Network Skill</TITLE>
<META HTTP-EQUIV="Content-Type" content="text/html; charset=shift_jis">
<META NAME="ROBOTS" CONTENT="ALL">
<style>
<!--
.title { font-family: Verdana; font-size: 18pt; color: #008080; text-align: center }
.head { font-family: Verdana; font-size: 12pt; font-weight: bold; color: #FFFFFF;
text-align: center }
.cont { font-size: 10pt; background-color: #FFFFFF }
.cnt { font-size: 10pt; background-color: #FFFFFF; }
-->
</style>
</head>
<body>
<table width="640">
<tr>
<td colspan="2">
<font size="1">
```

　HTMLは、World Wide Web（WWW）が誕生した1990年から存在していました。当初はシンプルな構造でしたが、Webの急速な発展に伴い、表現力や機能の拡張、アクセシビリティの向上、モバイル対応、そしてセキュリティ強化といった背景から、HTMLは幾度ものアップデートを繰り返してきました。

　当初はHTML 2.0、HTML 3.2、HTML 4.01といったバージョンがリリースされ、テーブルやフレーム、スタイルシート、スクリプトといった機能が追加されました。

　2014年には、HTML5がW3Cによって勧告されました。HTML5は、動画や音声の再生、Webアプリケーション開発のためのAPI、セマンティック要素など、Webの可能性を大きく広げる革新的なバージョンでした。

　現在では、HTML5をさらに進化させたHTML Living Standardが主流となっています。Living Standardは、Webの進化に合わせて継続的に更新されるため、常に最新のWeb技術に対応できます。

　HTMLの各バージョンは、基本的に下位互換性を維持しています。そのため、古いバージョンのHTMLで記述されたWebページも、最新のブラウザで表示できます。一方、HTML5で導入された新しい要素やAPIは、古いブラウザではサポートされない場合があります。

　Web制作者は、HTML Living Standardを参考に、最新のWeb技術を活用することで、より魅力的で使いやすいWebサイトを構築することができます。

用語

W3C（*World Wide Web Consortium*）
World Wide Webで使用される技術の標準化を推進する国際的な非営利団体です。

用語

API（*Application Programing Interface*）
異なるソフトウェア同士が情報をやり取りするための共通言語のことです（例：ショッピングサイトが決済サービスと連携して支払い処理を行う、地図アプリが位置情報サービスから現在地を取得するなど）。

用語

セマンティック要素
人間にもコンピューターにも理解しやすくするよう、Webページ内の各要素に意味のわかる名前（タグ）を付けていくことです。

9-2-3　HTTP/HTTPS = ポート番号80/443

インターネット初期のWebサイトでは、HTTP（Hypertext Transfer Protocol）が通信に利用されていました。しかし、HTTPは通信内容が暗号化されないため、盗聴や改ざん、なりすましなどのセキュリティリスクがありました。

そこで登場したのがHTTPS（Hypertext Transfer Protocol Secure）です。HTTPSは、HTTPにSSL/TLSという暗号化技術を組み合わせることで、安全な通信を実現します。SSL/TLSは、データの暗号化だけでなく、Webサイトの認証も行うことで、フィッシング詐欺などのリスクも軽減します 図9-09 。こうした状況を背景に、2010年代後半より、主要なウェブブラウザはHTTPS通信をデフォルト化し、HTTPをエラー扱いする動きを加速させています。

例えば、Google検索では、HTTPSサイトを検索結果の上位に表示することで、Webサイト管理者によるHTTPSへの移行が促進されています。一方、Webブラウザにおいても、HTTPサイトへのアクセス時に警告を表示したり、デフォルトでHTTPS接続を試みたりするなどの対策が講じられています。

このような取り組みもあり、一般的なユーザーが利用するWeb通信の約95%はHTTPS化されています。

> **参照**
> SSLとTLSに関する詳細は、10-2-2（276ページ）を参照してください。

> **参考**
> ウェブ上での
> HTTPS暗号化
> https://transparencyreport.google.com/https/overview?hl=ja

> **参考**
> HTTPの場合、Webサーバー側のポートは80になり、アプリケーション層内でSSL/TLSによる暗号化などの層を経由しません。

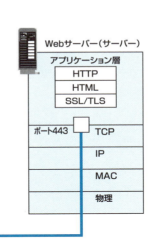

図9-09　HTTPSのプロトコルスタックとコネクション

9-2-4　ホームページはどうやって表示される？

ホームページが表示されるまでの流れは 図9-10 のようになります。

ユーザーがホームページを見るためにWebブラウザを立ち上げると、スタートページとして設定されたホームページ（ポータルサイトなど最初にアクセスするサイト）が最初に表示されます。

このホームページはhttps://www.yahoo.co.jp/のようにURLが指定されていて、クライアントはこれをもとにサーバーにリクエストを送ります。

サーバーはこれを受信すると、自分のデータベースに格納されているHTMLファイルや画像ファイルを見つけてレスポンスを作成します。このレスポンスを

クライアントが受信すると、この情報をもとにユーザーが見る画面をWebブラウザが作成します。

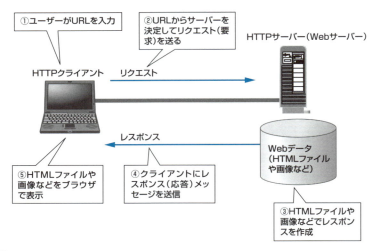

図9-10 ホームページが表示されるまでの流れ

1つ1つのリクエストでWebページの表示が成立する

最近はきれいにデザインされたWebページも多くあります。そのようなWebページにはたくさんの画像が使われています。このようなWebページを見るとき、HTTPクライアントはまずHTMLファイルを最初にリクエストして、そのレスポンスを受信します 図9-11 。

> **参考**
> HTTPのリクエストにはさまざまな種類がありますが、よく使われるものにGETリクエストとPOSTリクエストがあります。Webサーバーからデータを取得する場合は、GETリクエストを使い、Webサーバーへデータを書き込む場合は、POSTリクエストを使います。

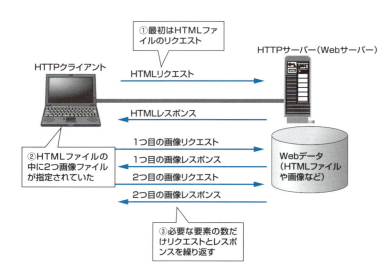

図9-11 複数の表示要素を表示させるまでの流れ

HTMLファイルを受信したら画像がたくさん含まれていることがわかるので、画像を1つ1つリクエストしていきます。つまり、1つのWebページに画像が5つあった場合、最初のHTMLファイルと合わせて6回リクエストするのです。

https://www.example.com/index.htmlというURLをWebブラウザに入力したとします。要求しているのはHTMLファイルなので、まずHTMLファイルをリクエストします。HTMLファイルの中に<img src="example.jpg">という画像を表示させるタグ（命令）があった場合、このexample.jpgという画像ファイルのリクエストを出すのです。

もちろん、例えばhttps://www.example.com/example.jpgというURLを入力すれば、直接1つの画像ファイルだけリクエストすることもできます。

HTTP/2

従来のHTTP/1.1では、1つのTCPコネクションで1つのリクエストしか処理できませんでした。そのため、Webページに複数の画像やスクリプトが含まれる場合、それぞれのリクエストごとにTCPコネクションを確立する必要があり、通信の負荷が大きくなり、ページの表示速度が遅くなるという問題がありました。

これを解決するために、2015年に登場したのが**HTTP/2** です。HTTP/2では、1つのTCPコネクションで複数のリクエストを同時に処理できるようになりました（多重化）。これにより、通信の効率が大幅に向上し、Webページの表示速度が高速化されました。

セキュリティ上の理由から、主要なWebブラウザはHTTP/2をHTTPSでのみサポートしています。HTTP/2の多重化機能は通信効率を向上させますが、悪意のある攻撃者に悪用されると、DoS攻撃のリスクを高める可能性があります。HTTPS化により通信内容が暗号化され、こうしたセキュリティリスクが軽減されるため、現在ではHTTPSがHTTP/2を利用するための必須条件となっています。

> **参考**
> HTTPの歴史は、1991年のティム・バーナーズ＝リーによるHTTP/0.9の発表に始まり、機能拡張を経てHTTP/1.0（1996年）、HTTP/1.1（1997年）と発展しました。特にHTTP/1.1は、長年にわたりWebの基盤技術として利用されてきましたが、Webページの複雑化に伴い、新たな課題が生じ、より高速で効率的なHTTP/2が登場するに至りました。詳しくは表9-3（240ページ）を参照してください。

HTTP/3

HTTP/2はHTTP/1.1の課題を解決しましたが、TCPの特性による問題が残っていました。TCPは信頼性の高い通信を実現するプロトコルですが、1つのパケットが失われると、後続のパケットの処理が遅延するという問題がありました（ヘッドオブラインブロッキングと呼びます）。

これを解決するために、2013年にGoogleが開発したのが**QUIC** です。QUICは、TCPの代わりにUDPを使用し、独自の誤り訂正機能や輻輳制御機能を備えています。また、QUICにはTLSも当初から組み込まれており、HTTPS化が前提となったセキュリティを考慮した設計になっています。

2022年に標準化された**HTTP/3**は、QUICをベースに開発されており、HTTPS化が前提です。HTTP/3は、HTTP/2よりもさらに高速で安全な通信を実現します。

> **用語**
> **QUIC**（*Quick UDP Internet Connections*）
> QUICではトランスポート層としてUDPが使われ、ポート番号はHTTPSと同じ443が主に利用されます。また、TLS1.3による暗号化が必須です。

WebSocket

WebSocketは、WebブラウザとWebサーバー間で双方向通信を可能にする通信技術です。

従来のHTTP通信では、クライアント（ブラウザ）がサーバーにリクエストを送信し、サーバーがそれに応答するという一方通行の通信しかできませんでした。

PART 9 インターネット上で何ができる？

　WebSocketでは、クライアントとサーバーが一度接続を確立すると、その後はどちらからでも自由にデータを送受信できます。

　WebSocketはHTTP/1.1との互換性を考慮して設計されているため、既存のWebシステムにもスムーズに導入できます。

　また、HTTP/2やHTTP/3（表9-03）と同様に、Webにおけるリアルタイム通信を支える重要な技術として、チャットやオンラインゲーム、株価情報、IoTなど、幅広い分野で活用されています。HTML5で標準化され、最新のブラウザで利用可能です。

参考
2011年12月にRFC 6455として公開されました。

表9-03　HTTPバージョンの歴史

バージョン	登場年	主な目的や改善点	HTTPSの必要性	その他の特徴
HTTP/0.9	1991	初期のWebの単純なテキスト表示	オプション	GETメソッドのみ対応。ヘッダーやステータスコードがない。非常にシンプルなプロトコル
HTTP/1.0	1996	画像などの多様なコンテンツ表示、メソッドの拡充	オプション	GET、POST、HEADなどのメソッドに対応。ヘッダー、ステータスコードを導入。コネクション毎にTCP接続/切断が発生
HTTP/1.1	1997	持続的なコネクション維持、パイプライン処理	オプション	持続的コネクション（Keep-Alive）を導入。パイプライン処理によるリクエストの並列化。チャンク転送符号化による大きなファイルの効率的な送信。仮想ホストにより1つのIPアドレスで複数ドメインの運用が可能
HTTP/2	2015	通信の高速化、多重化、ヘッダー圧縮	オプションだが強く推奨	バイナリプロトコル化によるパース処理の効率化。多重化による並列処理。ヘッダー圧縮によるヘッダーサイズ削減。サーバープッシュによりサーバー側からの能動的なデータ送信が可能
HTTP/3	2018	さらなる高速化、QUICによるTCPの課題解決、信頼性向上	事実上必須（QUICに組み込まれている）	QUIC（UDPベースのプロトコル）を採用。TCPのハンドシェイクや輻輳制御による遅延を解消。パケット紛失時の影響範囲を限定し、信頼性を向上。動画ストリーミングやリアルタイム性を重視するWebアプリのパフォーマンス改善に貢献

確認問題

Q1 HTTPでは通常、TCPのどのポート番号が使われますか？HTTPでは通常、TCPのどのポート番号が使われますか？

A1 HTTPサーバーへはポート番号80番が使われます。クライアントからの送信元ポート番号としては、ウェルノウンポート番号以外の適当な値が使われます。

Q2 タグ付けしたテキストをハイパーテキスト形式で表示でき、Webページを作成するのに使われる言語を何と呼びますか？

A2 HTMLです。HTMLはハイパーテキストマークアップ言語と訳せます。HTMLで記述されたファイルは.htmや.htmlという拡張子が付けられます。

9-3 URLって何だろう？

学習の概要
- ☑ URLの意味を学ぼう
- ☑ ドメイン名とは何かを理解しよう
- ☑ DNSの仕組みを学ぼう

9-3-1 "http://www.……"の意味

URLは、Webでホームページなどの場所を示すための約束ごとで、世界中のどのホームページでも、必ず1つのURLで表わすことができます。URLは、ホームページのインターネット上の住所と言えます。

さて、普段ホームページにアクセスするとき、何気にWebブラウザでURLを入力しています。企業の広告やテレビ番組でもよくURLを告知しています。

```
http://www.example.com/ipnet/index.html
```

というURLを例にとって意味を確認しましょう。

用語
URL (*Uniform Resource Locator*)

ホスト名とファイル名の関係

まず、http:とは先ほど出てきたHTTPプロトコルを使ってアクセスしますという意味です。これを**スキーム**(*Scheme*)と呼びます。スキームには 表9-04 のように、アクセスに使用するアプリケーション（プロトコル）を指定します。

参考
URLで使われるスキームは当初RFC 1738で10種類定義されましたが、現在は多数存在し、https://www.iana.org/assignments/uri-schemes/uri-schemes.xhtml に一覧があります。

表9-04 主なスキームの種類

スキーム	アプリケーション（プロトコル）	説明
http:	HTTP (*Hyper Text Transfer Protocol*) ポート番号は80	WWW (*World Wide Web*) 上のWebサーバーにあるWebページにアクセスする。以前はよく使用されていたが、現在は利用は推奨されていない
https:	Hypertext Transfer Protocol with Secure ポート番号は443	SSL/TLS暗号化方式を使って、HTTP接続を確立する。主にEdge、Firefox、Chromeのようなブラウザで使用される
ftp:	FTP (*File Transfer Protocol*) ポート番号は21	インターネットに接続されたコンピューター間でファイルを転送する。ftp:スキームを使うと、FTPクライアントソフトとしてブラウザを利用できる
gopher:	Gopher protocol ポート番号は70	Gopherサーバー上の情報を表示する。Gopherは昔のWebのようなもので現在はほとんど使われない。OutlookのようなメーラーやWebブラウザで使われる
mailto:	メールアプリケーション。利用されるプロトコルは、通常の電子メールではSMTP（ポート番号は25）、WebメールではHTTP（ポート番号80）	メーラー（電子メールプログラム）を開いて、指定したメールアドレスにメッセージを送信する。Outlookのようなメーラーや、Webブラウザで使われる
news:	News Protocol	ニュースリーダーを起動して、指定されたニュースグループにアクセスする。ニュースリーダーの機能はメーラーにある
nntp:	Network News Transfer Protocol	Newsプロトコルと機能は同じ
telnet:	Telnet Protocol ポート番号は23	telnet端末エミュレーションプログラムを起動する。端末エミュレーションプログラムとは、リモートコンピューターに対してコマンドを発行するときに使用できるコマンドラインインターフェイスで、ターミナルソフトウェアとも呼ぶ
file:	ファイルアクセス。ネットワーク経由でファイルアクセスする場合、SMBやCIFS（ポート番号139や445）プロトコルが使われる	ハードディスクまたはローカルエリアネットワーク（LAN）にあるファイルを開く

PART 9　インターネット上で何ができる？

スキームでプロトコルが指定された場合、例えばHTTPではTCPの80番ポートで通信が行われますが、URL内のドメイン名の後にコロン（：）とポート番号を記述すると、そのポート番号で通信が行われます。

例）http://www.example.com:8080/index.html

上記の例では、80番ではなく8080番ポートを使ってアクセスします。これはWebプロキシを行う場合によく使われます。

Windowsでは、スキームで示されるプロトコルごとにどのアプリケーションを使うかを指定できます。Windows 11の場合は次の手順となります。

① ［スタートボタン］-［設定］を選択
② ［アプリ］-［既定のアプリ］を選択
③ ［リンクの種類で既定値を選択する］を選択し、HTTPやHTTPSなどのスキーマを動作させる既定のアプリを設定する 図9-12

図9-12　ファイルの種類またはプログラムのプログラムへの関連付け

先ほど例に挙げたURLのうち、www.example.comの部分をホスト名と呼びます。これはexample.comというドメインにあるwwwというサーバー、という意味です。WWWサービスを提供しているのでwwwとなっていますが、Webサーバーの機能を備えていればホスト名は何でもかまいません。

/ipnet/はサーバーのどの位置にデータがあるかを示すもので**パス**と呼びます。そしてindex.htmlがファイル名です。パソコンでも「C:¥Program Files¥Microsoft Office」というようにどの位置にファイルやディレクトリがあるかを示していますが、それと同じことです。

まとめると、http://www.example.com/ipnet/index.htmlとは、「www.example.comというサーバーにある、ipnetというディレクトリの中のindex.htmlというHTMLファイルを、HTTPプロトコルでアクセスしなさい」という

命令になります。

それでは、http://www.example.com/ipnet という URL では、どのファイルにアクセスすることになるのでしょうか？

ディレクトリ名にアクセスされた場合は、そのディレクトリにあるインデックスというファイルにアクセスされます。インデックスは通常 index.html などの名前が付いていますが、設定によって変えることもできます。

9-3-2　ドメイン名って何だろう？

先ほど説明した URL の中で example.com の部分を**ドメイン名**と呼びます。通常、インターネット上のコンピューターは IP アドレスによって識別されています。IP アドレスは 210.80.205.4 のように 10 進数がドットで区切られているだけで、それを見ただけではどの Web サーバーにアクセスしたいのかがわかりません。

そこで、人間が見てもわかりやすいように、アルファベットや数字などの文字列を組み合わせたドメイン名が設定されました。ドメイン名は会社や学校といった組織単位で 1 つずつ割り当てられ、世界共通のデータベースに登録して使われます。登録するには**レジストラ**と呼ばれる登録業者に申請しなければなりません。

ドメイン名の階層構造

ドメイン名は階層構造になっています。例えば yahoo.co.jp というドメイン名はドットによって 3 つの文字列に区切られています。これは階層が 3 階層あることを意味します。

日本国内では最後が .co.jp や .com になっているドメインが多く使われています。ドメイン名は右側の文字列に行くほど、広い範囲を示します。

www.yahoo.co.jp を例に挙げて説明してみましょう 図9-13 。

図9-13　ドメイン名

右から jp が**トップレベルドメイン**、co が**第 2 レベルドメイン**、yahoo が**第 3 レベルドメイン**、www が**第 4 レベルドメイン**となります。この各レベルの文字列は半角 63 文字以下、全体で半角 255 文字以下である必要があります。

yahoo も co も jp もすべてドメイン名です。「ドメイン名を取得する」ときは、一般に第 2 レベルドメインか第 3 レベルドメイン、つまり yahoo という部分だけ取得します。

PART 9　インターネット上で何ができる？

www.yahoo.co.jpのように、あるホストを示すためにすべてのレベルのドメイン名を並べたものを **FQDN** と呼びます。

トップレベルドメイン

トップレベルドメインは **gTLD** と **ccTLD** に大別されます。gTLDは.comや.net、.orgのように世界中で国籍に関係なく誰でも取得できるものと、.eduや.govのように限られた目的で使われるものがあります 表9-05 。

ccTLDは.jpのように、各国ごとに割り当てられたものです 表9-06 。日本やオーストラリアなどでは、国内のユーザーや機関を対象に登録が行われていますが、一方でツバル(.tv)やトンガ(.to)などのように、世界中にドメイン名を売ることで収入を得ている国もあります。

表9-05 主なgTLD

gTLD	説明
com	商業組織用 (Commercial)
net	ネットワーク組織用 (Networks)
org	非営利組織用 (Organizations)
edu	アメリカ国内限定教育機関用 (Educational)
mil	アメリカ国内限定軍事機関用 (Military)
gov	アメリカ国内限定政府機関用 (Government)

表9-06 主なccTLD

ccTLD	説明
jp	日本 (Japan)
kr	韓国 (Korea)
tw	台湾 (Taiwan)
au	オーストラリア (Australia)
us	アメリカ合衆国 (United States)
ca	カナダ (Canada)
uk	イギリス (United Kingdom)
de	ドイツ (Germany)
nl	オランダ (Netherlands)
fr	フランス (France)
se	スウェーデン (Sweden)
it	イタリア (Italy)
no	ノルウェー (Norway)
dk	デンマーク (Denmark)
es	スペイン (Spain)
ch	スイス (Switzerland)
br	ブラジル (Brazil)
cn	中国 (China)

「名前解決」の仕組み

ホームページを見るときはWebブラウザにURLを入力します。URLは人間にとってわかりやすい文字列ですが、そのままではコンピューターは理解できません。コンピューターが目的のWebサーバーを探す場合はIPアドレスである必要があります。そこで 図9-14 のようにWeb上に設置された**ネームサーバー**に、Webサーバーのホスト名に対応するIPアドレスを問い合わせています。この仕組みを **DNS** と呼び、DNSを使ってIPアドレスを確認することを「**名前解決**」と呼びます。

例えば電話番号がわからないお店に電話をしたい場合、NTTの番号案内サービスである局番104に問い合わせをすることができます。しかし、104にその店の電話番号が登録されていなければ、教えてもらうことはできないでしょう。こ

用語

FQDN (*Fully Qualified Domain Name*)

参考

.jpドメインのネームサーバーは次のFQDNになっています。

・プライマリ
ns0.nic.ad.jp (JPNIC)

・セカンダリ
ns0.iij.ad.jp (株式会社インターネットイニシアティブ)
dns0.spin.ad.jp (ジェンズ株式会社)
ns.wide.ad.jp (WIDE Project)
ns-jp.sinet.ad.jp (国立情報学研究所)
ns-jp.nic.ad.jp (JPNIC)
※JPNICのホームページより

用語

gTLD (*generic Top Level Domain*)

ccTLD (*countrycode TLD*)

参考

実際にはURLを直接入力することは少なく、検索サイトなどを使って目的のホームページを探すことが多いかと思います。

用語

DNS (*Domain Name System*)

9-3 | URLって何だろう?

の例と同じように、目的のWebサーバーがネームサーバーに登録されていなければアクセスしたくても名前解決が行われないため、そのWebサーバーにたどり着くことができません。

ドメイン名やFQDNからIPアドレスを求めたいクライアントは、自身が所属するネットワーク内のローカルDNSサーバーに名前の問い合わせを行います。**ローカルDNSサーバー**は最初に**ルートDNSサーバー**に問い合わせ、トップレベルドメインのDNSサーバーのIPアドレスを取得します。次にそのIPアドレスを使ってjpドメインのDNSサーバーにco.jpドメインのDNSサーバーのIPアドレスをたずねます。同じようにドメインのレベルを落としていくことによって、最終的に目的のドメイン名のIPアドレスが取得できます。

用語
ローカルDNSサーバー
問い合わせを行うクライアントが所属するネットワーク内にあるDNSサーバーです。通常、クライアントの中にプライマリDNSサーバー、セカンダリDNSサーバーなど、複数のローカルDNSサーバーを設定しておきます。

用語
ルートDNSサーバー
世界中に13台あります。nslookupコマンド(*Appendix*参照)使うとわかりますが、A.ROOT-SERVERS.NETなどの名前です。AからMまで名前が付いています。

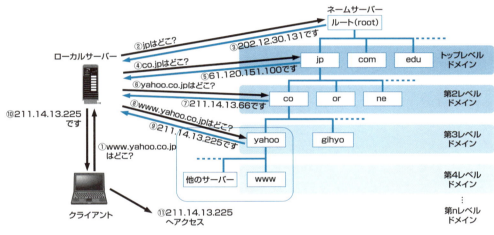

図9-14 ドメインツリーとDNS問い合わせ

確認問題

Q1 "www.abc.example.co.jp"の第4レベルドメインは何ですか?

A1 abcになります。ドメイン名のレベルは右から順にドットで区切られます。

Q2 ftp.example.comというFQDNのサーバーに対してFTPを利用する場合、何というURLを使いますか?

A2 ftp://ftp.example.comです。ftp:をスキームと呼びます。

9-4 送ったメールはどうやって処理される?

- ☑ メールアドレスの意味を学ぼう
- ☑ SMTPとPOPの仕組みを理解しよう
- ☑ メールの表現形式を学ぼう

9-4-1 メールアドレスを学ぼう

本書の読者であれば**メールアドレス**を持っているのではないでしょうか。最近では会社や学校用、プライベート用、携帯用、フリーメール用など、1人でいくつものメールアドレスを持っている人も多いです。これらのメールアドレスはすべて

> ユーザー名@メールサーバー名

というフォーマットになります。この中の@はアットマークと呼び、英単語のatを記号にしたものです。

メールアドレスのルール

a@b (*a at b*) は「BにいるAさん」という意味です。例えばtaro@mail.goo.ne.jpというメールアドレスは、mail.goo.ne.jpというサーバーにいるtaroさんになります。

taroは**ユーザー名**（アカウントまたはメールアカウント）と呼びます。mail.goo.ne.jpはmailというホスト名のサーバーがgoo.ne.jpというドメインにありますよ、ということになります。

ホスト名がなくドメイン名だけのメールアドレスもあります。09012345678@docomo.ne.jp という携帯電話のメールアドレスの場合、「docomo.ne.jpというドメインにいる09012345678さん」になります。

> ⚠️ 注意
> 現在は携帯電話番号をそのままユーザー名に使わないように、携帯電話会社からアナウンスされています。

9-4-2 メールはどうやって送信される?

メールのやりとりにはメールソフトウェアを使います。このメールソフトウェアを**メーラー** (*Mailer*) と呼びます。このアプリケーションを使用する場合は初期設定としてSMTPやPOP3というサーバーのIPアドレス（またはホスト名）を設定する必要があります 。このSMTPとPOP3はプロトコルの名前でメールはこれらのプロトコルによって処理されています。

> 📘 参考
> YahooメールやGmailのようなWebメールの場合、ブラウザがメーラーになります。

9-4 | 送ったメールはどうやって処理される？

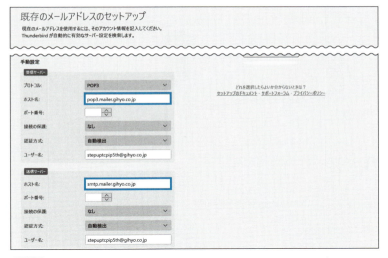

図9-15 POP3とSMTPサーバーのアドレスを設定（Thunderbirdの場合）

SMTPでメールを送信する

SMTPはメールを送信する際に使用されるプロトコルです。

電子メールソフトウェアであて先、題名、本文などを入力してメール送信ボタンを押すとメールが送信されます。送信されたメールは、まずSMTPサーバーへ送られます 図9-16 。

> **用語**
> SMTP（*Simple Mail Transfer Protocol*）
> 簡易メール転送プロトコル

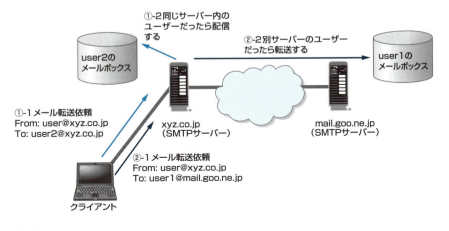

図9-16 SMTPの概要

SMTPサーバーでは、あて先が自分自身に登録されたユーザーあての場合は、そのユーザーのメールボックスに**配信**（*Delivery*）します。メールボックスとは、ユーザーのメールが格納されるデータ領域のことです。

もしあて先が自分自身に登録されていない場合は、SMTPサーバーはSMTPプロトコルを使って他のSMTPサーバーへメールを**転送**（*Transfer*）します。転送が必要かどうかはメールアドレスの@以降に書いてあるメールサーバー名やドメイン名を見て判断しています。転送される際にはTCPポートとして25番を使用して 図9-17 のような処理を行っています。

9 インターネット上で何ができる？

PART 9 インターネット上で何ができる？

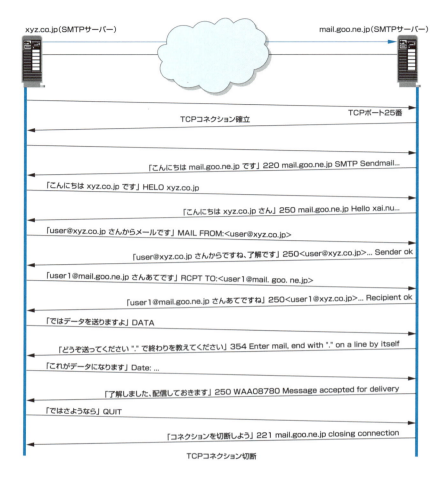

図9-17 SMTPを使ってメールを送信するシーケンス

9-4-3 パソコンでメールを受信しよう

SMTPで配信や転送されたメールデータは、ユーザーごとにメールボックスという領域に保存されます。パソコンで送られてきたメールを見るには、自分のメールボックスにアクセスして、メールデータを取りに行く必要があります。

POPでメールを受信する

メールデータをメールサーバーから取り込むには**POP**（ポップ）というプロトコルを使います。現在はバージョン3のPOPが使われているため、**POP3**とも呼ばれます。

メールサーバーが**POPサーバー**（またはPOP3サーバー）になり、メーラーの入ったパソコンが**POPクライアント**（またはPOP3クライアント）になります。

POPでは、まず認証処理としてユーザー名とパスワードの確認を行います。メールのやり取りをパソコンで行う方はご存知のように、メーラーの設定でユーザー名とパスワードを入力します。

認証が終わるとメールの取り込みを行います。メーラーを使うと自動的に全部

用語
POP（*Post Office Protocol*）

9-4 | 送ったメールはどうやって処理される？

のメールをダウンロードしてくれます 図9-18 。

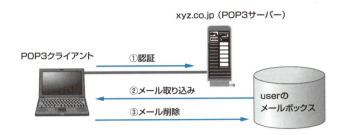

図9-18　POPの概要

メールの取り込みが終わると、そのメールデータをメールボックスから削除します。削除しないとメールボックスがいっぱいになって容量オーバーしてしまうからです。POPを使って取り込んだメールデータはパソコンに保存しておけます。
POPの詳しい動きは 図9-19 のようになります。

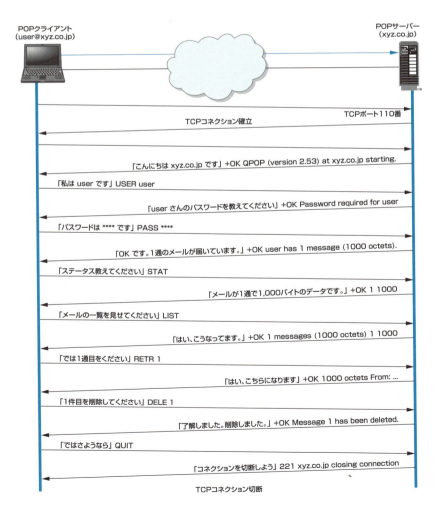

図9-19　POPを使ってメールを受信する処理のシーケンス

249

9-4-4 添付ファイルはどんな形で送られる？

インターネットでやりとりするメールは、もともとテキストしか送れないシステムでした。テキストとは文字列のことです。さらに、英語圏で生まれたシステムなので、英語の使用が前提となっていました。

メールテキストはASCIIコードが基本

ここでテキストとして**アスキーコード**（ASCIIコード）が使われます。

表9-07 はアスキーコードの一覧です。0x00番の<NULL>という制御文字から、0x7f番の<DEL>という制御文字まで、128通りの文字が定義されています。

表9-07 ASCIIコード一覧

	0x00	0x10	0x20	0x30	0x40	0x50	0x60	0x70
0	<NULL>	<DLE>	<SP>	0	@	P	`	p
1	<SOL>	<DC1>	!	1	A	Q	a	q
2	<STX>	<DC2>	"	2	B	R	b	r
3	<ETX>	<DC3>	#	3	C	S	c	s
4	<EOT>	<DC4>	$	4	D	T	d	t
5	<ENQ>	<NAC>	%	5	E	U	e	u
6	<ACK>	<SYN>	&	6	F	V	f	v
7	<BEL>	<ETB>	'	7	G	W	g	w
8	<BS>	<CAN>	(	8	H	X	h	x
9	<HT>	<EM>	)	9	I	Y	i	y
a	<LF/NL>	<SUB>	*	:	J	Z	j	z
b	<VT>	<ESC>	+	;	K	[	k	{
c	<FF>	<FS>	,	<	L	¥	l	|
d	<CR>	<GS>	-	=	M	]	m	}
e	<SO>	<RS>	.	>	N	^	n	~
f	<SI>	<US>	/	?	O	_	o	<DEL>

注：<>で表されたところは制御文字と呼び、文字列の制御用に使われます。

"A"という文字を表すアスキーコードは0x41です。通常、メールではこのアスキーコードの範囲のデータをやりとりするだけです。

しかし、これだと日本語のひらがなや漢字、画像データなどが表現できません。そこで**MIME**（マイム）という仕様ができました。このMIMEによって、どんなデータもアスキーコードで表現されるデータ形式に変換できるのです 図9-20 。この変換したデータをメールに使えるので、日本語の文章や添付ファイルも送受信できます。

MIMEで受信したメールを見てみましょう。最後の方で意味不明な英数字や記号の羅列がMIMEで変換した画像データになります。また、日本語もアスキーコードで表現できないため、図9-21 のようにMIMEで表現されます。

用語

MIME（*Multipurpose Internet Mail Extensions*）
多目的インターネットメール拡張仕様

9-4 | 送ったメールはどうやって処理される？

図9-20 MIMEで表示された画像ファイル

```
MIME-Version: 1.0
Content-Type: multipart/mixed; boundary="boundary_example"
```
> ここまで "本文と添付ファイル" の複数の情報があることを示します

```
--boundary_example
Content-Type: text/plain; charset="iso-2022-jp"
Content-Transfer-Encoding: 7bit
```
> 最初の情報は日本語テキストです（文章は英語ですが、メーラーの設定が日本語になっているためです）

```
The attachment is a gif file.
```
> この部分が本文です

```
--boundary_example
Content-Type: image/gif; name="test.gif"
Content-Transfer-Encoding: base64
Content-Disposition: attachment; filename="test.gif"
```
> 2つ目の情報はgif形式のイメージ（画像）ファイルです。"test.gif" という名前の添付ファイルでBase64でエンコードされています

```
R0lGODlhZgBlAMQAAFIaE5YbDtiknNEkDrOblotcVf7+/c5mW9esHNJRMun
GtvHQyt/OHtaHfb0eDqZKOd8lDZqKhNjNyOPUa8I0IMqFHPXr5+EzIem3s6
... (base64エンコードされたGIFデータ) ...
```

図9-21 MIMEで表示された日本語テキスト

```
MIME-Version: 1.0
Subject: =?iso-2022-jp?B?GyRCJTgbKEI=?=
```
> この部分がメールの件名で、「テスト」という日本語文字列です

```
Content-Type: text/plain; charset="iso-2022-jp"
Content-Transfer-Encoding: 7bit
```
> この部分で本文が平文で、かつISO-2022-JPであることを示します

```
B$3$l$OF|K\8l$G$9!#
```
> この部分がISO-2022-JPでエンコードされた本文です。デコードすると「これが日本語です。」

確認問題

Q1 メールアドレスはユーザー名と組織名をどの文字を使って区切りますか？

A1 @（アットマーク）です。このような区切り文字をデリミタ（*Delimiter*）とも呼び、用途によっては%、#、!などが使われることもあります。しかしメールアドレスに関しては@と覚えましょう。

Q2 POPサーバーのポート番号はいくつですか？

A2 110番です。POPはTCPで動きます。POPと同様にメールを受信するためのプロトコルは他にIMAPがあります。こちらは143番を使います。

Q3 利用者のパソコンから電子メールを送信するときや、メールサーバー間で電子メールを転送するときに使われるプロトコルは何ですか？

A3 SMTP（*Simple Mail Transfer Protocol*）です。利用者のパソコンがメールサーバーのメールボックスから電子メールを取り出すときに使用するプロトコルにはPOP3やIMAPがあります。

9-5 クラウドコンピューティングとは？

学習の概要
- クラウドを理解しよう
- クラウドの種類を理解しよう
- クラウドで利用される仮想化を理解しよう

かつて企業においてメールを利用するには、自社のマシンルームにMicrosoft Exchange Serverやsendmailなどのソフトウェアを導入したメールサーバーを構築するのが一般的でした。

しかし、現在ではGoogle WorkspaceのGmailやMicrosoft 365のExchange Onlineなど、クラウド上で提供されるメールサービスを利用する企業が圧倒的に増えています。これらのサービスを利用すれば、自社でサーバーやストレージを用意する必要がなく、初期費用や運用コストを大幅に削減できます。

AWSやMicrosoft Azure、GCPといったハイパースケーラーと呼ばれる巨大なクラウドサービスプロバイダーの登場により、クラウドコンピューティングはさらに進化しました。彼らは、世界中に広がる巨大なデータセンターと、仮想化技術を駆使した高性能なコンピューティングリソースを提供しています。

これらのサービスは、**9-1-3**で紹介したサーバー仮想化技術を基盤としています。インターネット上で仮想技術により提供されるサーバー、ストレージ、ネットワークなどのコンピューターリソースを**クラウド**または**クラウドコンピューティング**と呼び、クラウド上で提供されるサービス（アプリケーション）を**クラウドサービス**と呼びます。

> **用語**
> **ハイパースケーラー**
> 膨大な計算能力とストレージ容量を持ち、大規模なデータセンターを運営し、クラウドサービスを提供する事業者のことです。

9-5-1 クラウドの分類

クラウドサービスはその利用形態に応じて、**〇〇アズアサービス**（〇〇-as-a-Service）と呼ばれます。クラウドでどのようなサービスが提供されるかによってさまざまなアズアサービスが存在しますが、次の3種類のアズアサービスに大きく分類されます。

SaaS

SaaSはSoftware as a Serviceの略で「サース」と読みます。

従来のソフトウェアは、CD-ROMなどのメディアやダウンロードによって入手し、ユーザーのパソコンにインストールして利用するパッケージ製品が主流でした。これに対しSaaSは、プロバイダー（サービス提供者）側のコンピューター上でソフトウェアを稼働させ、インターネット経由でサービスとして提供する形態です。ユーザーは料金を支払うことで、必要な機能を必要な期間だけ利用できます。

SaaSの大きなメリットは、初期費用や運用コストを大幅に削減できる点です。従来のパッケージソフトウェアでは、購入費用に加えて、サーバやネットワークなどのインフラ構築、ソフトウェアのインストール、アップデート、メンテナン

> **参考**
> 一定期間利用するサービスに対して、利用期間に応じて費用を支払うビジネスモデルをサブスクリプションモデルと呼びます。

スなど、多大なコストと手間がかかっていました。SaaSでは、これらの作業が不要となり、IT管理者の負担を軽減できます。

また、SaaSは場所やデバイスを選ばずに利用できる点も大きな魅力です。インターネットに接続できる環境であれば、パソコン、スマートフォン、タブレットなど、あらゆるデバイスからアクセスできます。そのため、場所や時間に縛られずに、柔軟な働き方を実現できます。

さらに、SaaSではデータがインターネット上に保存されるため、データの共有や共同作業が容易になります。複数のユーザーが同時に同じデータにアクセスし、編集することができるため、チームワークの向上や業務効率化に貢献します。

具体的なSaaSのサービスとしては、以下のようなものがあります。

- オフィススイート（Microsoft 365、Google Workspaceなど）
- 顧客関係管理（CRM）（Salesforceなど）
- オンラインストレージ（Box、Dropbox、Google Driveなど）
- 人事管理（Workday、SAP SuccessFactorsなど）
- コミュニケーションツール（Slack、Microsoft Teamsなど）
- 会計ソフトウェア（freee、マネーフォワード クラウドなど）

参考

Microsoft 365
https://www.microsoft.com/ja-jp/microsoft-365
Google Workspace
https://workspace.google.com/intl/ja/
Box
https://www.box.com/ja-jp/

PaaS

PaaSはPlatform as a Serviceの略で「パース」と読みます。

PaaSは、ソフトウェアを稼働させるために必要なハードウェアやOSなどのプラットフォームを、インターネット上のサービスとして提供します。ユーザーは、PaaS上で提供される開発環境を利用して、アプリケーションを開発・実行できます。

具体的にはPaaSには、サーバー、OS、プログラミング言語の実行環境（Java、Python、Rubyなど）、データベース（MySQL、PostgreSQLなど）、ミドルウェア（アプリケーションサーバー、Webサーバーなど）、開発ツール（デバッガ、バージョン管理システムなど）が含まれます。

PaaSを利用するメリットは、インフラの構築や管理が不要になることです。ハードウェアやOSの導入・設定、ソフトウェアのインストール、セキュリティ対策など、従来は開発者が行っていた作業をPaaSプロバイダーが代行してくれるため、開発者はアプリケーションの開発に集中できます。

また、PaaSはスケーラビリティにも優れています。アプリケーションの負荷に応じて、必要なリソースを柔軟に増減させることができます。そのため、急激なアクセス増加にも対応でき、安定したサービスを提供できます。

例えば、Webメールサービスを構築する場合を考えてみましょう。GmailのようなサービスはSaaSとして提供されていますが、会社独自のメールサーバーを構築したい場合は、PaaSを利用するのが効率的です。PaaS上でメールサーバーを構築すれば、ハードウェアやOSの管理をPaaSプロバイダーに任せ、開発者はメールサーバーの機能開発に集中できます。　代表的なPaaSサービスとして、AWS Elastic Beanstalk、Microsoft Azure App Serviceなどがあります。

IaaS

IaaSはInfrastructure as a Serviceの略で「アイアース」「イアース」「ヤース」などと読みます。

IaaSは、サーバー⦿、ネットワーク、ストレージなどのITインフラストラクチャを、インターネット経由でサービスとして提供する形態です。従来は、物理的なサーバーをレンタルするサーバーホスティングが主流でしたが、IaaSでは仮想化技術を利用することで、より柔軟で効率的なインフラ利用が可能になりました。

IaaSでは、CPU、メモリ、ストレージなどのリソースを必要な分だけ、必要な期間だけ利用できます。そのため、従来のように物理的なサーバーを調達・設置・管理する必要がなく、初期費用や運用コストを大幅に削減できます。また、リソースの増減も容易に行えるため、ビジネスの成長や変化に柔軟に対応できます。

主なIaaSのサービスとしては、Amazon EC2、Google Compute Engine、Microsoft Azure Virtual Machinesがあります。

> **参照**
> サーバー仮想化については**9-1-3**（230ページ）を参照してください。

9-5-2　クラウドの利用形態

クラウドコンピューティングは、どのように利用するかによって、大きく4つの形態に分けられます。

プライベートクラウド（オンプレミス型とホステッド型）

特定の企業や組織のみが利用するクラウド環境として**プライベートクラウド**があります。プライベートクラウドには、自社内にサーバーやネットワークなどのインフラを構築する**オンプレミス型**⦿と、クラウド事業者のデータセンターにプライベートクラウドを構築する**ホステッド型**⦿の2種類があります。

自社専用クラウドを構築することで、セキュリティやコンプライアンスの要件を満たしやすくなるというメリットがあります。オンプレミス型は初期費用は高額になりますが、運用コストを抑えられ、カスタマイズの自由度が高いというメリットがあります。一方、ホステッド型はインフラの構築や運用をアウトソース◉できるため、初期費用や運用コストを抑えられるというメリットがあります。

> **参照**
> オンプレミスでのサーバー構築については**9-1-2**（229ページ）を参照してください。

> **参照**
> ホステッド型は**9-1-2**（230ページ）で説明したハウジングやホスティングにより構築される形態です。

> **用語**
> **アウトソース**
> 社内業務の一部を外部企業や個人事業主などに委託することです。外部委託とも呼びます。

パブリッククラウド

不特定多数のユーザーが利用できるクラウド環境としてパブリッククラウドがあります。代表的なパブリッククラウドとしてはAWS、Microsoft Azure、GCPなどが挙げられます。これらのサービスは、世界中の企業や個人に、コンピューティングリソースやストレージ、データベースなどのITインフラを提供しています。

パブリッククラウドは初期費用が低く、必要なときに必要な分だけリソースを利用できるというメリットがある一方、セキュリティやコンプライアンスの要件を満たすのが難しい場合があるというデメリットもあります。

ハイブリッドクラウド

プライベートクラウドとパブリッククラウドを組み合わせた利用形態として**ハイブリッドクラウド**があります。例えば、機密性の高いデータはプライベートクラウドで管理し、一般公開するWebサイトなどはパブリッククラウドで運用するといった使い方ができます。

ハイブリッドクラウドは各クラウドのメリットを活かせるため、コストとパフォーマンスのバランスを最適化でき、セキュリティと柔軟性を両立できるというメリットがあります。

9-5-3　クラウドで利用されるさまざまな仮想化

クラウドコンピューティングには以下のようなさまざまな仮想化技術が存在します。これらは単体または組み合わせて利用され、ハードウェアリソースが効率的に活用されます。

PC仮想化（デスクトップ仮想化）

デスクトップ仮想化とは、仮想化技術を用いて、Windowsパソコンなどのクライアントマシンのデスクトップ環境をサーバー上で実行し、ユーザーはさまざまなデバイスからそのデスクトップ環境にアクセスして利用する技術です。

従来のデスクトップ環境では、個々のパソコンにOSやアプリケーションをインストールしていましたが、デスクトップ仮想化では、これらをサーバー上に集約することで、管理の効率化、セキュリティの強化、柔軟な働き方の実現など、多くのメリットをもたらします。

デスクトップ仮想化は、大きく分けてVDI、DaaS、IDVの3つの種類に分けられます。

VDI は、企業内でサーバーを構築し、仮想デスクトップ環境を提供する方式です。オンプレミス型とクラウド型のVDIがあり、オンプレミス型は自社でサーバーやストレージなどのインフラを管理するため、初期費用が高額になりますが、セキュリティやコンプライアンスの要件を満たしやすくなります。

一方、クラウド型VDIは、クラウド事業者が提供するIaaS上に、ユーザーが自らVDI環境を構築する形態です。インフラはクラウド事業者から提供されますが、VDIソフトウェアの導入・設定・運用はユーザー自身が行います。そのため、オンプレミス型VDIと比べて初期費用を抑えられ、ハードウェアの運用管理をアウトソースできます。ただし、VDIソフトウェアの運用管理はユーザー自身が行う必要があります。

代表的なVDIソフトウェアにはCitrix Virtual Apps and DesktopsやVMware Horizonがあります。

DaaS は、クラウド事業者が提供する仮想デスクトップサービスを利用する方式です。インフラの構築や管理、OSやアプリケーションのアップデートなどをすべてクラウド事業者が行うため、ユーザーはデスクトップ環境の利用に集中できます。サブスクリプション型で提供されることが多く、必要な時に必要なだ

> **用語**
> VDI（*Virtual Desktop Infrastructure*）

> **用語**
> DaaS（*Desktop as a Service*）

けリソースを利用できます。

代表的なDaaSサービスにはAmazon WorkSpacesやAzure Virtual Desktopがあります。

IDVは、デスクトップ仮想化とアプリケーション仮想化を組み合わせた方式です。ユーザーが必要とするアプリケーションのみを仮想化して配信します。これにより、リソースの使用量を削減し、パフォーマンスを向上させることができます。ユーザーはPC環境全体を転送するよりも起動時間が早く、短い応答時間でアプリケーションを遠隔から利用できます。

IDVはVDIソフトウェアの一機能として提供されることが多いです。

デスクトップ仮想化では、データはサーバー上に集約されるため、端末の紛失や盗難による情報漏えいのリスクを低減できます。また、OSやアプリケーションのアップデート、セキュリティパッチの適用などを一括で行えるため、管理者の負担を軽減できます。

さらに、ハードウェアの調達・運用コストを削減できる点もメリットです。場所やデバイスを選ばずに、セキュアなデスクトップ環境にアクセスできるため、テレワークやモバイルワークにも最適です。

用語
IDV (*Intelligent Desktop Virtualization*)

ストレージ仮想化

ストレージ仮想化とは、複数の物理ストレージを論理的に統合し、**ストレージプール**と呼ばれる1つの大きな仮想ストレージとして管理する技術です。これにより、ストレージ容量の効率的な利用、データ管理の簡素化、柔軟なリソース割り当てなどが可能になります。

従来のように、個々のシステム（サーバー）に個別のストレージ装置を割り当てていると、システムごとにストレージ容量が余ったり足りなくなったりする問題が発生します。ストレージ仮想化では、すべてのストレージをプールすることで、システム間でストレージ容量を柔軟に割り当てることができ、容量配分を最適化できます。

また、データのバックアップやリストア（復元）、ストレージ装置の移行などを一括して行うことができるようになり、運用管理の効率化にも貢献します。

AWS、Azure、GCPといったハイパースケーラーは、クラウド上でストレージ仮想化サービスを提供しています。AWSではEBSやAmazon S3、AzureではAzure Disk StorageやAzure Blob Storage、GCPではPersistent DiskやCloud Storageなどが利用できます。

これらのサービスは、高いスケーラビリティと可用性を備えており、従量課金制で利用できるため、必要なときに必要な分だけストレージ容量を確保できます。

また、従来型のオンプレミス環境でも、ストレージ仮想化ソフトウェアを利用することで、自社でストレージ仮想化システムを構築することができます。VMware vSAN、Microsoft Storage Spaces Direct、NetApp ONTAPなどが代表的なオンプレミス型ストレージ仮想化ソフトウェアです。これらのソフトウェアは、既存のストレージ資産を活用してストレージ仮想化システムを構築できるため、初期費用を抑えることができます。

参考
クラウドストレージサービスでは、多くの場合このストレージ仮想化が用いられています。HDDやSSDのように手元の機器にデータを保存するのではなく、インターネット（クラウド）上のサーバーにデータを保存します。これにより、場所や端末を問わず、どこからでもデータにアクセスしたり共有したりできます。

用語
EBS (*Amazon Elastic Block Store*)

CPU仮想化

CPU仮想化とは、物理サーバーのCPUを論理的なCPUに分割し、それぞれの仮想サーバー（ゲストOS）に割り当てる技術です。これにより、1台の物理サーバー上で複数の仮想サーバーを同時に実行することが可能になり、ハードウェアリソースの効率的な利用を実現します。また、サーバーの台数を削減することで、コスト削減にもつながります。

最近のCPUは、パッケージ内部で命令を実行するコアと呼ばれる部位が複数あるマルチコアが主流です。また、1つのコアで複数の処理を同時に実行するハイパースレッドと呼ばれる技術により、物理CPUコア1つあたり複数のスレッドを処理できます。

これらの技術により、物理CPUコア数は少なくても、スレッド単位で仮想CPUを割り当てることで、多くの仮想サーバーを稼働させることができます。仮想サーバーに割り当てるCPUリソースは必要に応じて増減できるため、柔軟なリソース割り当てが可能です。

例えば、4つのコアと8つのスレッドを持つCPUの場合、ゲストOSを複数作ることができます。最初の仮想コンピューターには2つの仮想CPUを、次の仮想コンピューターには1つの仮想CPUというように割り当てていき、合計で8つの仮想CPUまで使うことができます。

CPU仮想化は、さまざまな仮想化サービスで利用されています。ハイパーバイザーと呼ばれる、仮想化を実現するためのソフトウェアは、CPU仮想化技術を基盤としています。VMware vSphere、Microsoft Hyper-V、KVM、Xenなど、多くのハイパーバイザーがCPU仮想化をサポートしています。

また、AWS、Azure、GCPといったクラウドサービスでも、CPU仮想化は広く利用されています。Amazon EC2、Azure Virtual Machines、Compute Engineなどの仮想マシンサービスでは、ユーザーは仮想マシンを作成する際に、仮想CPUの数を指定することができます。

> **参考**
> 仮想CPUやvCPUとも呼ばれます。

> **用語**
> **KVM**（*Kernel-based Virtual Machine*）
> Linuxカーネルに組み込まれた仮想化技術で、物理サーバー上に複数の仮想マシンを効率的に作成、実行できます。

ネットワーク仮想化

ネットワーク仮想化とは、従来専用ハードウェアで提供されていたネットワーク機能（ルーティング、ファイアウォール、ロードバランシングなど）をソフトウェアで実現し、汎用サーバー上で実行する技術です。これにより、ネットワークの構築・運用を柔軟に行えるようになり、ハードウェアの制約から解放されます 。

ネットワーク仮想化は、2000年代後半から現在に至るまで、さまざまな進化を遂げてきました。

まず、クラウドコンピューティングの普及とともに、Amazon EC2（2006年）、Microsoft Azure（2010年）、Google Compute Engine（2012年）などのサービスが登場しました。これらのサービスは、仮想マシン、ストレージ、ネットワークなどのリソースを仮想化して提供することで、柔軟性、スケーラビリティ、コスト効率の高いインフラストラクチャを実現し、ハイパースケーラーと呼ばれる巨大IT企業がネットワーク仮想化技術を大規模に活用するようになりました。

2010年代初頭になると、SDNが発展しました。SDNは、ネットワークの

> **用語**
> **SDN**（*Software-Defined Networking*）

PART 9　インターネット上で何ができる？

コントロールプレーンとデータプレーンを分離し、ソフトウェアでネットワークを集中制御することで、ネットワークの構成や設定を動的に変更することができ、より柔軟で効率的なネットワーク運用を可能にしました。

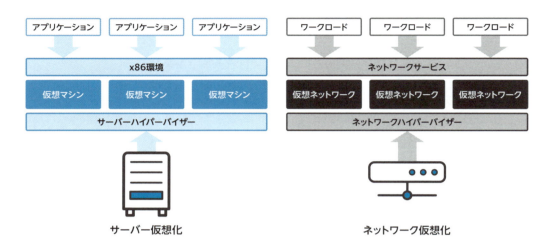

図9-22　サーバー仮想化とネットワーク仮想化

　例えば、VMware vSphere、Microsoft Hyper-Vなどの仮想化基盤では、仮想マシンのネットワークを動的に制御するためにSDNが利用されています。また、AWS、Azure、GCPなどのクラウドサービスプロバイダーは、SDNを用いて大規模なデータセンターネットワークを構築・運用し、柔軟性、スケーラビリティ、コスト効率の高いインフラストラクチャを実現しています。

　企業ネットワークにおいても、SDNの技術を応用したSD-WAN ソリューションが普及しています。SD-WANは、従来のWAN回線をソフトウェアで制御し、トラフィックを最適化することで、コスト削減、パフォーマンス向上、セキュリティ強化を実現します。それと並行して、ネットワーク仮想化技術をセキュリティ分野に適用する動きも進展し、仮想ファイアウォール、仮想侵入検知システム（IDS）、仮想侵入防御システム（IPS）など、さまざまなセキュリティ機能が仮想化されるようになりました。

　2010年代後半には、IoTの普及や5Gの登場により、エッジコンピューティングが注目を集めるようになりました。エッジコンピューティングは、データを発生源に近い場所で処理することで、遅延を削減し、リアルタイム性を向上させることができます。ネットワーク仮想化は、エッジデバイスに仮想ルーターや仮想ファイアウォールを配置することで、エッジネットワークのセキュリティとパフォーマンスを向上させることができます。

　同じく2010年代後半には、クラウドコンピューティングの普及、モバイルワークの増加、サイバー攻撃の高度化などを背景に、ゼロトラスト、SDP 、SASE／SSEといった新しいセキュリティ概念が登場しました。

　SDPは、ソフトウェアで定義された境界によって、アプリケーションへのアクセスを制御します。この境界は、仮想ファイアウォール、仮想ルーター、仮想

用語

SD-WAN (*Software-Defined Wide Area Network*)

用語

SDP (*Software Defined Perimeter*)
SASE (*Secure Access Service Edge*)
SSE (*Security Service Edge*)

9-5 | クラウドコンピューティングとは？

スイッチなどの仮想化されたネットワーク機能によって実現されます。

SASE/SSE も、ネットワークセキュリティ機能（ファイアウォール、IDS/IPS、アンチウイルスなど）を仮想化し、クラウド上で提供することで、ユーザーがどこにいても、安全にアプリケーションやデータにアクセスできるようにします。

ネットワーク仮想化は、データセンター、WAN、LANなどの個々のセグメントで進化してきましたが、企業がデジタルトランスフォーメーションを推進し、クラウド、モバイル、IoTなどの技術を活用していくためには、これらのセグメントを統合し、より包括的なネットワーク仮想化戦略を策定することが重要になっています。

その際に、ゼロトラストセキュリティを組み込むことで、セキュリティリスクを低減し、安全なネットワーク環境を構築することができます（**10-2**参照）。

確認問題

Q1 インターネット上で提供される仮想サーバーや仮想ストレージなどのコンピューターリソースの利用形態を何と呼びますか？

A1 クラウドコンピューティング（クラウド）です。クラウドはインターネット経由でコンピューティング（パソコンやサーバーなどの計算環境）、データベース、ストレージ、アプリケーションなどのIT資源を従量課金でいつでも使いたいときに利用できます。

Q2 Microsoft 365やGoogle Workspaceなど、さまざまなソフトウェアがクラウド上でサービスとして利用される形態を何といいますか？

A2 SaaS（Software-as-a-Service）です。SaaSを使用することでユーザーは専用のコンピューターやソフトウェアを自社に導入しなくても、サブスクリプションと呼ばれる月額または年額のライセンス料を支払うだけでソフトウェアが利用できるようになります。

Q3 CPU仮想化の主な目的として、最も適切なものはどれですか？

❶ 物理サーバーの冷却効率を向上させること
❷ 1台の物理サーバー上で複数の仮想サーバーを同時に実行し、ハードウェアリソースを効率的に利用すること
❸ ネットワークの通信速度を向上させること
❹ データのバックアップと復旧を容易にすること

A3 ❷が正解です。詳細は257ページの解説を参照してください。

Q4 ネットワークのコントロールプレーンとデータプレーンを分離し、ソフトウェアで集中制御する技術は何と呼ばれていますか？

❶ クラウドコンピューティング
❷ SDN
❸ IoT（Internet of Things）
❹ エッジコンピューティング

A4 ❷が正解です。詳細は257ページの解説を参照してください。

Let's Try!

練習問題

解答は別冊14ページ

Q1

WebブラウザでURLにhttps://ftp.example.jp/index.cgi?port=123と指定したときに、Webブラウザが接続しにいくサーバーのTCPポート番号はどれですか?

❶ 21　　　　❷ 80　　　　❸ 123　　　　❹ 443

Q2

TCP/IP ネットワークで利用されるプロトコルのうち、アプリケーション層のものはどれですか?該当するものをすべて選択してください。

❶ FTP　　　　❷ HTTP　　　　❸ FQDN　　　　❹ TELNET

Q3

電子メールシステムで使用されるプロトコルであるPOP3の説明として、適切なものはどれですか?

❶ PPPのリンク確立後に、利用者IDとパスワードによって利用者を認証するときに使用するプロトコルである
❷ メールサーバー間でメールメッセージを交換するときに使用するプロトコルである
❸ メールサーバーのメールボックスから電子メールを取り出すときに使用するプロトコルである
❹ 利用者が電子メールを送るときに使用するプロトコルである

Q4

http://www.yahoo.co.jpのような文字列を何と呼びますか?また、http:は何を意味しますか?

Q5

クラウドのプロバイダーが提供するクラウドコンピューティング環境を利用して不特定多数の企業や個人にインターネット経由で提供されるサービスはどれですか?

❶ プライベートクラウド (オンプレミス型)
❷ プライベートクラウド (ホステッド型)
❸ パブリッククラウド
❹ ハイブリッドクラウド

PART 10

ネットワークセキュリティ
を理解しよう

この Part では、ネットワークを利用する上で欠かせない「セキュリティ」
に関して、基本概念と主な脅威、対策方法、インターネットで利用され
るセキュリティ技術について紹介します。

10-1 情報セキュリティって何だろう？

10-2 ネットワークでセキュリティ対策を行おう

10-3 境界型セキュリティモデルとゼロトラストモデル

10-1 情報セキュリティって何だろう？

学習の概要
- セキュリティの三大理念を理解しよう
- セキュリティでの脅威に何があるかを知ろう
- 人的セキュリティとは何かを理解しよう

今日、パソコンやスマートフォンなどを用いたインターネットへのアクセスは生活に欠かせないものとなってきています。しかしその一方で、ウイルス感染、不正アクセス、盗聴、情報漏えい、インターネット詐欺、迷惑メール、プライバシー侵害といった脅威も増えています。

家庭でインターネットにアクセスしてウイルスに感染しても影響は自宅のパソコンだけに限られますが、企業ネットワークにおいては1台のパソコンがウイルスに感染すると、企業全体に多大な影響を与えてしまうこともありえます。

安全にインターネットを利用する上で、管理者とともに利用者もネットワークセキュリティに関する知識向上が不可欠です。

> 参考
> 自社だけにとどまらず、他組織や顧客にも影響を与えるケースが増えています。このような連鎖的に攻撃範囲を広げる攻撃手法をサプライチェーン攻撃と呼びます。

10-1-1 情報セキュリティの三大基本理念

1992年、OECD（経済協力開発機構）による「情報システムのセキュリティのためのガイドライン」にて、次の3つの項目が定義されました。

- 機密性（または秘匿性、Confidentiality）
- 完全性（または一貫性、Integrity）
- 可用性（または利用可能性、Availability）

これら3項目の頭文字を合わせて **CIAトライアド** と呼び、情報セキュリティの三大基本理念としています。情報セキュリティの基本理念に対する脅威と主な対策手法は 表10-01 の通りです。

> 用語
> OECD（Organization for Economic Co-operation and Development）

>
> 参考
> OECDのガイドライン
> 1992年に制定後、1997年に見直し、2003年に「情報システム及びネットワークのセキュリティのためのガイドライン － セキュリティ文化の普及に向けて」として改訂版が出されています。

表10-01 主な情報セキュリティの種類と対策

	脅威の種類	対策技術	対策装置	説明
機密性	盗聴、不正アクセス、搾取など	ユーザー認証、暗号化	ファイアウォール、VPN、IDS/IPS	アクセスを認可されたユーザーだけが情報にアクセスできるようにすること。機密性を確保するには、情報の漏えいやなりすましといった不正アクセスから保護する対策が必要となる
完全性	改ざん、なりすましなど	データ認証、電子署名、暗号化	ファイアウォール、VPN、IDS/IPS	正しい情報処理が行われ、正確で完全な内容であることを保護すること。情報の改ざんを防ぐ
可用性	DoS攻撃、ランサムウェアなど	フィルタリング、冗長化、データバックアップ	ファイアウォール、帯域制御装置	アクセスを認可されたユーザーが必要な情報にアクセスできるのを確実にすること。システムダウンすることのないようにサーバーやネットワーク機器を運用することが大切となる

10-1-2 セキュリティ脅威の種類

一般的に「悪意」というと、「道徳的な価値判断として悪いことを意識していること」を指しますが、法律用語で「悪意」とは「ある事実について知っていること」を言います。

復讐、気晴らし、興味本位であれ、法律用語でいう「悪意」によって情報資産に直接的あるいは間接的に損害を与えることを**攻撃**（*Attack*）と呼びます。

ネットワークの利用時や運用時に発生しうる、情報資産への損害に対する要因のことを**脅威**（*Threat*）や**リスク**（*Risk*）と呼びます。

脅威には攻撃を受けるといった人的要因によるものと、突然の停電や落雷によってデータを失ってしまうといった事故や自然災害によるものがあります。

> **参考**
> 法律用語「悪意」の反対は「善意」で、その意味は「ある事実について知らないこと」となります。

自然災害や事故による脅威の回避

人的要因以外のセキュリティ脅威には次のようなものがあります。

- 雷やその他の自然災害による電気的な障害
- 使用しているネットワーク機器のソフトウェアバグやハードウェア故障による機器障害
- 通信経路途中のネットワーク機器の障害

これらの脅威には、次のような対策方法があります。

- **UPS**
  Uninterruptible Power Supplyの略で、**無停電電源装置**のことです。サーバーやパソコンでは、正常なシャットダウン処理を行わずに、急に電源を切られるとハードディスクやファイルシステムが壊れてしまう可能性があります。
  UPSは、停電などが発生した際などに、サーバーやパソコンに自動シャットダウンを行わせる信号を送信し、シャットダウンが完了するまで電力を供給してくれる装置です。これによって、ディスク破損などのリスクを抑えることができます。

用語
UPS（*Uninterruptible Power Supply*）

- **冗長構成**
  同じ処理を行うことができるサーバーやネットワーク機器を2台以上用意することで、1台が壊れても残りの機器で処理が続けられる構成を**冗長構成**（*Redundant Configuration*）または**HA**と呼びます。
  例えばルーターの場合、VRRPというプロトコルを使うことで2台（またはそれ以上）のルーター間で1台の仮想ルーターを構成できます。このとき、仮想ルーターを構成するルーターはマスタ機（稼動系）とバックアップ機（待機系）に役割を分け、通常はマスタ機によってルーティングなどの制御が行われます。マスタ機が故障すると、バックアップ機がそれを検知してマスタ機の役割を引き継ぎます。
  複数の装置を使った冗長構成のうち、稼動系と待機系に役割を分けるものを「ア

用語
HA（*High Availability*）
高可用性という意味です。

用語
VRRP（*Virtual Router Redundancy Protocol*）
RFC 3768で規定されています。Cisco Systemsが開発したHSRPという独自プロトコルが原型です。

クティブスタンバイ (Active-Standby)」と呼びます。複数台をすべて稼動系として運用することを「**アクティブアクティブ** (Active-Active)」と呼びます。アクティブアクティブの構成は、負荷分散装置を使って通信を複数機器に分散させたり、ルーティングプロトコルによって経路を制御することで実現できます。

- データ保護
データのバックアップを取っておいたり、ハードディスクをRAID構成にしたりして情報資源を災害リスクから守ることが望ましいです。

用語
RAID (*Redundant Arrays of Inexpensive Disks*)
複数台のハードディスクを組み合わせて仮想的な1台のハードディスクとして運用する技術です。これにより1台が障害に陥っても、残りのハードディスクにはデータが残り、使用を続けることが可能です。

人的要因による脅威

人的要因のセキュリティ脅威には次のようなものがあります 図10-01。

参考
これら脅威は**10-1-3**（265ページ）で説明するツールや、**10-1-4**（269ページ）で説明する悪意あるプログラムを用いて実施されます。

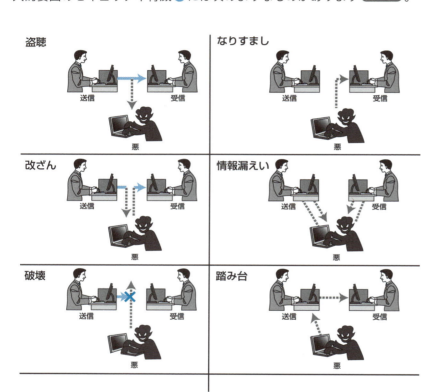

図10-01　人的要因による脅威

- 盗聴
ネットワーク上を流れるデータが傍受され、クレジットカード番号やパスワードといった重要情報を知られてしまうことです。
- なりすまし
他人によって自分になり代わってメールを送受信されたり、通信相手になり代わられたフィッシング詐欺や不正請求の被害に遭うことです。
- 改ざん
ホームページやメールなどの通信内容を書き換えられてしまうことです。

10-1 | 情報セキュリティって何だろう?

- 情報漏えい
  情報漏えいパソコンやサーバー上の重要ファイルや個人情報などが流出してしまうことです。

- 破壊
  コンピューターウイルスの感染やDoS攻撃 🔍 によりシステムが機能しなくなることです。

- 踏み台
  ウイルスの配布やDoS攻撃の踏み台にされることです。

- 迷惑メール
  営利目的で無差別に大量発信するメールが送られてくることです。

> 🔍 **参照**
> DoS攻撃については**10-1-3**（266ページ）を参照してください。

脅威となる人物

人的要因のセキュリティ脅威となる人物をどのように呼ぶか、次にまとめます。

- ハッカー
  「ハッカーに侵入された」という言い回しを耳にしますが、ハッカーとはコンピューター技術に詳しい人の総称で、攻撃者を指すものではありません。

- クラッカー
  不正なネットワークアクセスや情報の盗聴、改ざんを行うなど不正行為をする人のことです。

- アタッカー
  DoS攻撃を行うなどしてシステムを停止させることを目的にしたクラッカーのことです。

- 荒らし 🔍
  大量のメールを送り付けたり、掲示板に大量の広告、批判目的、または無意味の書き込みを行う人のことです。

- 一般ユーザー
  攻撃を行おうとは思っていなくても、ウイルスやワームに感染したパソコンを知らずに持ち込んでしまうなど、一般ユーザーもセキュリティ脅威になりえます。

> ✏️ **参考**
> 従来は人間が手作業で送っていたような大量のメールを、近年ではボットやAI技術を悪用し、自動的に送り付ける事例が急増しています。また、掲示板への無差別な書き込みも同様に、自動化されたプログラムにより行われるケースが増えています。ボットとは、主にマルウェア感染や脆弱性の悪用によって、不正な動作を自動的に行うプログラムのことです。

10-1-3 人的なセキュリティ脅威とは?

盗聴

*Part 5*で無線LAN通信に関する盗聴の脅威を紹介しましたが、有線のLAN通信やインターネット通信においても情報を盗聴されるリスクがあります。

通信経路に**ネットワークスニファ** 🔍 (*Network Sniffer*) というツールを使うと、どのようなデータが流れているかを可視化することができます。本来は通信障害が発生した際に、その原因特定などに役立つ有用なツールですが、一般ユーザーの通信内容も傍受できるため、この仕組みを悪用して盗聴される危険性もあります。

それ以外にもメールサーバーに不正アクセスしてメールの内容を盗聴したり、人事データや経理データの入っているサーバーに不正アクセスしてデータを盗み

> ✏️ **参考**
> 同じような機能を表す言葉としてパケットアナライザー (*Packet Analyzer*) があります。最近ではパケットアナライザーの方が一般的に使われています。

10
ネットワークセキュリティを理解しよう

265

PART 10　ネットワークセキュリティを理解しよう

見るということも盗聴の1つと言えます。

ネットワークスニファによる盗聴を防ぐには、通信を暗号化することが一番の対策です。暗号化通信にはSSH、SSL/TLS、、HTTPS、IPsecといったプロトコルを利用します。

> **用語**
> **SSH**（*Secure SHell*）
> 暗号化されたコネクションを使って、リモートコンピューターにログインしたり、コマンドを実行させたりするプログラムのことです。

改ざん・情報漏えい

サーバーに不正アクセスし、Webサイトやメールの内容など、本来の情報と異なるものに置き換えることを「改ざん」と呼びます 表10-02 。不正アクセスの際にサーバーから個人情報を盗む攻撃もあります。

恨みを持った人物が組織の管理するWebサイトやメールの内容を書き換えて損害を与えたり、Webサイトにウイルスを仕込んでサイトを閲覧したユーザーに感染させるといった例が挙げられます。

> **参照**
> SSL/TLS、、IPsecについては274ページを参照してください。

表10-02　主な改ざん・情報漏えい事件

発生時期	被害概要
2024年6月	メディア企業がランサムウェア攻撃により、同社が提供する動画サービスの停止や約25万人分の個人情報漏洩を確認
2024年2月	スーパーマーケットチェーンで最大約778万件の個人情報が閲覧された可能性
2024年1月	医療機関で職員が持ち出した患者の個人情報が入ったUSBメモリを紛失
2023年10月	通信会社で元社員が10年にわたり約928万件の顧客情報を不正に持ち出す

なりすまし

他人のユーザーIDやパスワードを盗み、その人になり代わってネットワークアクセスをすることを「なりすまし」、または「スプーフィング」と呼びます。ユーザーID以外にもネットワークで利用するアドレスを使うことで他人になりすます攻撃手法もあります。詳細を 表10-03 に示します。

> **参考**
> パスワードの取得方法として、パスワードリスト攻撃、ブルートフォース攻撃などがあります。

表10-03　なりすましの種類

攻撃名	説明
IPスプーフィング	IPアドレススプーフィングとも呼ばれる。偽のIPアドレスを送信元に設定したパケットを送り込み、不正侵入を試みる。送信元が割り出されないように他のアドレスになりすましてDoS攻撃を行うという場合もある
ARP（MAC）スプーフィング	ARPリクエストによるMACアドレス問合せがブロードキャストされたときに、悪意あるユーザーが自身のMACアドレスを応答することで、問合せ元のARPキャッシュに間違った情報を記録させ、それ以降の通信を悪意あるユーザーにデータ転送されるようにして盗聴する攻撃
DNSスプーフィング	DNSサーバーの脆弱性を悪用するなどして、ホスト名とIPアドレスの対応情報を書き換えたり、DNSプロトコルの脆弱性を悪用してユーザーを偽のWebサイトにアクセスさせたりする攻撃
DHCPスプーフィング	悪意あるユーザーが不正なDHCPサーバーを立ち上げ、自身のIPアドレスをデフォルトゲートウェイとするよう通知し、ユーザーからのパケットを盗聴する攻撃。また不正なDHCPサーバーから不正なDNSサーバーアドレス情報を通知し、DNSスプーフィングする攻撃もある

DoS攻撃

DoS攻撃は、「サービス不能攻撃」や「サービス妨害攻撃」と訳すことができ

> **用語**
> **DoS攻撃**（*Denial of Service attack*）
> DoS攻撃のDenialに当たる和訳としては「不能」「不全」「拒否」「停止」「妨害」といったさまざまな訳され方があります。

10-1 | 情報セキュリティって何だろう？

ます。サーバーやネットワーク機器に対して攻撃を行うことで、正常な応答処理が行えないようにして、アプリケーションサービスを利用できない状態にすることです 図10-02 。

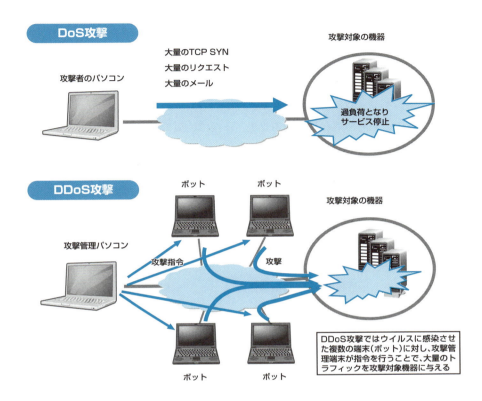

図10-02　DoS攻撃とDDos攻撃

　これを「ピンポンダッシュ」で例えてみましょう。ピンポンダッシュは、用もないのに他人の家の呼び出しチャイムを押して走って逃げることです。その家の住人はいたずらと気付かずに玄関まで確認しにきます。これが何回も続くと家事が手に付かず、例えば「料理する」というサービス（本来家事として行いたいこと）が不能になります。

　迷惑メールも DoS 攻撃の一種となる場合があります。DoS 攻撃の中でも、複数台の「踏み台」によって攻撃対象サーバーに攻撃を行うことを **DDoS 攻撃** と呼びます 表10-04 。

表10-04　主なDDoS攻撃による事件

発生時期	被害概要
2024年12月	航空会社のシステムがDDoS攻撃を受け、運行システムや発券システムが一時的に停止
2024年5月	ゲーム会社のオンラインゲームがDDoS攻撃を受け、通信障害などが発生

　2024年12月下旬から2025年1月初旬にかけて、日本の航空会社、銀行、通信事業者などの特定社会基盤事業者がDDoS攻撃を受け、ネットワーク障害が

用語

DDoS攻撃（*Distributed Denial of Service attack*）
分散型サービス不能攻撃とも呼ばれます。踏み台となる端末は攻撃プログラムが内蔵されたウイルスのようなものに感染した場合が多いです。感染した端末のことを「ボット（*bot*）」と呼び、ボットで構成されたネットワークのことを「ボットネット（*botnet*）」と呼びます。

発生しました。これらの攻撃はIoTボットネットを利用し、家庭用Wi-Fiルーターやライブカメラが悪用されたとされています。

また、攻撃の規模や標的から国家規模の関与が疑われるほか、技術的知識が乏しい個人でもDDoS攻撃を実行可能にする「DDoS-as-a-Service」の利用も指摘されています。

一連の障害は数時間から半日で復旧し、顧客データの流出は確認されていませんが、国内外で広域的に発生したことから、セキュリティ対策やIoT機器の脆弱性対策の重要性が再認識されました。この事例は、日本の重要インフラにおけるサイバーセキュリティ強化の必要性を浮き彫りにしています。

サーバーやネットワーク機器は処理能力が限られているため、一度に大量のアクセスが来ると処理がさばききれなくなります。これは正常に利用している場合でも起こる可能性があるため、一般的にはアクセス数を予想してどの程度の処理能力が必要かを設計します。

DDoS攻撃では、設計された処理能力をはるかに上回る通信（トラフィック）を発生させることで、攻撃対象システムを処理不能状態にします。DoS攻撃ではOSやプログラムの脆弱性（セキュリティホールを利用して、少ない通信量でもシステムに異常を起こさせる場合があります。

DoS攻撃を防ぐには、ファイアウォールやDoS攻撃対策装置をネットワークの入口に設置する方法があります。また、帯域制御装置やルーターを使って流入トラフィックを制限する方法があります。DoS攻撃の主な手法について 表10-05 にまとめます。

> **用語**
>
> **セキュリティホール**
> コンピューターにおいて、ソフトウェアの設計上の欠陥や、プログラムのバグ（誤り、不具合）が原因によるセキュリティ上の弱点のことです。欠陥やバグが無くても、パスワードを設定していないといった人的な設定不足もセキュリティホールになりえます。セキュリティホールがあると、不正アクセス、DoS攻撃、ウイルス侵入のきっかけとなります。コンピューターシステムは人間によって作られ、完全にセキュリティホールのないシステムを作ることは不可能とも言えます。ソフトウェアにセキュリティホールが発見されると、パッチと呼ばれる修正プログラムがメーカーから提供されるので、常に最新のパッチを適用することが重要です。

表10-05 主なDoS攻撃の種類

攻撃名	説明
Syn Flood	大量のTCP SYNパケットを攻撃対象に送信することで、メモリリソースを消費させ、一時的に動作不能状態にする攻撃。ファイアウォールでは1秒あたり許容可能なSYNパケット数を定義し、その値を超えるとSYNパケットを受け付けなくするか、SYN Cookieと呼ばれる対策を行う。SYN Cookieでは、クライアントからSYNパケットを受信したときにはTCPコネクション確立処理を行わず、TCPヘッダーの内容をハッシュした値をシーケンス番号に入れてSYN-ACKを返す。その後、クライアントから正しい確認応答番号が入ったACKを受信して初めて、セッション情報をメモリに展開する。このようにすることで、ヘッダー内容が改ざんされた攻撃パケットに対するメモリリソース消費を防ぐことができる
ICMP Flood	ping floodとも呼ばれ、大量のICMP echo requestパケットを攻撃対象に送信することでメモリリソースを消費させ、一時的に動作不能状態にする攻撃。ファイアウォールでは1秒あたりのICMPパケット許容量を定義しておき、その値を超えてICMPパケットが流入してきたときには一時的に受け付けないようにすることで対処する
UDP Flood	大量のUDPパケットを攻撃対象に送信することでメモリリソースを消費させ、一時的に動作不能状態にする攻撃。ファイアウォールでは1秒あたりのUDPパケット許容量を定義しておき、その値を超えてUDPパケットが流入してきたときには一時的に受け付けないようにすることで対処する
IP Flood	大量のIPパケットを攻撃対象に送信することでメモリリソースを消費させ、一時的に動作不能状態にする攻撃。ファイアウォールでは1秒あたりのIPパケット許容量を定義しておき、その値を超えてIPパケットが流入してきたときには一時的に受け付けないようにすることで対処する
Land	送信元IPアドレスと送信先IPアドレスが同一のパケットを攻撃対象に送信すること。この攻撃に対して脆弱性を持つ機器は自身にデータを送り続けることになり、動作不能となる。ファイアウォールではこの種のパケットが来た場合、パケットを破棄する
Tear Drop	オフセット値が重複する不正なIPパケットのフラグメントを偽造して攻撃対象に送信すること。この攻撃に対して脆弱性を持つ機器はパケット再生成を行えず、動作不能となる。ファイアウォールではこの種のパケットが来た場合、パケットを破棄する
Ping of Death	IPパケットの最大長である65535バイトを超えるping（ICMP echo request）を攻撃対象に送信することで、この攻撃に対して脆弱性を持つ機器を動作不能にする攻撃。ファイアウォールではこの種のパケットが来た場合、パケットを破棄する

10-1 | 情報セキュリティって何だろう？

Smurf	送信元アドレスに攻撃先アドレスを設定したICMP Echo Requestをブロードキャストアドレスあてに送信することで、攻撃先アドレスに大量のICMP Echo Replyが送られ、帯域消費させる攻撃
fraggle	Smurf攻撃の亜種で、ICMPの代わりにUDPを使用する攻撃。echo、Chargen、daytime、qotdの各ポートが利用される。対策として、これらポートをリッスンしないようにしたり、セキュリティポリシーで拒否したりする
Connection Flood	長時間オープン状態となるコネクションを繰り返し生成することでソケットを占拠する攻撃。サーバー側でコネクション数に制限がない場合、クラッシュする場合がある。UNIXプロセステーブル攻撃とも呼ばれる
リロード攻撃	Webブラウザで F5 を連続して押下することによりWebページのリロードを繰り返し行う攻撃。F5攻撃とも呼ばれている。Web通信量が多くなり、サーバー負荷が上昇する

COLUMN | 不正アクセス禁止法

2004年2月に「不正アクセス行為の禁止等に関する法律」が施行され、ネットワークを利用したなりすましやセキュリティホールを攻撃して侵入する行為が禁止されました。標的型攻撃🔵に代表されるサイバー犯罪の危険性増大に伴い2012年5月には改正法が施行され、

・フィッシング行為の禁止・処罰
・他人のID・パスワードの不正取得行為及び不正保管行為の禁止・処罰
・他人のID・パスワードを提供する行為の禁止・処罰範囲の拡大

により不正アクセスに至る一連の行為を規制対象にするとともに、不正アクセス罪の罰則が引き上げられました。
システムの管理者に不正アクセス行為の防御措置を講じる責務も課しています。

> **用語**
>
> **標的型攻撃**
> 特定の企業や個人を狙い、主に重要な情報を盗む目的で行われる攻撃です。なりすましメール、フィッシングサイト、ソーシャルネットワーキングサイトなどによりユーザーを騙し、脆弱性を悪用してマルウェアに感染させるなど、複数の既存攻撃を組み合わせて行われます。特定ユーザーしか標的にされず、ほとんどの場合で新しいマルウェアが使われるため、気付かないこともあり、対応が難しい攻撃です。

10-1-4 コンピューターウイルスって何だろう？

インターネットが普及した現在、離れたところにある情報を瞬時に取得できるようになり、場合によっては離れたところにあるコンピューターを自在に操ることもできるようになりました。

仕事や日常生活で情報を扱う上で非常に便利ですが、一方でコンピューターウイルスなど不要なプログラムを簡単に取得してしまうというリスクも生じます。次にコンピューターウイルスをはじめとするインターネット利用者として気を付けるべきコンピュータープログラムについて説明します。

・ **ウイルス**（*Virus*）
Webサイトの閲覧や電子メールの添付ファイルなどでコンピューターに侵入し、ユーザーが意識しないうちにコンピューターの動作方法を変更するよう作成されたプログラムを**ウイルス**または**コンピューターウイルス**と呼びます。ウイルスがコンピューターに侵入することを「**感染**」と呼びます。画面表示をおかしくしたり、ディスクに保存されているファイルを破壊したりすることがあります。自動で実行され、自動で複製（増殖）されます。

・ **ワーム**（*Worm*）
自己増殖を繰り返しながらデータの破壊を行うプログラムを**ワーム**と呼びます。ウイルスはプログラムですが、ワームはWordやExcel文書などのファイ

ル内部に存在し、その文書をメール送信するといった形で増殖します。

- **トロイの木馬**（*Trojan Horse*）
  インターネット上で無料ダウンロードして利用可能なフリーウェアがトロイの木馬だった、ということがありえます。**トロイの木馬**は有意義なものに見せかけた悪質な偽装ファイルのことです。ウイルスとの違いとして、プログラム自体を複製しない点があります。トロイの木馬に含まれる悪質なプログラムが実行されると、データの損失や盗用が行われます。

- **スパイウェア**（*Spyware*）
  パソコン内部の情報やWebブラウザのアクセス履歴といった操作情報などをユーザーの許可無く第三者に送信するプログラムを**スパイウェア**と呼びます。スパイウェアによって送信された情報を元に広告を表示したり、調査統計情報などに使われることがあります。

- **アドウェア**（*Adware*）
  ユーザーの画面に強制的に広告を表示させるプログラムを**アドウェア**と呼びます。アド（ad）とはadvertisement（広告）の略です。広告目的だけのものや、有用な機能を無料で利用するためのソフトウェアもあります。

- **ランサムウェア**（*Ransomware*）
  ランサムウェアに感染すると、コンピューター内のファイルが強制的に暗号化されたり削除されます。復旧したい場合は攻撃者に身代金を払うよう要求する画面が現れます。身代金は、ビットコインなど犯人が追跡されにくい仮想通貨を使うように要求されることが多いです。

- **マルウェア**（*Malware*）
  ウイルス、ワーム、トロイの木馬、スパイウェア、アドウェア、ランサムウェアなどの「悪意のある」プログラム（ソフトウェア）を総称して**マルウェア**と呼びます。「mal-」という接頭辞は「悪の」という意味があります。ソフトウェアやハードウェアの機能として「マルウェア対策」という言葉がありますが、有害なプログラム全般から防衛するという意味になります。バッドウェアと呼ばれることもあります。

- **クライムウェア**（*Crimeware*）
  犯罪行為を目的に作成、利用されるソフトウェアを**クライムウェア**と呼びます。

- **キーロガー**（*Key-logger*）
  キーボードから入力した内容を記録するソフトウェアを**キーロガー**と呼びます。もともと、Telnetなどで送信するコマンド情報の確認用などに使われていましたが、これを悪用し、クレジットカード番号やパスワードなどの情報を搾取するために使われることがあります。インターネットカフェなど不特定多数の人が利用するパソコンに仕掛けられていたという報告があります。

- **スクリーンロガー**（*Screen-logger*）
  一定間隔でデスクトップのキャプチャ画像（スクリーンショット）を作成するソフトウェアを**スクリーンロガー**と呼びます。作成した画像を電子メールで送信し、オンラインバンクなどのパスワードを盗む用途で使われることがあります。

参考

ランサムウェアの身代金を支払って犯人から暗号を解除する鍵を入手できても、ファイルを復元できる保証はありません。ランサムウェアから自分の身を守るには、定期的にファイルのバックアップを取得しておくことが推奨されます。

参考

近年、生成AIを悪用したマルウェアやフィッシング攻撃が急増し、従来の対策では防ぎにくくなっています。対抗策として、AIを活用した防御システムの開発やセキュリティ対策の高度化が求められており、今後の重要な課題となっています。

10-1 | 情報セキュリティって何だろう?

・ルートキット (*Rootkit*)

サーバーなどへ侵入したクラッカーが利用する悪意のある操作のために必要な
ツールをひとまとめにしたものを**ルートキット**と呼びます。
マルウェアは、しばしば「セキュリティホール」を狙って攻撃を仕掛けます。
セキュリティホールを最小限にするために、最新のパッチを適用することが望
ましいです。

確認問題

Q1 電源の瞬断に対処したり、停電時にシステムを終了させるのに必要な時間だけ電力を供給することを目的とした装置は何ですか?

A1 UPS (*Uninterruptible Power Supply*) です。無停電電源装置とも呼ばれ、停電時に概ね10分程度電源供給が可能です。

Q2 2台のルーターを稼動系と待機系に分けて運用し、稼動系が故障したときに待機系を使う冗長構成を何と呼びますか?

A2 アクティブスタンバイです。一般的にルーターではVRRPというプロトコルを使い、2台を1台の仮想ルーターに見立ててアクティブスタンバイの冗長構成をとります。

Q3 データの破壊、改ざんなどの不正な機能をプログラムの一部に組み込んだものを送ってインストールさせ、実行させるものはどれですか?

❶ DoS攻撃
❷ 辞書攻撃
❸ トロイの木馬
❹ バッファオーバーフロー攻撃

A3 ❸のトロイの木馬です。トロイの木馬は一見普通のアプリケーションソフトに見えますが、パソコンにインストールして実行するとパスワード搾取や遠隔操作権限を与えるといった不正処理を行います。
DoS攻撃は大量の通信をサーバーに送りつけて、サーバーのサービスを不能にしてしまう攻撃です。
辞書攻撃とはパスワード割り出しや暗号解読に使われる手法で、辞書にある単語で一致するものは無いか手当たり次第に試すことです。
バッファオーバーフロー攻撃は、大量のデータを送りデータをメモリ領域 (バッファ) から溢れさせ、プログラムを暴走させたり操ったりする攻撃です。

Q4 キーボードから入力した内容を記録することでクレジットカード番号やパスワードを搾取するツールを何と呼びますか?

A4 キーロガーです。オンラインバンクのWebサイトでは口座管理画面にログインするとき、キーロガー対策として「ソフトウェアキーボード」を使いマウスをクリックしてパスワードを入力するシステムもあります。ソフトウェアキーボードを使ってキーボードを使用しない場合でも、スクリーンロガーを使われるとマウスをクリックした形跡を記録されるとパスワードを悟られてしまう場合があります。

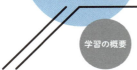 ネットワークでセキュリティ対策を行おう

学習の概要
- ☑ ウイルスの防御策を学ぼう
- ☑ ファイアウォールの仕組みを学ぼう
- ☑ さまざまなセキュリティ機器の特徴を学ぼう

10-2-1　ウイルスから防御しよう

　ウイルスやワームといったマルウェアを防ぐには、ウイルス対策ソフトウェアをパソコンにインストールして利用することが有効です。また、企業ネットワークにおいてはゲートウェイ型のアンチウイルス製品を導入し、ネットワークを流れる通信を一元的に監視することが望ましいです。

参考
アンチウイルスは既知の脅威にしか対応できませんが、近年はゼロデイ攻撃が増えており、未知のマルウェアへの対策が重要になっています。サンドボックス技術を利用することで、疑わしいファイルやプログラムを隔離された仮想環境で実行し、安全性を検証することができます。

アンチウイルスソフトウェア

　現在市販されているパソコンのほとんどに、「ウイルス対策ソフトウェア」の試供版がインストール済みです。このウイルス対策ソフトウェアを「**アンチウイルスソフトウェア**（Anti-Virus Software）」と呼びます。現在ではウイルス対策だけでなく、その他のサイバー脅威に備えるさまざまなサービスを統合したソフトウェアが多くなっています　図10-03　。

図10-03　アンチウイルスソフトウェア（ウイルスバスター　トータルセキュリティ スタンダード）

　試供版は60〜90日程度の期間限定で、パソコン購入者はその後も利用を続けたければ、オンラインで契約することができます。また、自分でウイルス対策ソフトウェアを別途購入し、インストールしてもよいです。
　ウイルス対策ソフトウェアは、コンピューター内にウイルスが無いかどうかを確認しますが、確認処理のことを「スキャン（Scan）」または「**ウイルススキャン**」と呼びます。
　ウイルススキャンの処理自体は「**エンジン**（Engine）」と呼ばれるプログラムによって実行されます。エンジンは「**シグネチャ**（Signature）」と呼ばれるデータベースを使って、登録されたウイルスがコンピューター内に存在しないかを確認

用語
シグネチャ
パターンファイルや定義ファイルとも呼ばれます。ソフトウェアメーカーにもよりますが、1時間から1日に1回程度更新されます。更新データはインターネット経由でダウンロードします。常に最新のシグネチャを使用することが望まれます。

します。

　シグネチャを使用する以外にも、ソフトウェアが引き起こす不正動作やファイル内のデータ規則などを解析、検知するエンジンもあります。ウイルス対策ソフトウェアでウイルスを発見すると、利用者にその旨を知らせたり、自動的に削除したり使えなくしたりします。

　企業では、セキュリティポリシーにしたがって、パソコンにインストールするウイルス対策ソフトウェアを一元化し、管理者がデータベースやログを管理します。また、インターネットのゲートウェイにゲートウェイ型アンチウイルス製品を配置し、ネットワーク上を流れる通信全体をスキャンする手法もあります。

　ゲートウェイ型アンチウイルスを使用すれば、イントラネット内へのウイルス蔓延や、ネットワーク攻撃の踏み台になることを防ぐことができます。

アンチスパム

　アンチウイルスと同様に、迷惑メール（スパムメール）を除外する目的の<u>アンチスパムソフトウェア</u>や<u>ゲートウェイ型アンチスパム製品</u>があります。迷惑メールを除外すれば、不要な広告メールや詐欺メールを閲覧する時間を省くことができます。

　アンチスパムには誤診断も起きえます。例えば、迷惑メールではない取引先企業からの製品ニュースを含むメールが迷惑メールとして判定されてしまった、ということもありえます。年々精度は上がっていますが、迷惑メールとして分類されてしまったメールの中に、本来必要であるものが紛れてしまうかもしれないことに注意して利用しましょう。

> 参考
> スパムは元々缶詰の製品名ですが、イギリスのコメディ番組で執拗にこの製品名を連呼する話があり、そこから派生して迷惑メールを表す言葉として使われています。

10-2-2　VPN

　<u>VPN</u>は、仮想プライベート網と訳すことができます。プライベート網とは組織内部で利用されるネットワークのことで、イントラネットとも呼ばれます。
　VPNは組織専用の回線の代わりにインターネットまたは通信事業者が提供する共有ネットワークを利用して、安価にイントラネットを構築する技術です。イントラネット内には経理データ、人事情報、技術情報など社外秘の情報が存在し、組織内部に閉じてデータ転送が行われます。

　オフィスが1ヵ所しかない場合、LANを構築するだけでイントラネットは完成します。しかし、東京本社と大阪支店のある会社のように、支店や営業所などが地理的に離れたところにもある場合、それらの拠点間をイントラネットで接続させたいでしょう。このような場合、以前は通信事業者が提供する専用線という回線を契約して利用していました。

　専用線は名前の通り契約した組織専用の回線ですので、その回線内に他社のデータが流れたりせず、第三者から盗聴されるといった心配もありません。また、通信品質も保証されています。

　しかし、専用線は月々のランニングコストが高く、特に数Mbps以上の広帯域回線は非常に高価です。ADSLや光回線によるインターネットアクセスサービス

> 用語
> VPN（*Virtual Private Network*）

が登場し、安価にインターネットにアクセスできるようになると、インターネットを利用してイントラネットの拠点間を接続する方がコストメリットが出るようになりました。

インターネットを利用して構築されたイントラネットを**インターネットVPN**と呼びます。インターネット以外にも通信事業者が提供する共有ネットワークを利用してVPNを構築することも可能で、IPを使ったVPNのことを**IP-VPN**と総称します。VPNの種類を 表10-06、VPNを技術的に分類したものを 表10-07 にまとめています。

> **参考**
> PPTPは脆弱性があるためほとんど利用されません。L2TPは暗号化機能を持たないためIPsecと併用されます。

表10-06 VPNの種類

分類	説明	メリット	デメリット	利用シーン
リモートアクセスVPN	インターネット経由で社内ネットワークに安全にアクセスするためのVPN。SSL/TLSプロトコルを利用するのが一般的	・導入が容易 ・きめ細かいアクセス制御が可能	・インターネット回線に依存するため、通信速度や安定性が低い場合がある ・セキュリティリスクが高い可能性がある	・テレワーク ・モバイルワーク ・在宅勤務
インターネットVPN	インターネット回線を利用したVPN	・安価 ・導入が容易	・セキュリティリスクが高い ・通信速度や安定性が低い場合がある	・個人利用 ・小規模企業
IP-VPN	通信事業者が提供する閉域網を利用したVPN	・セキュリティが高い ・通信品質が高い	・コストが高い ・導入に時間がかかる場合がある	・拠点間接続 ・大規模な企業ネットワーク
L2-VPN	仮想のデータリンク層トンネルを構築することで、共用ネットワークを介してIPだけでなくイーサネットフレームも送受信できるVPN	・レガシーシステムとの接続に適している ・マルチキャスト通信が可能	・コストが高い ・導入が複雑	・レガシーシステムとの接続 ・マルチキャスト通信が必要な環境

表10-07 技術的に分類したVPN

VPNプロトコル	保護されるOSI階層	プロトコル	データ暗号化	認証	トポロジー
SSL-VPN	トランスポート層からアプリケーション層のデータ	SSL/TLS	AESなど	事前共有鍵、証明書	リモートアクセス
IPsec-VPN	ネットワーク層のデータ(IPパケット/ペイロード)	IPsec	AESなど	事前共有鍵、証明書、IKEv2	サイトツーサイトVPN、リモートアクセスVPN
L2TP	データリンク層のフレーム	L2TP(IPsecと併用)	IPsecによる暗号化(AESなど)	CHAP/PAP	リモートアクセス
PPTP	データリンク層のフレーム	PPTP	MPPE	MS-CHAP/MS-CHAPv2	リモートアクセス

　IP-VPNを構築するには、拠点間を暗号化された仮想通信路で接続する必要があります。そうしないと、不特定多数のユーザーが利用するネットワーク上で重要な情報を盗聴されたり改ざんされるといった脅威があるためです。

　暗号化された仮想通信路を「**暗号トンネル**」と呼びます。暗号トンネルを構築するには、VPN用のソフトウェアまたはVPN装置が必要です。VPN機能があるルーターを使って構築することもできます。

> **用語**
> IPsec (*Internet Protocol Security*)
> 認証と暗号化を行うことで安全なIP通信を提供するプロトコル群のことです。
> ネットワーク層で暗号化コネクションが張られるため、TCP、UDP、ICMP、BGPといった暗号化を行わないトランスポート層やアプリケーション層の通信でも盗聴や改ざんの脅威を防ぐことができます。

サイトツーサイトVPN

　サイトツーサイトVPNは、2つのネットワーク間をIPsecトンネル経由で接続します。各ネットワークのゲートウェイにVPN装置が置かれ、この間でIPsecトンネ

ルを確立します。装置間はポイントツーポイントのトポロジーになります 図10-04 。

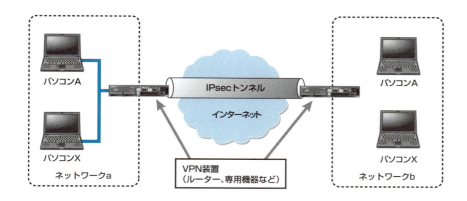

図10-04 サイトツーサイトVPN

ここでのネットワークとは、例えば東京の本社ネットワークや名古屋の支店ネットワークなどの拠点内ネットワークを指します。拠点（サイト）間を結ぶと言うことでサイトツーサイト（拠点対拠点）と呼ばれます。

リモートアクセスVPN

VPNクライアントソフトウェアを使い、自宅や外出先からインターネットを経由して会社のVPN装置とIPsecトンネルを張り、社内のサーバーなどにアクセスするものをリモートアクセスVPNと呼びます 図10-05 。

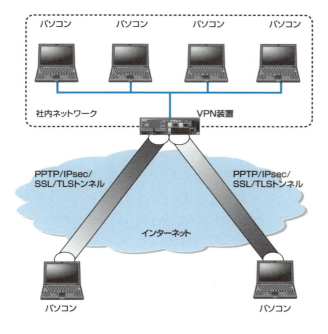

図10-05 リモートアクセスVPN

IPsec以外にも、パソコンのWebブラウザ上からSSL/TLS 経由で会社のVPN装置と接続するSSL-VPNやWindowsに標準搭載されたPPTPもあります。

このように、リモートアクセスVPNにはさまざまな種類があり、それぞれに特徴があります。利用する環境や目的に合わせて適切なVPNを選択することが重要です。

VPNの課題とゼロトラストへの移行

VPNは利便性を持つ一方、セキュリティリスクも抱えています。VPN装置やクライアントソフトウェアの脆弱性を突いた攻撃や、VPN接続後の内部ネットワークにおける不正アクセスなどが懸念されます。

こうした背景から、近年では **SDP** またはを **ZTNA** と呼ばれる新しい技術が登場し、リモートアクセスを従来の境界型からゼロトラストに移行する流れが起きています。

ゼロトラストでは、「**決して信頼せず、常に検証する**」という原則に基づき、ユーザーやデバイスを信頼せず、常に認証と認可を行うことによって、より安全なリモートアクセスを実現します。

VPNのセキュリティリスクを理解し、ZTNAなどの新しい技術を検討することで、より安全なリモートアクセス環境を構築していくことが重要です。

> **用語**
> **SSL/TLS**
> SSL（*Secure Socket Layer*）はNetscapeが開発したプロトコルです。バージョン1.0、2.0、3.0があり、1.0と2.0はセキュリティ上の問題から使用されていません。SSL 3.0を基にTLS（*TransportLayer Security*）がIETFによって標準化されましたが、TLS 1.0および1.1も脆弱性が指摘され、現在は非推奨です。TLS 1.2（RFC 5246）が広く使われており、最新のTLS 1.3（RFC 8446）は2018年に策定されました。TLS 1.3では不要な暗号スイートが削減され、ハンドシェイクが簡素化されることで、セキュリティとパフォーマンスが向上しています。

> **用語**
> **SDP**（*Software-Defined Perimeter*）
> **ZTNA**（*Zero Trust Network Access*）

10-2-3　ファイアウォール

ファイアウォール（*Firewall*）とは「防火壁」という意味で、もともと火災時の延焼や拡大を防ぐために設けられる耐火構造の壁のことです。

ネットワークの世界では、外部の悪意あるユーザーからの攻撃を火災に見立てて、内部ネットワークへの攻撃を防ぐ装置またはソフトウェアをファイアウォールと呼びます。

ファイアウォールの種類

ファイアウォールの種類には次のものがあります。

- **パーソナルファイアウォール**
クライアントのパソコンにインストールして利用するファイアウォールを**パーソナルファイアウォール**と呼びます。Windowsには標準で**Windowsファイアウォール**が搭載されています。（キャプチャ）パーソナルファイアウォールでは、アプリケーション単位に外部ネットワークからパソコンへの侵入を検知し遮断することができます。また、パソコンからネットワークへのアクセスが可能かを設定でき、プログラムが勝手に外部と通信することを防ぐことができます。
- **ルーター上でのファイアウォール機能**
ほとんどのルーターには不要なパケットを遮断するアクセスリストという機能があり、**静的パケットフィルタリング**を行うことができます。アクセスリスト

を生成することで、不必要な通信が社内に侵入するのを防ぐことができます。ただし、ルーターではIPアドレスやTCP/UDPのヘッダー情報といった限られた情報しか参照できないため、アプリケーションデータ内に潜む脅威を発見し遮断することはできません。

- ファイアウォールアプライアンス
ファイアウォール専用装置では、ステートフルパケットフィルタリングやアプリケーションレイヤーファイアウォールが行えます（図10-11 参照）。

静的パケットフィルタリング（Static Packet Filtering）

IPヘッダー内の送信元IPアドレス、あて先IPアドレス、プロトコル番号、TCPまたはUDPヘッダー内のあて先ポート番号など、主にIPヘッダーとTCP/UDPヘッダー内のパラメータについて、管理者が条件を設定しておき、条件に一致した通信に対して許可、拒否、その他の処理を実施する手法です 図10-06 。

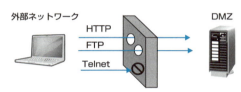

図10-06　静的（スタティック）フィルタリングの考え方

フィルタリング（Filtering）というのは、「濾過させること」という意味で、ネットワーク用語としては、特定の条件に基づいて通信の通過可否を制御する技術です。この条件のことを、「**ポリシー**（policy）」と呼びます。

参考
ポリシーはアクセスポリシーやフィルタリングポリシーとも呼ばれます。

動的パケットフィルタリング（Dynamic Packet Filtering）

動的パケットフィルタリングではセッション管理を行い、許可した通信に関係するパケットだけを通せるよう自動的に制御します 図10-07 。

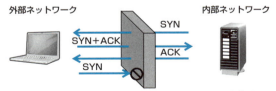

図10-07　動的（ダイナミック）フィルタリングの考え方

ネットワーク通信ではクライアントとサーバーが双方向でパケットをやりとりしますが、静的パケットフィルタリングではクライアントからサーバー、サーバー

PART 10 ネットワークセキュリティを理解しよう

からクライアントの片方向ずつポリシーを設定する必要があります。例えば、HTTP通信を行いたいとして、クライアントはTCPのあて先ポートとして80番を使用し、サーバーは送信ポートとして80番を利用するとします。

静的パケットフィルタリングではクライアント側インターフェイスにおける「あて先ポートが80番の通信は許可」というポリシーと、サーバー側インターフェイスにおける「送信ポートが80番の通信は許可」というポリシーが必要になります。このとき、サーバー側に悪意あるコンピューターがいて、送信ポートに80番を使って無関係のパケットをクライアントへ送ることができてしまいます。

動的パケットフィルタリングの場合、クライアント側インターフェイスに「あて先ポートが80番の通信は許可」というポリシーだけ設定しておけばよく、クライアントがサーバーへ送ったリクエストの応答パケットのみを通過許可します。こうすると、サーバー側にあるコンピューターが無関係のパケットをクライアントに送ることはできなくなります。

COLUMN | セッションについて

Part 3でも紹介しましたが、セッションとは「2つのシステム間で実行される通信の論理的な接続の開始から終了までのこと」です。例えばTCPの場合、あるサーバーとクライアントのペアにおいて1つのTCPコネクションが確立されてから終了するまでの間にやりとりされるクライアントからの要求（リクエスト）とサーバーからの応答（レスポンス）は1つのセッションで行われていると言えます。

セッションでは「クライアント→サーバー」と「サーバー→クライアント」という2つのフロー（flow）が存在します。フローとは通信相手に送信される複数パケットの流れのことです。

ステートフルパケットインスペクション（*Stateful Packet Inspection*）

動的パケットフィルタリングの一種で、TCPコネクションの状態を監視して不正なパケットを遮断する機能です🔵。SPIと略されることもあります。

ステートフルパケットインスペクションを使うと、次のような攻撃に対して対抗することができます。

- IPアドレスやポート番号を偽装して、TCPのRSTやFINフラグのついたパケットを送り付け、正常な通信を勝手に遮断させてしまう攻撃
- 許可された通信に関し、TCPのACKフラグを付けてパケットを送り付け、内部ネットワークへ侵入する
- FTP通信で、制御コネクションが確立されていないにも関わらず、データコネクションが生成されない内部ネットワークへ侵入される

> 🔵 **参考**
> ステートフルパケットインスペクションは、サーキットレベルファイアウォールとも呼ばれます。

アプリケーションレイヤーファイアウォール（*Application Layer Firewall*）

TCPやUDPといったトランスポート層のプロトコルではなく、アプリケーション層のプロトコルデータを参照して制御するファイアウォールです。

アプリケーションレイヤーファイアウォールには2種類あります。1つは、

TCPコネクションを終端せずにアプリケーションヘッダー部分を参照して制御するものです。もう1つは、TCPコネクションを終端してアプリケーションデータをすべて受信し、クライアントの代わりとなってサーバーと通信し、サーバーからの応答をサーバーに代わってクライアントへ返すもので、これをプロキシサーバーと呼びます。

プロキシサーバーを使うとアプリケーションデータの中身を調べることができ、URLフィルタリングやアンチウイルスなどを行うこともできるようになります。

次世代ファイアウォール (Next Generation Firewall)

ステートフルインスペクションファイアウォールの機能をベースに、ポート番号やプロトコル番号だけでなくアプリケーションを識別し、またIPアドレスだけでなくユーザー情報を識別して、それぞれを基にポリシー制御を行える新しいファイアウォールを次世代ファイアウォールと呼びます。

前述のアプリケーションレイヤーファイアウォールの1つ目と同様にコネクションは終端しませんが、アプリケーションヘッダーとともにアプリケーションデータ部分まですべてをチェックして制御します。例えば従来のファイアウォールではIPアドレス10.1.1.1からポート80番への通信を許可する、というポリシーを記述しましたが、次世代ファイアウォールではさらにyamadaというアカウントのユーザーからFacebookの通信を許可する、というポリシー記述が可能になります。

ネットワーク経路上にファイアウォールが存在する前提で、それを回避すべくポートスキャンして開いているポートを探すアプリケーションが多く、このような通信はポート番号ベースのファイアウォールでは制御できません。またHTTPやHTTPSで使われる80番や443番というポート番号はさまざまなアプリケーションで使われており、アプリケーション単位での通信制御が重要であることから生まれたファイアウォールです。

NAT

プライベートIPアドレスを使用した内部ネットワークのクライアントから、外部ネットワークに存在するサーバーと通信を行いたい場合、ファイアウォールにて送信元アドレスがグローバルIPアドレスに変換されます 図10-08 。これをNAT と呼びます。

用語
NAT (*Network Address Port Translation*)

```
192.168.1.1 ⇔ 11.1.1.1
192.168.1.2 ⇔ 11.1.1.2
```

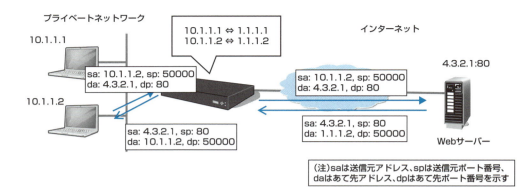

図10-08 NATの仕組み

NAPT/IPマスカレード

外部ネットワークとの通信用に利用できるグローバルIPアドレスの数が1つしかなかったり、内部ネットワークのクライアント数より少ない場合、プライベートアドレスとグローバルアドレスを1対1に割り当てることができません。

このような場合、TCPやUDPのポート番号情報を併用して、複数のプライベートアドレスに対して1つのグローバルアドレスでアドレス変換を行います。これをNAPT と呼びます 図10-09 。LinuxではIPマスカレードと呼びます。一部のネットワーク機器ではPAT とも呼ばれます。

用語
NAPT (*Network Address Port Translation*)
PAT (*Port Address Translation*)

192.168.1.1 ⇔ 11.1.1.1:10001
192.168.1.2 ⇔ 11.1.1.1:10002

（10001や10002は送信元ポート番号）

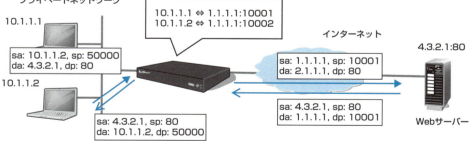

図10-09 NAPTの仕組み

DMZ

DMZ は、「非武装地帯」と訳すことができます。ネットワーク用語では、DMZとは、内部ネットワークから離して外部公開サーバーを置いておくファイアウォールで区分けされたセグメントを指します。

攻撃を防ぐため、通常は外部ネットワークから内部ネットワークへアクセスさ

10-2 | ネットワークでセキュリティ対策を行おう

せることは拒否します。しかし、Webサーバーなど外部へ公開するサーバーも存在し、そのような公開サーバーへのアクセスは拒否できません。

かといって、公開サーバーを内部ネットワークへ置いてしまうと、公開サーバーが悪意ある外部ユーザーに乗っ取られたとき、重要なデータのある内部ネットワークへもアクセスを許してしまうことになります。

そのため、DMZに公開サーバーを置くことで、万が一サーバーが乗っ取られても内部ネットワークまでは直接到達できないようにします 図10-10 。

> **参考**
>
> **DMZ**（*De-Militarized Zone*）
>
> 軍事用語で戦争、紛争、停戦状態にある2つ以上の国や軍の間に、条約や協定によって設けられる、軍事活動が許されない地域のことです。朝鮮半島の38度線が軍事用語としてのDMZの例です。非武装中立地帯とも呼ばれます。

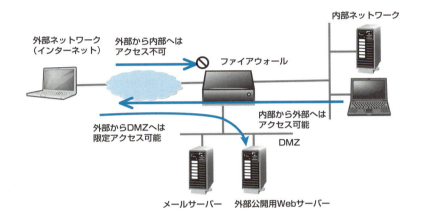

図10-10　DMZの考え方

10-2-4　IDS/IPS

IDSは「侵入検知システム」、IPSは「侵入防御システム」と訳すことができ、両者をまとめてIDS/IPSと呼びます。両者に共通するIntrusionは、悪意あるユーザーによるネットワークや端末への不正侵入のことです 図10-11 。

IDSは不正侵入を検知し管理者へ報告するシステムで、IPSは不正侵入のうちプロトコルやアプリケーション単位で管理者が設定したものを遮断するシステムです。

ルーターのアクセスリストやファイアウォールでは防げない、正常アクセスを装った侵入行為に有効です。

IDS/IPSは次のような脅威を検知することができます。

> **用語**
>
> **IDS**（*Intrusion Detection System*）

> **用語**
>
> **IPS**
>
> 侵入防御システム（*Intrusion Protection System*）または侵入防止システム（*Intrusion Prevention System*）と呼ばれます。

- DoS攻撃
- P2Pによる情報漏えい
- ワーム、トロイの木馬、キーロガーなど特定の動きをするマルウェア
- イントラネットへの侵入行為や侵入調査行為

また、IDS/IPSが検知後に行う主な処理は次の通りです。

281

PART 10 ネットワークセキュリティを理解しよう

- 管理者へ通知（メールやSNMPが使われる）
- ログを記録
- 通信を遮断（攻撃に対してTCP RSTを送付）

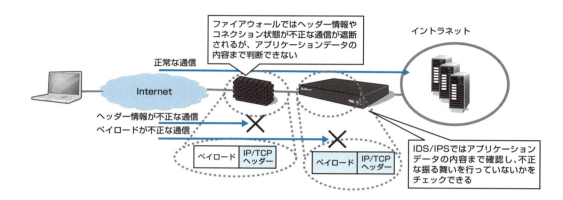

図10-11 IDS/IPSの仕組み

10-2-5 URLフィルタリング

URLフィルタリング は、HTTP通信においてクライアントがリクエストをサーバーに送る際、リクエストURLを検査して、そのURLにアクセス可能かどうか判断し、好ましくないWebサイトへのアクセスを遮断する機能です 。

例えば、移動体通信事業者（モバイルキャリア）では、主に未成年者向けに有害サイトへのアクセスを行わせない契約オプションを用意していますが、これはURLフィルタリング機能を使っています。

未成年者向けの有害サイト以外にも、一般企業や学校などで仕事や学業に関係ないサイトへユーザーがアクセスしないように制御する場合にURLフィルタリングを利用します。また、最近ではフィッシングサイトへのアクセス予防や、ウイルスやワームなどを取得してしまう可能性のあるサイトへのアクセスを防止するためにURLフィルタリングを利用するユーザーも多いです。

URLフィルタリングには**データベース型**と**クラウドサービス型**の2種類があります 図10-12 。

データベース型では、URL情報をカテゴリと呼ばれるグループに分類したデータベースを使います。管理者はアクセスさせたくないカテゴリを設定しておき、ユーザーがそのようなサイトへアクセスしようとした場合に警告メッセージを出す、といった動きになります。

データベースは定期的に更新されますが、世界中のすべてのURL情報を持つことは物理的に不可能です。そこで新たに開発されたのがクラウドサービス型のURLフィルタリングです。

管理者が静的にデータベースを生成して利用することも可能です。この場合、アクセス可能なURLのデータベースを**ホワイトリスト**、アクセス不可であるURL

> **参考**
> URLフィルタリングは当初オンプレミスのファイアウォールやプロキシサーバーで提供されましたが、クラウド技術の発展と共に、2010年ごろからURLフィルタリングやマルウェア対策の機能がクラウド上で提供されるようになり、SWG（Secure Web Gateway）という形で発展しました。

> **参考**
> URLフィルタリングは、WebサイトへのアクセスをURL単位で制御しますが、クラウドアプリの利用状況やデータ内容までは把握できません。例えば、承認されていないクラウドアプリの利用や、機密情報のアップロードといったリスクを防ぐことは困難です。2012年より提唱されたCASB（Cloud Access Security Broker）は、クラウドアプリへの通信を詳細に可視化し、ユーザーやデバイス、データ内容に基づいてアクセス制御やデータ保護を実現し、URLフィルタリングを補完、強化する機能として利用されています。

のデータベースを**ブラックリスト**と呼びます。

　クラウドサービス型では、サービス提供者がインターネット上に分類サーバーを持ち、そのサーバーにユーザーがリクエストしたURLデータを送付します。分類サーバーはURLデータを受け取ると、そのデータを使って実際のWebサイトへアクセスして内容を確認し、その場でカテゴリ分類します。

　URLフィルタリングシステムは汎用サーバー上のソフトウェア、専用装置、ファイアウォール装置やプロキシサーバーの機能の一部として提供されます。

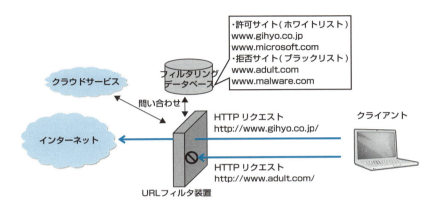

図10-12　URLフィルタリングの仕組み

10-2-6　DLP

　DLPは「情報漏えい対策」の機能です。ネットワーク上でやりとりされるアプリケーションデータの中身を検査して、特定のファイルやデータが存在した場合にはアラート、セッション遮断、ロギングといった処理を行います。組織にとって機密であるデータをデータ文字列やファイル名、ファイル種別から識別し、内部から外部に漏えいさせないようにします。

　また、この機能を応用して外部から内部へ、または内部の部門間でやりとりされるマルウェア（実行ファイル）を検出して破棄したり、ユーザーへ通知したりするものもあります。主にファイルフィルタリングとデータフィルタリングの機能があります（**表10-08**）。

> **用語**
>
> **DLP**（*Data Loss Prevention* または *Data Leak Prevention*）
> DLPは当初オンプレミスのアプライアンスやソフトウェアで提供されましたが、クラウド技術の発展に伴い、クラウド上で提供されるようになりました。

表10-08　DLPの機能

機能	説明
ファイルフィルタリング	セッション内でやりとりされるファイルを判別し、不要なファイルや外部へ漏れては困るファイルを遮断させるようにする。名前、拡張子、ファイル内のデータを解析することによる分類などでファイルが必要か不要かを判断する
データフィルタリング	セッション内でやりとりされるファイル内のデータを識別し、特定キーワードに一致する場合は破棄したりアラートを上げたりする

　当初のDLPは、社内ネットワークに設置された専用のアプライアンスやソフトウェアによって、機密情報の漏洩を防止していました。しかし、クラウドサー

PART 10 ネットワークセキュリティを理解しよう

ビスの普及やリモートワークの増加により、社内ネットワーク外でのデータ利用が増加し、従来のオンプレミス型のDLPでは対応が困難になりました。

そこで、クラウド上で提供されるSASE/SSE◉の登場により、場所やデバイスを問わず、一貫したセキュリティポリシーを適用できるようになりました 表10-09 。

> 🔵 **用語**
>
> **SASE/SSE**
> SASE（*Secure Access Service Edge*）とSSE（*Security Service Edge*）はクラウドを使った新しいセキュリティ体系です。SASEという包括的な考え方の中にSSEというセキュリティ機能が含まれます。

表10-09 SASE/SSEで提供されるDLPの種類

DLPの種類	監視対象チャネル	説明	制御の例
インラインDLP	ネットワークトラフィック（Web、メールなど）	Webサイト、SaaS、生成AI、メールなど、あらゆるネットワーク通信を監視し、機密情報を含むデータが外部に送信されるのを阻止	クレジットカード番号、個人情報、機密文書などのパターンを検出し、ウェブサイトへの書き込み、メール添付、クラウドサービスへのアップロードなどネットワークを通過する通信に対してリアルタイムでブロックまたは警告
エンドポイントDLP	エンドポイントデバイス（PC、スマホなど）	エンドポイントデバイスからの機密情報の不正な持ち出しと外部送信を防止	USBメモリ、プリンタ、クラウドストレージなどの外部デバイスやサービスへの機密情報のコピー、印刷、アップロードを検出し、ブロックまたは制限
Email DLP	電子メール	メール本文、添付ファイル、ヘッダー情報などを詳細に分析し、機密情報を含むメールの送信を制御	特定のキーワードやパターンを含むメール、特定の種類の添付ファイル、特定の宛先へのメールなど、メールに特化したより詳細なポリシーに基づき情報漏洩を防止
アウトオブバンドDLP	クラウドサービス（SaaS、IaaS）	クラウド環境に保存された機密データの保護と、不正なアクセス・共有の防止	クラウドサービス（SaaS、IaaS）上のデータをAPI連携で常時監視し、機密情報の外部共有や不正なアクセスを検出し、自動的に共有停止や警告・ブロックなどの措置を講じる

確認問題

Q1 ウイルス対策ソフトウェアにおいて、コンピューターにウイルスが無いかを確認する処理のことを何と呼びますか？

A1 スキャンまたはウイルススキャンと呼びます。

Q2 パケットフィルタリングを行う際、管理者が設定する条件の集合を何と呼びますか？

A2 ポリシー（またはフィルタリングポリシー）と呼びます。なお、フィルタリングとは「濾過させる」という意味で、条件に基づき通信のアクセス制御を行うことを指します。

Q3 TCP、UDPのポート番号を識別し、プライベートIPアドレスとグローバルIPアドレスとの対応関係を管理することによって、プライベートIPアドレスを使用するLANの複数の端末が、1つのグローバルIPアドレスを共有してインターネットにアクセスする仕組みを何と呼びますか？

A3 NAPT（Network Address Port Translation）です。NAPTはIPマスカレードまたはPATとも呼ばれます。

Q4 ファイアウォールを利用して内部ネットワークから分離し、外部公開サーバーを置いておくセグメントを何と呼びますか？

A4 DMZと呼びます。日本語では「非武装地帯」と訳すことができます。

10-3 境界型セキュリティモデルとゼロトラストモデル

学習の概要
- ☑ 境界型セキュリティモデルを理解しよう
- ☑ ゼロトラストモデルを理解しよう
- ☑ それぞれの考え方の違いを理解しよう

10-3-1 境界型セキュリティモデル

境界型セキュリティモデルは、城壁に囲まれた城のように、信頼できる内部ネットワークと信頼できない外部ネットワークを明確に区別し、境界（ファイアウォールなど）で防御するモデルです。このモデルの成り立ちには、1980年代のCIAトライアド策定とDoDのオレンジブック、そしてその後のインターネットの普及が深く関わっています。

CIAトライアドの策定

1980年代頃から、**10-1-1**で紹介した情報セキュリティの三大基本理念（CIAトライアド）は、情報セキュリティにおける基本原則として、広く認識されるようになりました。当時、アメリカ国防総省（DoD）も、この3つの原則を重視しており、情報セキュリティ対策の指針としていました。

その後、これらの原則は、OECDによる「情報セキュリティに関するガイドライン」や「ISO/IEC 17799（現在はISO/IEC 27002）」などの情報セキュリティマネジメントシステムの規格にも反映されました。

CIAトライアドは、情報資産を保護するための基本的な考え方であり、境界型セキュリティモデルにおいても、これらの原則を満たすことが重要視されました。

DoDのオレンジブック

1985年、DoDはコンピューターシステムのセキュリティ評価基準「TCSEC（通称**オレンジブック**）」を発行しました。

オレンジブックは、システムのセキュリティレベルをD～Aの4カテゴリーに分類し、各カテゴリーに具体的なセキュリティ要件を規定しています。以降オレンジブックは、システムのセキュリティの評価基準となり、政府機関や軍などの機密情報を扱う組織で広く採用されました。

また、オレンジブックの考え方は、民間企業のセキュリティ対策にも影響を与え、境界型セキュリティモデルの普及を促進しました。

インターネットセキュリティの必要性

1990年代以降、企業や組織は、インターネットを利用した外部との接続が不可欠になりました。しかし、「信頼できない」ネットワークであるインターネットを利用する上で、外部攻撃から内部ネットワークを守る必要性が高まってきました。

参考
機密性（*Confidentiality*）、完全性（*Integrity*）、可用性（*Availability*）の3つです。

用語
DoD（*Department of Defense*）

参照
経済協力開発機構（OECD）による制定されました。情報セキュリティに関するガイドラインについては**10-1-1**（262ページ）を参照してください。

用語
TCSEC（*Trusted Computer System Evaluation Criteria*）

PART 10　ネットワークセキュリティを理解しよう

そこで、ファイアウォールなどによって外部からの不正アクセスを遮断し、内部ネットワークを保護する境界型セキュリティモデルが注目されるようになりました。

境界型セキュリティモデルの問題点

最近では、クラウドサービスの利用、モバイルデバイスの普及、テレワークの増加など、IT環境が大きく変化しており、以下のような点から境界型セキュリティモデルの限界が指摘されるようになりました。

- **境界の曖昧化**
  クラウドサービスの普及などでネットワークの境界が曖昧になったため、従来の境界型セキュリティモデルでは内部と外部の明確な区別が困難です
- **内部からの脅威**
  内部不正やマルウェア感染端末による攻撃など、内部からの脅威への対策が不十分です
- **運用管理の負担**
  境界防御のためのセキュリティ対策は運用管理が複雑でコストがかかります

「ISO/IEC 27000:2018」(2018年発行)では、CIAトライアドである3要素の他、4つの要素(真正性、責任追跡性、否認防止、信頼性)が追加されました 表10-10。従来は「社内ネットワークは安全という暗黙の信頼」を前提としているのに対し、より多角的な視点から情報セキュリティを捉える必要性が高まっていることを示しています。

> **用語**
> **内部不正**
> 組織内部の人間が自身の権限を悪用し、意図的に情報漏えいやシステム破壊などの不正行為を行うことです。

> **用語**
> 「暗黙の信頼」により、内部ネットワーク上であればどこへでも自由にアクセスできる状態が発生します。10-2-3のファイアウォールやDMZの説明でいう「内部ネットワーク」に悪意のある人が一度侵入すると、その中を自由に動き回り、重要な情報に簡単にアクセスできてしまうリスクを高めます。また「過剰な権限」と「暗黙の信頼」が組み合わさると、攻撃者が内部に侵入した場合に広範囲にわたって不正行為を実行できるリスクが高まります。

表10-10　ISO/IEC 27000:2018で追加された4つの要素

項目	定義	具体例	重要性
真正性 (Authenticity)	情報の発信源や作成者が本物であることを保証すること。なりすましや偽造を防ぎ、情報の信頼性を確保	クラウドサービスのID・パスワードが漏洩し、第三者が正規ユーザーになりすましてアクセスするケース	デジタル署名(送信者の本人証明と改ざん検知)、認証システム(パスワードや多要素認証とともに本人確認)、メッセージ認証コード(データの改ざん検知)
信頼性 (Reliability)	情報が正確で一貫性があり、期待通りに機能することを保証すること。システムやデータの安定稼働、障害発生時の迅速な復旧などを含む	システム障害により、顧客情報が一時的に閲覧できなくなり、顧客からの信頼を失うケース	データのバックアップ(障害発生時にデータ復元)、システムの冗長化(予備のシステムを準備)、定期的なメンテナンス(システムの安定稼働を維持)
責任追跡性 (Accountability)	誰が、いつ、どのような操作を行ったかを追跡できること。不正行為の抑止、発生時の原因究明、責任所在の明確化に役立つ	内部関係者が、顧客情報を不正に持ち出したものの、ログが残っておらず、犯人を特定できないケース	ログの記録(操作履歴を記録)、アクセス制御(ユーザーのアクセス権限)、監査証跡(変更履歴を記録)
否認防止 (Non-repudiation)	後から「やっていない」と否認できないことを保証すること。電子署名やタイムスタンプなどを用いて、証拠を残すことで実現する	電子契約の締結後、契約者が「契約内容を覚えていない」「契約していない」と主張するケース	電子署名(送信者の本人証明と改ざん検知)、タイムスタンプ(電子データの存在時刻証明)、ログの記録(操作履歴を記録)

「暗黙の信頼」は、情報ガバナンスの観点から見ると、信頼するという理由だけで過剰な権限を付与し、必要以上の操作も可能にするという問題点もあります。例えばシステム管理者がログデータを自由に閲覧や削除できることによって、情

報漏洩が発生したり、不正行為の早期発見を妨げる要因になっています。
これらの問題に対処するため、ゼロトラストモデルでは以下のアプローチを採用しています。

- 最小権限の原則
  ユーザーやデバイスに必要最小限の権限のみを付与します
- 継続的な検証
  アクセスの都度、認証と認可を行います
- 動的なアクセス制御
  コンテキスト（時間、場所、デバイスの状態など）に基づいてアクセス権を動的に調整します

先ほど紹介したISO/IEC 27000:2018で追加された4要素は、上記のうち「継続的な検証」と「動的なアクセス制御」に深く関連しています。例えば、継続的な検証は、誰がアクセスしているのかという「真正性」を確保し、アクセスログを記録することは「責任追跡性」につながります。

従来の境界型セキュリティでは、これらの要素を十分に考慮することが難しかったため、ゼロトラストモデルが注目されています。

10-3-2 ゼロトラストモデル

ゼロトラスト（セキュリティ）モデルは、「すべてのものを信頼しない」という原則に基づき、ネットワークの内部と外部を区別することなく、あらゆるアクセスに対して厳格な認証と認可を行うセキュリティモデルです。

ゼロトラストモデルの歴史

従来の境界型セキュリティモデルの限界については、2000年代初頭から議論されていました。例えば、2004年～2013年の「ジェリコ・フォーラム（Jericho Forum）」という専門家グループが非境界化の必要性を提唱しています。

ゼロトラストモデルの概念が広く知れ渡ったのは、ジョン・キンダーバーグ（John Kindervag）氏による「The Zero Trust Network Architecture」というレポートです。このレポートの中で「内部と外部の区別なく、すべてのトラフィックを信頼せず検証する」という新しいアプローチが提唱されました。

ただし、当時はそれを実現するための技術は存在しておらず、レポート内で紹介されたのは、ハイエンドの次世代ファイアウォール（NGFW）や統合脅威管理（UTM）を社内ネットワークのコアに配置し、内部ネットワークをマイクロセグメント化する「マイクロペリメタ」という概念でした。

その後2018年にチェース・カニンガム（Chase Cunningham）氏によってゼロトラストモデルの概念をさらに発展させた、データ中心のZero Trust eXtended（ZTX）フレームワークが提唱されました。

ZTXは、ネットワーク、ユーザー、ワークロード、デバイス、可視化と分析、

PART 10 ネットワークセキュリティを理解しよう

自動化とオーケストレーションを柱とし、2025年現在のゼロトラストアーキテクチャ（ZTA）に近い概念を提示しています。

2020年8月、米国国立標準技術研究所（NIST）が「Zero Trust Architecture」（NIST SP 800-207）を発行し、正式にゼロトラストモデルの概念を定義します。

NIST SP 800-207は、**ゼロトラストアーキテクチャ**（ZTA）の概念を具現化するためのガイドラインの一つであり、**ソフトウェア定義ペリメータ**（SDP）などの要素技術を包含しています。

また、暗黙の信頼の排除などのゼロトラストモデルの重要概念（表10-11）や、ゼロトラストモデルの7原則を定義しており、その中には「すべてのデバイスを信頼しない」という原則も含まれています。

> **用語**
> 米国国立標準技術研究所（National Institute of Standards and Technology、NIST）
> 商務省傘下の非規制機関で、サイバーセキュリティ分野において重要な役割を果たしている。

参照
https://csrc.nist.gov/pubs/sp/800/207/final

表10-11 ゼロトラストアーキテクチャの重要概念（NIST SP800-207）

重要概念	説明	従来型（境界型）の課題	ゼロトラストによる改善
暗黙の信頼の排除	境界型セキュリティでは、社内ネットワークに接続しているデバイスやユーザーは信頼されていた（「暗黙の信頼」がある）。ゼロトラストでは、社内ネットワークに接続している場合でも、すべてのデバイスとユーザーを信頼せず、常に認証と認可を行う。オフィスに入る際に、社員証を提示してセキュリティゲートを通過するようなイメージ	組織内部ネットワークに侵入されると、内部のシステムやデータへのアクセスが容易になってしまう	内部ネットワークにいても常に認証と認可を要求されるため、仮に攻撃者が侵入しても、被害を最小限に抑えることができる
適応型アクセス制御	ユーザーのアクセス状況（場所、時間、デバイスなど）やリスクレベルといったコンテキスト（背景情報）に応じて、アクセス権限を動的に変更する。例えば、普段は社内からのみアクセスできるファイルに、出張時には自宅のPCからでもアクセスを許可するが、アクセスできるファイルの種類を制限する、といった制御を行う	ユーザーやデバイスの状況に関わらず、一律のアクセス制御しかできないため、セキュリティリスクが高くなる可能性がある	コンテキストに応じてアクセス制御を動的に変更することで、セキュリティリスクを低減することができる
最小権限アクセス	ユーザーには、業務に必要な最小限の権限のみを付与する。例えば、人事部の従業員には、人事情報にのみアクセスを許可し、経理情報へのアクセスは許可しない	過剰な権限を持つユーザーがいる場合、そのアカウントが外部から侵入を受けたり、内部関係者による悪用や誤操作があったりすると、甚大な被害につながる可能性がある	必要最低限の権限のみを付与することで、仮にアカウントが侵害されても、被害を最小限に抑えることができる
継続的な監視と検証	ユーザーやデバイスのアクセス状況、システムのセキュリティ状態などを継続的に監視し、異常を検知した場合には、迅速に対応する。セキュリティカメラでオフィスを監視し、不審な人物が侵入したら警備員が駆けつけるようなイメージ	リアルタイムでの監視や検証が不足しており、攻撃を検知するのが遅れたり、対応が後手に回ったりする可能性がある	継続的な監視と検証により、攻撃を早期に検知し、迅速な対応が可能になる
包括的な可視性	ネットワーク全体で、誰が、どのデバイスから、どのリソースにアクセスしているのかを常に把握する。オフィスのどこに誰がいて、何をしているのかを常に把握できるようなイメージ	ネットワーク内部の可視性が低く、攻撃者の侵入や内部不正に気づきにくい可能性がある	ネットワーク全体の可視性を高めることで、攻撃や不正を早期に発見することができる
セグメンテーションと分離	ネットワークや端末、アプリをセグメントに分割し、各セグメント間のアクセスを制御することで、攻撃の被害を最小限に抑える。オフィスを部門ごとに分割し、他の部門のエリアには入れないようにするようなイメージ	ネットワークやリソースが十分にセグメント化されていないため、攻撃者が一度侵入すると、ネットワーク全体にアクセスできてしまう可能性がある	セグメンテーションによって、仮に一部のセグメントが侵害されても、被害をそのセグメントに限定することができる
リスクベースの認証と認可	ユーザーやデバイスのリスクレベルに応じて、認証の強度や認可の範囲を調整する。例えば、普段と異なる場所からアクセスする場合や、リスクの高いデバイスを使用する場合は、追加の認証を要求する、といった制御を行う。海外からログインする際は、普段よりも厳重な認証を求められるようなイメージ	リスクレベルに応じた認証や認可ができないため、セキュリティリスクが高くなる可能性がある	リスクベースの認証と認可により、セキュリティレベルを動的に調整し、リスクを低減できる

10-3 | 境界型セキュリティモデルとゼロトラストモデル

そして、ポリシー施行ポイント(PEP)とポリシー決定ポイント(PDP)によるポリシー制御によってのみ、リソースへのアクセスを許可するという、より厳格なアクセス制御の仕組みを提唱しました。

NIST SP 800-207では、ゼロトラストアーキテクチャによって、内部ネットワークにおける<u>水平展開</u>(ラテラルムーブメント)を防止し、攻撃対象領域を縮小することで、セキュリティを強化できると明言しています。

2021年、米国 CISA がゼロトラスト成熟度モデルを発表しました。このモデルは、組織がゼロトラストモデルに移行するための段階的なアプローチを提供し、各段階における成熟度レベルを定義することで、組織のゼロトラストモデル導入を支援しています。

2022年、米国国防総省が「Zero Trust Reference Architecture」を発表しました。この文書は、ZTAを組織に導入するための具体的な考え方や方法を詳細に解説しており、データ中心の保護、各柱の機能群の相互関係、従来型モデルの課題、ゼロトラストモデル導入によるメリットなどを網羅しています。

境界型セキュリティからゼロトラストモデルへの移行

ゼロトラストモデルへの移行は、組織のセキュリティ態勢を強化するための重要な取り組みですが、複雑で時間のかかるプロセスを伴います。

先ほど紹介した、CISAのゼロトラスト成熟度モデルや米国防総省の「Zero Trust Reference Architecture」などのフレームワークが、組織の移行を支援するために作成されています。

これらのフレームワークは、ゼロトラストの重要な要素を「柱」として定義しています 表10-12 。

表10-12 ゼロトラストの柱

ゼロトラストの柱	説明
データ	機密データの保護、アクセス制御、暗号化など
ネットワーク	ネットワークのセグメンテーション、マイクロセグメンテーション、ソフトウェア定義ネットワーク(SDN)など
デバイス	デバイスの認証、アクセス制御、セキュリティ状態の監視など
アイデンティティ(ユーザー)	ユーザー認証、多要素認証、アクセス権限管理など
ワークロード(アプリケーション)	アプリケーションのセキュリティ、マイクロサービスの保護など
可視化と分析	ログ分析、セキュリティ情報イベント管理(SIEM)、脅威インテリジェンスなど
自動化とオーケストレーション	セキュリティタスクの自動化、インシデント対応の自動化など

表10-12 に挙げた柱は、ゼロトラストセキュリティを実現するための基盤となります。組織では、これらの柱ごとに現状を評価し、段階的にゼロトラストセキュリティを導入していく必要があります。

またCISAのZero Trust Maturity Modelでは、各柱における成熟度を4段階で定義しています 表10-13 。

用語

水平展開
ラテラルムーブメントとも呼ばれます。攻撃者がネットワーク内に侵入後、標的のシステムやデータに到達するために、ネットワーク内を水平方向に移動する攻撃手法のことです。

用語

CISA
サイバーセキュリティ・インフラストラクチャセキュリティ庁(Cybersecurity and Infrastructure Security Agency)。アメリカのサイバーセキュリティとインフラセキュリティを保護する役目を担っています。

参考

CISA Zero Trust Maturity Model
https://www.cisa.gov/zero-trust-maturity-model

参考

興味深いのは、インターネットの誕生、境界型セキュリティモデルの普及、そして現在のゼロトラストセキュリティモデルの推進のいずれにも米国国防総省(DoD)が深く関わっているということです。DoDが提唱するセキュリティモデルは、民間企業のセキュリティ対策にも大きな影響を与えており、ゼロトラストモデルも今後、民間企業において広く採用されていくことが予想されます。

参考

DoD Zero Trust Reference Architecture
https://dodcio.defense.gov/Portals/0/Documents/Library/(U)ZT_RA_v2.0(U)_Sep22.pdf

PART 10 ネットワークセキュリティを理解しよう

表10-13 ゼロトラストモデルの成熟度

成熟度レベル	段階の概要	説明
従来型（Traditional）	従来の境界型セキュリティモデル	手動プロセスと静的なポリシーが中心。ゼロトラストの概念はほとんど適用されていない
初歩（Initial）	ゼロトラストの概念を部分的に導入する	ID管理や多要素認証などの要素的な対策が導入されはじめる。一部の自動化と中央集中型の可視化が始まる。ゼロトラストの基本的な要素が導入される段階
高度（Advanced）	ゼロトラストの概念をより広範囲に導入する	自動化とオーケストレーションが進み、動的なポリシー更新と柱間の連携が強化される。ゼロトラストの概念が組織全体に適用され始める段階
最適（Optimal）	ゼロトラストを完全に実現する	完全な自動化と動的なポリシー管理。高度な分析と継続的な最適化が行われる。ゼロトラストの原則が組織全体に浸透し、継続的な改善が行われる段階

　ゼロトラストへの移行は、一足飛びに達成できるものではなく、段階的なアプローチが重要です。組織ごとにゼロトラストの各柱の重要性や成熟度は異なるため、自社の特性に合わせて優先順位を決め、最適な移行プランを策定する必要があります。

　例えば、アイデンティティを強化するのであれば、多要素認証の導入やアクセス権限の見直しなどが考えられます 表10-14 。また、すべての組織がすべての柱において「最適」レベルに到達する必要はなく、規模やリスク許容度に応じた現実的な目標設定が求められます。中小企業であれば、まずは重要なデータへのアクセス管理を徹底することから始める、といった目標設定が考えられます。

表10-14 各柱の移行や取り組みの具体例

柱	従来型	初歩	高度	最適
アイデンティティ	パスワードのみの認証	多要素認証(MFA)の導入	リスクベースの認証と適応型アクセス制御	継続的認証とZTNAの完全実装
デバイス	手動のデバイス管理	基本的なEDRの導入	UEMとAdvanced EDRの統合	AI駆動のEndpoint Security with XDR
ネットワーク	大規模なネットワークセグメント	VLANとファイアウォールによる基本的なセグメンテーション	マイクロセグメンテーション、SDP	AIベースの適応型ネットワークセグメンテーションとZTNAの完全統合
データ	基本的な暗号化	データ暗号化、アクセス制御	基本的なデータ分類の導入、DLPの実装、コンテキストアウェアな暗号化	AI活用のデータ分類と保護、ゼロトラストデータアクセス
アプリケーション	定期的な脆弱性スキャン	アプリケーション脆弱性管理	WAFの導入、RASP、DevSecOpsの実践	AIベースの継続的な脆弱性評価とCTEM
可視化と分析	基本的なログ収集	ログ収集、基本的な分析ツール	SIEMの導入、UEBA	AIとMLを活用したXDRとSecOpsの完全統合
自動化とオーケストレーション	手動のセキュリティ対応	基本的なセキュリティオーケストレーション、SOARの導入	高度なSOAR、AIベースの意思決定支援	フルオートメーション、AI活用のセキュリティオーケストレーション

　ゼロトラストは単なる技術の導入ではなく、組織文化やプロセスの見直し、人材育成を含めた包括的な取り組みとして推進することが重要です。

10-3-3　サイバー攻撃対策のフレームワーク

　2011年ごろ、ロッキード・マーチン社によってサイバー攻撃における攻撃者の行動パターンが**サイバーキルチェーン**として体系化されました。これは同社が持つ軍事におけるキルチェーン の概念を応用したものでした。

用語

キルチェーン
敵の攻撃構造を理解して破壊することで自軍を防御する意味の軍事用語です。

10-3 │ 境界型セキュリティモデルとゼロトラストモデル

サイバー攻撃を複数の段階に分け、各段階での攻撃者の行動を理解することで、効果的な検知と対策を行うための手掛かりを示すものです。

2013年にMITRE がMITRE ATT&CK をリリースしました。これは、攻撃者の視点から見たサイバー攻撃の手法や技術に関する知識を提供するフレームワークであり、サイバーキルチェーンよりも詳細な戦術と技法を、攻撃プロセスごとにマトリックス形式でまとめています。

サイバーキルチェーンとMITRE ATT&CKともに、偵察からはじまり、侵入、攻撃の実行(機密データの窃取)といった段階を経て進行します。これらのフレームワークを理解することで、セキュリティ担当者は、攻撃の各段階で適切な対策を講じることが可能になります。

ゼロトラストセキュリティは、サイバーキルチェーンやMITRE ATT&CKで明らかにされた攻撃者の行動パターンを考慮し、多層防御によってリスクを最小限に抑えるように設計されています。

> **用語**
> **MITRE**
> サイバーセキュリティ分野を中心に、政府や企業に対して、研究開発やシステムエンジニアリング、情報技術などの分野で支援を行っている非営利のシンクタンクです。

> **用語**
> **MITRE ATT&CK**(*MITRE Adversarial Tactics, Techniques, and Common Knowledge*)

確認問題

Q1 境界型セキュリティモデルの限界が指摘されるようになった背景には、IT環境の大きな変化があります。クラウドサービスの普及により[❶]があいまいになり、従来のモデルでは内部と外部の明確な区別が困難になりました。また、内部不正やマルウェア感染端末による攻撃といった[❷]への対策も不十分でした。さらに、境界防御のためのセキュリティ対策は運用管理が複雑で、コストもかかるという課題がありました。
従来は「社内ネットワークは安全という[❸]」を前提としていましたが、情報ガバナンスの観点からは、信頼だけで過剰な権限を付与することによる問題点も指摘されています。これらの問題に対処するため、ゼロトラストモデルでは[❹]な検証と動的なアクセス制御といったアプローチを採用しています。

A1 ❶ネットワークの境界、❷内部からの脅威、❸暗黙の信頼、❹継続的が正解です。詳細は286〜287ページの解説を参照してください。

Q2 境界型セキュリティモデルとゼロトラストモデルの主な違いとして、最も適切なものはどれですか？

❶ 境界型セキュリティモデルは外部からの攻撃を防ぐことに重点を置き、ゼロトラストは内部からの攻撃を防ぐことに重点を置く
❷ 境界型セキュリティモデルは内部のユーザーとデバイスを信頼するのに対し、ゼロトラストはすべてのアクセスを検証する
❸ 境界型セキュリティモデルはクラウド環境に適用され、ゼロトラストはオンプレミス環境に適用される
❹ 境界型セキュリティモデルはコストが高く、ゼロトラストはコストが低い

A2 ❷が正解です。境界型セキュリティモデルでは外部からのアクセスはチェックするが、内部に入ればある程度自由になるのに対し、ゼロトラストは、すべてのアクセスを決して信頼せず常に検証するという考え方で運用されます。

Let's Try! 練習問題

解答は別冊15ページ

Q1

インターネット接続用ルーターのNAT機能の説明として、適切なものはどれ
ですか?

❶ インターネットへのアクセスをキャッシュしておくことによって、その後に同じIPアドレ
スのサイトへアクセスする場合、表示を高速化できる機能である
❷ 通信中のIPパケットから特定のビットパターンを検出する機能である
❸ 特定の端末あてのIPパケットだけを通過させる機能である
❹ プライベートIPアドレスとグローバルIPアドレスを相互に変換する機能である

Q2

サービス不能攻撃(DoS)の一つであるSmurf攻撃の特徴はどれですか?

❶ ICMPの応答パケットを大量に発生させる
❷ TCP接続要求であるSYNパケットを大量に送信する
❸ サイズの大きいUDPパケットを大量に送信する
❹ サイズの大きい電子メールや大量の電子メールを送信する

Q3

社内ネットワークとインターネットの接続点にパケットフィルタリング型ファイ
アウォールを設置して、社内ネットワーク上のPCからインターネット上の
Webサーバー(ポート番号80)にアクセスできるようにするとき、フィルタリ
ングで許可するルールの適切な組合せはどれですか?

❶
送信元	あて先	送信元 ポート番号	あて先 ポート番号
PC	Webサーバー	80	1024以上
Webサーバー	PC	80	1024以上

❷
送信元	あて先	送信元 ポート番号	あて先 ポート番号
PC	Webサーバー	80	1024以上
Webサーバー	PC	1024以上	80

❸
送信元	あて先	送信元 ポート番号	あて先 ポート番号
PC	Webサーバー	1024以上	80
Webサーバー	PC	80	1024以上

❹
送信元	あて先	送信元 ポート番号	あて先 ポート番号
PC	Webサーバー	1024以上	80
Webサーバー	PC	1024以上	80

Q4

SSL/TLSを利用することによって実現できるものはどれですか?

❶ クライアントサーバー間の通信の処理時間を短縮する
❷ クライアントサーバー間の通信を暗号化する
❸ ブラウザとWebサーバーの通信の証跡を確保する
❹ メールソフトからWebサーバーへのSMTP接続を可能にする

索 引

数字・記号

2進数	41
2進法	41
3ウェイハンドシェイク	185
7つの階層	59, 68
10BASE2	103
10BASE5	103
10BASE-F	104
10BASE-T	103
10ギガビットイーサネット	106
10進数	41
10進法	41
100BASE-LX	105
100BASE-SX	105
100BASE-T	104
100BASE-TX	104
128ビット	153
128ビット鍵長	131
1000BASE-T	105
4096-QAM	118

A

ACK	180, 186
AES	131
AES-CCMP	132
AH	164
ALOHA NET	112
Amazon EC2	254
Amazon S3	256
AMD	36
ANSI	57
API	236
APNIC	56, 215
ARIN	215
ARP	166
ARPスプーフィング	266
ARPA	20
ARPANET	20
ARPテーブル	167
ARPリクエスト	166
ARPリプライ	167

AS	214
ASCII	64
ASCIIコード	250
ASIC	72
Association ID	120
AS番号	215
Auto MDIX	81
AWS	229
AWS Elastic Beanstalk	253
AWS Lambda	232
Azure Blob Storage	256
Azure Disk Storage	256
Azure Functions	232

B

BASE	103
BBS	25
BGP	215
BITNET	24
BOOTP	169
BROAD	103

C

CCMP	132
ccTLD	244
CDDI	88
CERN	27
CFP	109
CIAトライアド	262, 285
CIDR長	151
CISA	289
Cloud Storage	256
Connection Flood	269
Cookie	73
Core Ultraシリーズ	36
CPU	36
CPU仮想化	257
CSMA	21
CSMA/CD	92, 136
CSMA/MA	114
CSNET	24

293

索 引

D

DaaS	255
DDoS攻撃	267
DHCP	169
DHCPアック	170
DHCPオファー	169
DHCPクライアント	169
DHCPサーバー	169
DHCPスプーフィング	266
DHCPディスカバー	169
DHCPリクエスト	170
DINA	52
DIX規格	22
DLP	283
DMZ	280
DNS	26, 244
DNSサーバー	226
DNSスプーフィング	266
DNSルートサーバー	26
Docker	229, 232
DoD	285
DoS攻撃	266
DPP	132
DRAM	38
DSSS	115
Dynamic RAM	38

E

EAP	130
EAP-MD5	130
EAP-TLS	130
EAP-TTLS	130
EBCDEC	64
EBS	256
EGP	215
EIA/TIA-568	77
EIGRP	216
Email DLP	284
ESSIDステルス	128
EUNet	24
Experimental	55

F

FC	84
FCC	112
FCS	97
FDDI	88
FF:FF:FF:FF:FF:FF	138
FHSS方式	115
FidoNET	25
FIN	181
FNA	52
FQDN	244
fraggle	269
FTP	65

G

GBIC	109
GCP	229
GIF	64
Google Cloud Functions	232
Google Compute Engine	254
gTLD	244

H

HA	263
HDD	39
Historic	55
HTML	19, 27, 235
HTML Living Standard	236
HTTP	65, 237
HTTP/2	239
HTTP/3	239
HTTPS	237
Hub	69

I

IaaS	254
IANA	26, 215
ICANN	26, 56
ICMP Flood	268
IDS	281
IDV	256
IEEE	53, 57, 101
IEEE 802.11	115
IEEE 802.11a	117
IEEE 802.11ac	117

Index

IEEE 802.11ad	115
IEEE 802.11af	115
IEEE 802.11ah	115
IEEE 802.11ax	118
IEEE 802.11ay	115
IEEE 802.11b	117
IEEE 802.11be	118
IEEE 802.11g	117
IEEE 802.11i	131
IEEE 802.11j	115
IEEE 802.11n	117
IEEE 802.1x	130
IEEE 802.3	53, 101
IEEE 802.3ae	102
IEEE 802.3ba	102
IEEE 802.3u	102
IEEE 802.3z	102
IESG	55
IETF	55
IETF標準	55
IGP	215
IGPルーティングプロトコル	216
IGRP	216
Informational	55
Intel	36
interface ID	153
Internet Draft	55
Internet Explorer	27
Internet Protocol	136
InterNIC	26
IP	136
IP Flood	268
IPS	281
IPsec-VPN	274
IPv4	141
IPv4ヘッダー	160
IPv6	141
IPv6アドレス	153
IP-VPN	274
IPアドレス	16
IPアドレス	142
IPスプーフィング	266
IPデータグラム	160
IPパケット	160

IPブロードキャストドメイン	149
IPペイロード	160
IPマスカレード	280
IS-IS	216
ISM	112
ISO	56, 58
ITU	56
ITU-T	56

J

JISC	57
JPEG	64
JPNIC	26, 56
JUNET	25

K〜L

Kubernetes	229, 232
L2TP	274
L2-VPN	274
LAN	77
LAN PHY	107
Land	268
LANケーブル	76
LC	84
Linux	23, 228
LLC副層	101
LSI	40

M

MACアドレス	48, 62
MACアドレス認証	129
MACアドレスのフィルタリング	128
MACフレーム	95
MACブロードキャスト	138
MACヘッダー	179
MAC副層	101
MAN	107
Microsoft Azure	229
Microsoft Azure App Service	253
Microsoft Azure Virtual Machines	254
MIME	250
MITRE ATT&CK	291
MLO	118
MS-DOS	23

295

索 引

MSS	189
MTRJ	84
MU	84
MU-MIMO	118

N

NAPT	280
NAT	147, 278
Neighbor Solicitation	157
Netscape Navigator	27
NIC (Network Information Center)	56
NIC (Network Interface Card)	35
NORSAR	20
NSFNET	25

O

OFDM	117
OFDMA	118
OS	23
OS1	83
OS2	83
OSI基本参照モデル	59
OSI参照モデル	58
OSI参照モデル	140
OSPF	216
OWE	132

P

PaaS	253
PARC	21
PAT	280
PC仮想化	255
PDP	289
PEP	289
Persistent Disk	256
Ping of Death	268
PoE	108
POP	248
POP3	248
POPクライアント	248
POPサーバー	248
PPTP	274
PSH	181

Q〜R

QSFP	109
RAID	264
RAM	37
RARP	168
RARPサーバー	169
RC4	131
Request for Comments	54
RFC	52, 54
RIP	216, 217
RIPE NCC	215
RIPバージョン2	216
RJ-11	76
RJ-45	76
ROM	37
Router#	222
RS-232C	62
RST	181, 187
Ryzen	36

S

SaaS	252
SAE	132
SC	84
SDN	257
SDP	258, 276, 288
SFP	109
SFP+	109
SMTP	65, 247
Smurf	269
SNA	52
SNMP	195
SNS	19
Software as a Service	252
SPF	221
SPFツリー	221
SRAM	38
SSD	39
SSID	120
SSL-VPN	274
ST	84
Standard	55
Static RAM	38

Index

STPケーブル 77
SYN 181, 185
Syn Flood 268

T

TCP 178
TCPコネクション 176
TCPセグメント 178
TCPヘッダー 180
TCPポート番号 183
Tear Drop 268
Time To Live 161
TKIP 131
ToSフィールド 161
TTC 57
TTL 161

U

UDP 195
UDP Flood 268
UDPデータグラム 178, 196
UNIX 23, 227
UPS 229, 263
URG 180
URL 241
URLフィルタリング 282
USENET 24
UTPケーブル 77
UUCP 23

V

VDI 255
VPN 273
VPNコンセントレーター 73
VPNサーバー 227
VRRP 263

W

W3C 57, 236
WAN 73, 107
WAN PHY 107
Web 234
WebSocket 239
Webサーバー 226, 234

Webブラウザ 27, 235
WEP 133
WIDE 25
Wi-Fi 118
Wi-Fi 6E 118
Wi-Fi 7 118
Wi-Fi Alliance 57, 118
Windows Server 227
Windowsファイアウォール 276
WPA 131
WPA2 131
WPA3 132
WWW 27, 234
WWWサーバー 234

X～Z

XFP 109
YouTube 19
Zero Trust Reference Architecture 289
ZTNA 276

あ行

アージェント 180
アイアース 254
アウトオブバンドDLP 284
悪意 263
アクセス制御 127
アクティブアクティブ 263
アクティブスタンバイ 264
アスキーコード 250
アスキーモード 64
アソシエーション 120
アソシエーション応答フレーム 120
アタッカー 265
アック 180
圧縮方式 64
あて先IPアドレス 162
あて先アドレス 96
あて先オプションヘッダー 163
あて先ポート番号 180, 183
アドウェア 270
アドホックモード 113
アプリケーションサーバー 226
アプリケーションレイヤーファイアウォール ... 278

297

索 引

アプリケーション仮想化	255
アプリケーション層	65
アメリカ国防総省	285
荒らし	265
暗号化	127
暗号トンネル	274
暗号ペイロードヘッダー	164
アンチウイルスソフトウェア	272
アンチスパムソフトウェア	273
暗黙の信頼	286, 288
イアース	254
イーサネット	21, 101
イーサネットケーブル	77
イーサネットフレーム	95, 159
イーサネットヘッダー	179
一貫性	262
一般ユーザー	265
イベント駆動型	233
インターネット	14
インターネットVPN	274
インターネットアクセス	14
インターネットレジストリ	147
インターネットワーク制御ブロック	146
インターフェイス	35
インフラストラクチャモード	113
インラインDLP	284
ウイルス	269
ウイルススキャン	272
ウィンドウ	181, 190
ウィンドウサイズ	190
ウィンドウ制御	190
ウェルノウンポート番号	183
運用管理の負担	286
エージング	99, 136
エニーキャストアドレス	156
エニキャスト	153
エラー検出	178
エンジン	272
エンタープライズモード	131
エンドシステム間	61
エンドツーエンド	61
エンドポイントDLP	284
エントリ	205
オートネゴシエーション	104

オーバーラップチャネル	124
オープンシステム認証	129
オクテット	42
オプション	162, 181
オペレーティングシステム	23
オムニアンテナ	126
オレンジブック	285
オンプレミス	229
オンプレミス型	254

か行

改ざん	127, 264, 266
階層化モデル	58
階層構造	243
開放型システム間相互接続	59
拡張子	235
拡張ヘッダー	163
確認応答フィールド有無	180
確認番号	180
カスケード接続	70
仮想回線	63
仮想サーバー	228
仮想侵入検知システム	258
仮想ファイアウォール	258
仮想メモリ	40
カテゴリ5	104
カテゴリ6A	77
カテゴリ7	77
カバレッジエリア	123
カプセル化	158, 165, 179
可用性	91, 262
干渉	124
完全性	262
管理用スコープアドレスブロック	146
キーロガー	270
ギガビットイーサネット	105
機密性	262
キャッシュ	167
キャッシュメモリ	39
キャリアエクステンション	105
キャリアセンス	92, 114
脅威	263
境界型セキュリティモデル	285
境界の曖昧化	286

298

Index

共通鍵認証	129
緊急ポインタ	181
緊急ポインタフィールド有無	180
近隣要請	157
クライアント	185
クライムウェア	270
クラウド	252
クラウドコンピューティング	252
クラウドサーバー	227
クラウドサービス	252
クラウドサービス型	282
クラウドプロバイダー	232
クラスA	144
クラスB	145
クラスC	145
クラスD	145
クラスE	145
クラスタリング	91
クラッカー	265
クラッド部	83
グローバルアドレス	147, 154
クロスオーバーケーブル	79
クロスケーブル	79
継続的な監視と検証	288
経路	201
ゲートウェイ	73, 205
ゲームサーバー	227
研究用アドレス	145
コア	83
コア径	83
攻撃	263
国際電気通信連合	56
国際標準化機構	56
コスト効率	233
コネクション	176
コネクションの終了	186
コネクションの確立	185
コネクションリセット	181
コネクションレス型	176
コネクション管理	178
コネクション型	176
コミュニケーションツール	17
コメントをください	54
コリジョンデテクション	92

コリジョンドメイン	70, 136, 138
コンソールポート	81
コンテナ型仮想化	231, 232
コントロールプレーン	258
コンピューターウイルス	269

さ行

サース	252
サーバー	185, 226
サーバー仮想化	230
サーバーの置き場所	229
サーバーのリソース	229
サーバープラットフォーム	229
サーバーレスアーキテクチャ	232
サーバー管理不要	232
サービス種別	161
最小権限アクセス	288
再送制御	178
サイトツーサイトVPN	274
サイバーキルチェーン	290
サブネット	137
サブネットマスク	149
サブネットワーク部	144
シーケンス図	185
シーケンス番号	178, 180, 186
シールド	77
識別子	161
シグネチャ	272
次世代ファイアウォール	278
事前共通鍵	131
次ヘッダー	163
ジャンボフレーム	106
集線装置	69
収束	217
重複アドレス検知	156
集約可能グローバルアドレス	155
順番制御	178, 187
上位層ヘッダー	164
冗長構成	91, 263
冗長符号	159
情報セキュリティの三大基本理念	262
情報漏えい	265, 266
情報漏えい対策	283
ジョークRFC	55

索 引

ショッピングサイト	18
シリアルインターフェイス	81
自律システム	214
シン	181
シングルモードファイバー	83
信号検出	114
真正性	286
侵入検知システム	258, 281
侵入防御システム	258, 281
信頼性	286
スイッチ	71
スイッチングハブ	72
水平展開	289
スキーム	241
スクリーンロガー	270
スケーラビリティ	232
スター型トポロジー	87
スタッカブルタイプ	69
スタティックルーティング	211
スタティックルート	211, 222
ステーション	87, 93
ステータスコード	120
ステートフルパケットインスペクション	278
ストリーミングサーバー	227
ストレージプール	256
ストレージ仮想化	256
ストレートケーブル	78
スパイウェア	270
スプーフィング	266
スプリットホライズン	219
スペクトラム拡散	112
スマートフォン	14
スライディングウィンドウ	192
スロースタート	192
静的パケットフィルタリング	277
石英	83
赤外線方式	115
責任追跡性	286
セグメンテーションと分離	288
セグメント	70, 136, 158, 178, 179
セション層	63
セッション層	63
セマンティック要素	236
セル	123

ゼロトラストモデル	287
全二重通信	94, 108
層	66
送信元IPアドレス	162, 163
送信元アドレス	96
送信元ポート番号	180, 183
双方向通信	94
ソース	235

た行

ターミナルアダプタ	53
第2レベルドメイン	243
第3レベルドメイン	243
第4レベルドメイン	243
ダイクストラのアルゴリズム	221
ダイナミックルーティング	212
ダイナミックルート	212
タイプ	96
ダイポールアンテナ	126
単方向通信	94
チェックサム	181
チャット	17
チャネル	124
ツイストペアケーブル	22, 76
ディスクレスUNIX	168
ディスタンスベクタ型	216, 217
ティム・バーナーズ・リー	27
データ	96
データオフセット	180
データストリーム	63
データフィルタリング	283
データプレーン	258
データベースサーバー	226
データベース型	282
データリンク層	62
適応型アクセス制御	288
テザリング	33
デシマル	43
デスクトップ型サーバー	228
デフォルトゲートウェイ	208
デフォルトルート	208
デュアルスタック構成	141
電荷	37
転送	247

300

Index

転送強制機能	181
転送速度	103
転送データ終了	181
同期手順	181
同軸ケーブル	82
到達性	91
盗聴	127, 264, 265
動的パケットフィルタリング	277
トークンリングLAN	88
トータル長	161
トップレベルドメイン	243, 244
トポロジー	86
トポロジカルデータベース	221
ドメインネームシステム	26
ドメイン名	26, 243
トラフィッククラス	162
トランシーバー	108
トランスポート層	63, 174
トリガードアップデート	221
トロイの木馬	270

な行

内部からの脅威	286
長さ	96
名前解決	244
なりすまし	127, 264, 266
日本産業標準調査会	57
認証ヘッダー	164
ネームサーバー	244
ネクストホップ	206
ネットワークアドレス	148
ネットワークインターフェイス	35
ネットワークインターフェイスカード	35
ネットワークコントローラー	40
ネットワークスニファ	265
ネットワーク部	144
ネットワーク仮想化	257
ネットワーク層	63
ノード	69, 89
ノンブロードキャストマルチアクセス	90

は行

バージョン	161, 162
パース	253

パーソナルファイアウォール	276
パーソナルモード	131
バーチャルサーキット	63
バーチャルメッシュ	89
ハードウェアアドレス	48
ハードディスク	39
配信	247
バイト	42
バイナリファイル	64
バイナリモード	64
ハイパーバイザー型	230
ハイパーリンク	234
ハイブリッドクラウド	255
ハイブリッド型	216
ハウジング	230
破壊	265
パケット	159, 176
バス型トポロジー	86
ハッカー	265
バックアップルート	212
パッチアンテナ	126
バッファ	189, 190
パディング	93, 162, 181
ハブ	69
ハブアンドスポーク	87
パブリッククラウド	254
パラボラアンテナ	126
半二重通信	94
ピアツーピア型通信	113
ビーコン	120
非オーバーラップチャネル	124
光ファイバー	22
光ファイバーケーブル	83
光ファイバーケーブルコネクタ	84
ビット	42
ビットストリーム	159
秘匿性	262
否認防止	286
ビントン・サーフ	22
ファイアウォール	276
ファイアウォールアプライアンス	277
ファイルサーバー	226
ファイルフィルタリング	283
ファイル名	241

301

索引

ファストイーサネット	104
フィジカルアドレス	48
フィン	181
プールアドレス	169
負荷分散装置	73
輻輳	192
輻輳ウィンドウ	193
輻輳回避	193
不正アクセス禁止法	269
プッシュ	181
物理アドレス	48
物理サーバー	228
物理層	61
物理的なトポロジー	86
太い同軸ケーブル	82
踏み台	265
プライベートアドレス	147
プライベートクラウド	254
フラグメント	161
フラグメントオフセット	161
フラグメントヘッダー	163
ブラックリスト	283
フラッディング	98
プリアンブル	96
ブリッジ	70
フルメッシュ	89
ブレード	77
ブレード型サーバー	228
フレーム	62, 95
フレームバースト	106
プレゼンテーション層	64
プレフィックス長	151
ブロードキャスト	99, 136, 137
ブロードキャストアドレス	148
ブロードキャストドメイン	139
ブロードキャストマルチアクセス	90
フローラベル	163
フロー制御	178
プロキシサーバー	227
プロトコル	52, 162
プロトコルスタック	59
プロバイダー	16, 66
米国規格協会	57
ペイロード長	163

ヘッダー	158
ヘッダーチェックサム	162
ヘッダー長	161
ヘッドオブラインブロッキング	239
ベル研究所	23
ベンダーコード	49
変調方式	103
ポイズンリバース	220
ポイントツーポイント	90
ポイントツーマルチポイント	90
包括的な可視性	288
ポート	69, 204
ポート番号	175, 183
ポール・バラン	20
ホールドダウンタイマー	221
ホスティング	230
ホステッド型	254
ホストOS型	230
ホスト部	144
ホスト名	241
細い同軸ケーブル	82
ホップ	206
ホップバイホップオプションヘッダー	163
ホップ数	216
ホップ制限	163
ボブ・カーン	22
ポリシー	277
ポリシー決定ポイント	289
ポリシー施行ポイント	289
ホワイトリスト	282

ま行

マークアップ言語	19
マルウェア	270, 283
マルチアクセス	92
マルチキャスト	99, 153
マルチキャストアドレス	146, 155
マルチキャストグループ	146
マルチモードファイバー	83
マンマシンインターフェイス	66
無線LAN	112
無線LANアクセスポイント	113
無線LANメッシュネットワーク	114
無停電電源装置	263

Index

迷惑メール	265
メインメモリ	37
メーラー	246
メール	17
メールアドレス	246
メールサーバー	226
メッシュ	89
メッシュ Wi-Fi	114
メッシュ型トポロジー	89
メディア	92
メトリック	207
メトリック値	217
モザイク	27
文字コード	64
モバイルルーター	33

や行

ヤース	254
八木アンテナ	126
ユーザー認証	127
ユーザー名	246
ユニークローカルアドレス	154
ユニキャスト	99, 138, 153
予約	180

ら～わ行

ラックマウント型サーバー	228
ラテラルムーブメント	289
リアルタイム性	195
リスク	263
リスクベースの認証と認可	288
リセット	181
リダンダント	91
リピーター	69
リプレイ攻撃	132
リモートアクセス VPN	274, 275
利用可能性	262
リロード攻撃	269
リンク	32, 89
リンクステートアルゴリズム	221
リンクステート型	216, 221
リンクローカルアドレス	154
リング型トポロジー	88
ルーター	72, 201, 210

ルータアドバタイズメント	157
ルーター広告	157
ルーティング	201
ルーティングエントリ	205, 217
ルーティングテーブル	204
ルーティングプロトコル	214
ルーティングヘッダー	163
ルーティングループ	218
ルート	201
ルート DNS サーバー	245
ルートキット	271
ルートポイズニング	220
レイヤー	66
レイヤー3スイッチ	72
レイヤー4	174
レジストラ	243
ローカル DNS サーバー	245
ローカルリンク制御ブロック	146
ロードバランサー	73
ロールオーバーケーブル	80
ロバート・メトカフ	21
論理アドレス	63
論理的なトポロジー	86
ワーム	269

303

著者プロフィール

三輪 賢一（みわ けんいち）

高専での卒論テーマ「STM (Scanning Tunneling Microscope；走査型トンネル顕微鏡)」のソフトウェア開発を、Synchronous Transfer Modeと間違われ、ATM交換機のソフトウェア開発部門に配属される。ATM交換機上のTCP/IPモジュール開発を経験。その後20年以上にわたり、シリコンバレーのネットワーク機器、セキュリティ、SaaSベンダーのプリセールスエンジニアとして通信事業者や大手企業向けにネットワーク機器やセキュリティソリューションの提案、構築、運用サポート業務に従事。

主な著書に『かんたんネットワーク入門』、『プロのための[図解]ネットワーク機器入門』（ともに技術評論社）がある。

カバーデザイン
クオルデザイン

本文デザイン＆DTP
五野上 恵美

編集担当
春原 正彦

技術評論社ホームページ
https://gihyo.jp/book/

お問い合わせについて

● ご質問は本書に記載されている内容に関するものに限定させていただきます。本書の内容と関係のないご質問には一切お答えできませんので、あらかじめご了承ください。

● 電話でのご質問は一切受け付けておりませんので、FAXまたは書面にて下記までお送りください、また、ご質問の際には書名の該当ページ、返信先を明記してくださいますようお願いいたします。

● お送りいただいたご質問には、できる限り迅速にお答えできるよう努力いたしておりますが、お答えするまでに時間がかかる場合がございます。また、回答の期日をご指定いただいた場合でも、ご希望にお答えできるとは限りませんので、あらかじめご了承ください。

問い合わせ先
〒162-0846
東京都新宿区市谷左内町21-13
株式会社技術評論社　書籍編集部
[改訂第5版]　TCP/IPネットワーク ステップアップラーニング　質問係
[FAX] 03-3513-6167
[URL] https://book.gihyo.jp/116

※ご質問の際に記載いただきました個人情報は、回答後速やかに破棄させていただきます。

[改訂第5版]
TCP/IPネットワーク　ステップアップラーニング

2003年 1月 6日　初　版　第1刷発行
2025年 5月 9日　第5版　第1刷発行

著　者	三輪 賢一（みわ けんいち）	
発行者	片岡 巌	
発行所	株式会社 技術評論社	
	東京都新宿区市谷左内町21-13	
	電話　03-3513-6150　販売促進部	
	03-3513-6160　書籍編集部	
印刷／製本	TOPPANクロレ株式会社	

定価はカバーに表示してあります。

本書の一部または全部を著作権法の定める範囲を超え、無断で複写、複製、転載、テープ化、ファイルに落とすことを禁じます。

©2025　ウエルシス株式会社

造本には細心の注意を払っておりますが、万一、乱丁（ページの乱れ）や落丁（ページの抜け）がございましたら、小社販売促進部までお送りください。送料小社負担にてお取り替えいたします。

ISBN978-4-297-14826-3　C3055
Printed in Japan

解答/解説集

本「解答/解説集」には、各章の最後にある「練習問題」の解答と解説を掲載されています。
答え合わせをするだけでなく、解説を熟読することで確かな知識を身に付けることができるはずです。
間違ってしまった問題については、該当する本文に立ち戻って理解を深めた後に、再度練習問題にチャレンジしてみるなどして、本書を十分に活用していきましょう。

 矢印の方向に引くと、取り外すことができます！

改訂第5版　TCP/IPネットワークステップアップラーニング

PART 1　練習問題解答

本書30ページ

Q1

解答　**1,000倍**

解説　コンピューターや通信の世界では情報量をビットという単位で表しますが、大きな値は接頭辞が付けられます。接頭辞は1,000倍ごとに変わります。1ビットの1,000倍が1K（キロ）ビット、1K（キロ）ビットの1,000倍が1M（メガ）ビット、1M（メガ）ビットの1,000倍が1G（ギガ）ビット、1G（ギガ）ビットの1,000倍が1T（テラ）ビットです。

Q2

解答　**イーサネット**

解説　イーサネット開発当初は2.94Mbpsの通信速度でしたが、現在では10Mbps、100Mbps、1Gbps、10Gbpsという速度が使われます。

Q3

解答　**TCP**

解説　TCP/IPのTCPのことで、Transmission Control Protocolの略です。現在、多くのアプリケーションがインターネット上でTCPを利用しています。

Q4

解答　**WWW**

解説　WWW（*World Wide Web*）はWeb（ウェブ）と呼ばれることが多いです。ハイパーテキストシステムとも呼ばれ、HTML（*Hyper Text Makeup Language*）という言語を使ってページを記述します。

Q5

解答　**JPNIC（ジェーピーニック）**

解説　日本においてIPアドレスやドメインネームの管理を行う機関をJPNIC（Japan Network Information Center）と呼びます。正式名称は、「一般社団法人日本ネットワークインフォメーションセンター」です。

解答／解説集

PART 2　練習問題解答
本書50ページ

Q1

解答 インターフェイス（またはネットワークインターフェイス）

解説 インターフェイスとはパソコンを外部に接続するための端子接続部のことです。ネットワークに使用されるインターフェイスを特にネットワークインターフェイスと呼びます。

無線LANでは電波を送受信するモジュールのことを無線インターフェイスと呼ぶこともあります。そのほか、赤外線接続のIrDA、省電力無線のBluetoothといったインターフェイスもあります。

Q2

解答 1139

解説
$$0x473 = 4 \times 16^2 + 7 \times 16^1 + 3 \times 16^0$$
$$= 4 \times 256 + 7 \times 16 + 3 \times 1$$
$$= 1024 + 112 + 3$$
$$= 1139$$

16進数を10進数で表すときも2進数のときと同様に係数を使って計算すればよいです。詳しくは46ページを参照してください。

Q3

解答 1100100

解説 44ページで求めた手法と同じやり方を行うと、次のようになります。

```
100 ÷ 2 = 50    余り 0
 50 ÷ 2 = 25    余り 0
 25 ÷ 2 = 12    余り 1
 12 ÷ 2 =  6    余り 0
  6 ÷ 2 =  3    余り 0
  3 ÷ 2 =  1    余り 1
  1 ÷ 2 =  0    余り 1
```

下から読んでいくと"1100100"となります。

3

改訂第5版 TCP/IPネットワークステップアップラーニング

Q4

解答 123

解説 64 + 32 + 16 + 8 + 2 + 1 = 123
となります。詳しくは44ページを参照してください。

Q5

解答 10ビット

解説 ある事象を表現するために必要なビット数のことを「情報量」と呼びます。情報量は2進数で何桁になるかと同義です。10進数の830を2進数で表現すると"0b1100111110"と10桁になるので、この情報量は10ビットであると言えます。
このような大きい数は、2進数ではなくまず16進数に変換すると早いです。

$$830 ÷ 16 = 51 \cdots 14 \cdots ①$$
$$51 ÷ 16 = 3 \cdots 3 \cdots ②$$
$$3 ÷ 16 = 0 \cdots 3 \cdots ③$$

10進数を2進数に変換したときと同様に、割り算の商が0になるまで16で割っていきます。これを上の場合3から1へと読んでいくと3, 3, 14となります。14は16進数で"E"ですので、

$$830 = 0x33E$$

となります。16進数は2進数4桁に対応し、0x3 = 0b0011、0xE=0b1110 であるため、0x33Eは0b 0011 0011 1110となります。先頭の0は省略できるため、10桁で表現できます。
また、情報量は $\log_2 N$ でも求められます。「$\log_2 830 = \log_{10} 830 / \log_{10} 2 = 9.69 \cdots$」となり、これを小数点以下繰り上げたものが必要となる情報量になります。

解答／解説集

PART 3　練習問題解答

本書74ページ

Q1

解答 **物理層**

解説 物理層については61ページを参照してください。

Q2

解答 **ブリッジ**

解説 ブリッジはLAN（コリジョンドメイン）同士の橋渡しを行う装置です。実際には複数の
ブリッジを使うことが多いため、スイッチングハブ（レイヤー2スイッチ）を使って
LAN間接続を行います。

Q3

解答 **❸**

解説 OSI参照モデルのどのレイヤーに、どの機器が対応するか覚えておきましょう。
レイヤー1（物理層）→リピーター、ハブ（リピーターハブ）
レイヤー2（データリンク層）→ブリッジ、スイッチ（スイッチングハブ）
レイヤー3（ネットワーク層）→ルーター、レイヤー3スイッチ
レイヤー4（トランスポート層）以上　→ゲートウェイ

Q4

解答 **❸**

解説 ❶のゲートウェイは、主にトランスポート層以上での中継を行う装置で、異なったプロ
トコル体系のネットワーク間の接続などに用いられます。❷のブリッジはMACアドレ
スを基にしてフレームを中継します。❹のルーターはIPアドレスを基にしてフレーム
（IPパケット）を中継します。

Q5

解答 **RFC**

RFCは *Request for Comments* の略で、インターネットに関するさまざまな情報が記され
ています。詳しい制定方法は、52ページを参照してください。

5

改訂第5版　TCP/IPネットワークステップアップラーニング

PART 4　練習問題解答

本書110ページ

Q1

解答 ❷

解説 1000BASE-Tの"-T"は媒体種別のことで、これはツイストペアケーブル（UTP）を指します。また、伝送用により対線を4組（4対）使用します。

Q2

解答 ❷

解説 ❷がCSMA/CDの動作になります。❶はトークンパス方式、❸はトークンリング方式、❹はTDMA（*Time Division Multiple Access*; 時分割多重）方式の説明になります。

Q3

解答 ❷

解説 接続するネットワーク機器によってストレートケーブルを使うかクロスケーブルを使うか異なります。同じ種類の機器同士を接続するときはクロスケーブルを使います。スイッチとハブというグループ、ルーターとパソコンというグループを作って、別のグループにある機器間をつなぐときはストレートケーブルを使います。

Q4

解答 ❷

解説 100BASE-TXの伝送速度は100Mbpsです。UTPケーブルはカテゴリ5以上を使う必要があります。カテゴリ3は10Mbpsまでの伝送という基準なので、10BASE-Tであれば使えます。100BASE-TXの"BASE"はBaseband変調方式を意味します。また、最大ケーブル長は100mです。この最大ケーブル長は10BASE-T、1000BASE-Tも同様です。

Q5

解答 ❶

解説 95ページの 図4-27 のように、プリアンブルはフレームの先頭に置かれる同期確立用の制御信号です。❷はFCS（*Frame Check Sequence*）です。❹のような、フレームの長さを調整するものとして、イーサネットフレームのデータ部が46オクテット未満の場合に、最後に0の羅列を付加して46オクテットにするパディングという処理があります。

解答／解説集

PART 5　練習問題解答 （本書134ページ）

Q1

解答 ❹

解説 IEEE802.11gでは13個のチャネルが利用でき、干渉しないで利用できるチャネルは3つです。例えば、1ch、6ch、11chの組み合わせが利用可能です。IEEE802.11bの場合、1ch、6ch、11ch、14chという組み合わせを使うことで4つのチャネルを干渉せずに利用できます。詳しくは123ページの 図5-10 および124ページの 図5-11 を参照してください。

Q2

解答 ❷

解説 ❶のCDMA（*Code Division Multiple Access*; 符号分割多重アクセス）と❹のFDMA（*Frequency Division Multiple Access*; 周波数分割多重アクセス）は携帯電話などの無線通信に使われる方式です。❸のCSMA/CDはイーサネットで使われるアクセス方式です。

Q3

解答 ❸

解説 WPA2ではAES（*Advanced Encryption Standard*）をベースにした暗号方式で無線通信フレームを暗号化します。WPAのAESでは128ビットの暗号化鍵を使用します。

Q4

解答 ❷

解説 IEEE 802.1Xではパソコンをサプリカント、アクセスポイントをオーセンティケータと呼び、認証サーバーとしてRADIUSサーバーが利用されます。アクセスポイント（オーセンティケータ）がRADIUSクライアントとなり、RADIUSサーバー間とRADIUSプロトコルによって認証通信を行います。

7

解答 ❹

解説 ❶のEAPを使うのはIEEE802.1Xによるユーザー認証を行う場合です。ESS-IDとWEPを使うのは共有鍵認証です。
❷ですが、WEPの暗号化鍵の長さは40ビットまたは104ビットです。
❸のローミングとは、場所を移動することで同じESS-IDを持つ別のアクセスポイントに接続することです。このとき、ESS-IDの照合は必須で、行わなければアソシエーションができません。MACアドレス認証はオプションで、無線クライアントがESS-IDを使ってアクセスポイントにフレームを送ってきたとき、その送信元がアクセスポイントに登録されたMACアドレスでなければ応答しないようにします。

解答／解説集

PART 6　練習問題解答

本書172ページ

Q1

解答　ルーター

解説　データリンク層ではブロードキャストはMACアドレスでFF:FF:FF:FF:FF:FFと表現されます。そのため、スイッチはすべてのポートにブロードキャストを送るしかありません。ネットワーク層ではブロードキャストはIPアドレスで表現され、サブネットごとに異なります。

Q2

解答　クラスC／ネットワークアドレスは192.168.1.0

解説　192.168.1.1は192.0.0.0〜223.255.255.255の範囲なのでクラスCです。また、IPアドレスの先頭8ビットを見ると11000000で、最初の3ビットが110ということからもクラスCだとわかります。
クラスCはネットワーク部は24ビットなので、ネットワークアドレスは192.168.1.0となります。ネットワークアドレスとは、ホスト部をすべて0にしたものと同じになります。

Q3

解答　❶、❸、❹

解説　❶ 10.1.2.3のネットワークアドレスは10.0.0.0です。クラスAのネットワーク部は8ビット、ホスト部は24ビットです。
❷ アドレス187.22.33.5はクラスBなので、ネットワーク部もホスト部も16ビットです。
❸ アドレス224.0.0.1はクラスDです。
❹ クラスBはホスト部が16ビットなので$2^{16} = 65,536$個のアドレスが割当て可能です。しかし、ホスト部がすべて0のものはネットワークアドレスとして、また、ホスト部がすべて1のものはブロードキャストアドレスとして用いられるため、$65,536 - 2 = 65,534$台のホストが最大数となります。

9

Q4

解答 27ビット

解説 10.0.0.0のネットワークは通常のクラスAで考えるとホスト部が24ビットあるので、約1,677万台ものホストが接続できることになります。
今回、20台だけ接続したいので、20 = 0b10100、つまり5ビットだけホスト部があれば足ります。つまり、サブネットマスクに27ビット（= 32-5）を割当てればよいです。
10.0.0.0/27というネットワークで、ブロードキャストアドレスは10.0.0.31になります。

Q5

解答 ❹

解説 IPv6のマルチキャストアドレスは156ページの 図6-26 のように、先頭8ビットがすべて1で、FF00::/8というプレフィックスで表されます。また、他にアドレス識別用のフラグとマルチキャスト通信範囲を示すスコープ（*Scope*）を持ち、group IDにてマルチキャストグループを識別します。

Q6

解答 ❶

解説 ARPはIPアドレスからMACアドレスを取得するためのプロトコルです。❷は誤りの種類にもよりますが、パケット内のデータ誤りであればCRCという手法で、またネットワークの端末間で再送制御を含めた誤り制御というとTCPが使われます。
❸は*Part 7*で説明するルーティングプロトコルの1つであるRIPの説明です。❹はDHCPの説明です。

Q7

解答 ❹

解説 問題の説明と一致するプロトコルはRARPです。❶のARPはIPv4アドレスからMACアドレスを解決するためのプロトコル、❷のDHCPはIPアドレス以外のさまざまな情報をサーバーから取得するプロトコルです。❸のDNSはドメイン名からIPアドレスを解決するためのプロトコルです。

PART 7 練習問題解答

本書198ページ

Q1

解答 ❶

解説 制御ビットは次の意味になります。

URG (*Urgent Pointer field significant*、緊急ポインタフィールド有無)
ACK (*Acknowledgment field significant*、確認応答フィールド有無)
PSH (*Push Function*、転送強制機能)
RST (*Reset the connection*、コネクションリセット)
SYN (*Synchronize sequence numbers*、同期手順)
FIN (*No more data from sender*、転送データ終了)

Q2

解答 ❶、❸

解説 シーケンス番号はオクテット単位で、データセグメント中の位置を示します。
シーケンス番号は最初、ランダムに生成されます。例えば、Snifferなどの解析ツールを使って見てみると、838515901という値のシーケンス番号の次に、838517361というシーケンス番号が使われている場合があります。このとき、差し引き1,460バイトが1つのフレームで送信されたTCPセグメントとなるのです。
また、ウィンドウサイズもTCPヘッダー上でオクテット単位の値として表現されます。ウィンドウはフロー制御で使うもので、この大きさというのは、エンドツーエンドでバッファリング可能なサイズということになります。このサイズ内であれば、一気に送信可能です。ちなみに、データオフセットはワード単位、チェックサムは16ビットで特に単位があるわけではありません。

Q3

解答 ❸

解説 TCPでは受信側からACKが返ってこない場合、経路途中でデータが破棄されてしまったと見なして、送信側で再送制御を行います。
❶はネットワーク層でなくトランスポート層の機能です。❷のウィンドウ制御はバイト単位で行われます。❹ですが、TCPではシーケンス番号という順序番号を持つため、受信したTCPセグメントの順番がばらばらであっても処理可能です。

Q4

解答 ❸

解説 186ページの 図7-07 のように、SYNに含まれるシーケンス番号に1を加えたものがACKの確認応答番号となります。したがって、Aは順序3のACKの確認応答番号（22223）から1を引いた値（22222）、Bは順序1のSYNのシーケンス番号（11111）に1を加えた値（11112）となります。

PART 8　練習問題解答　　　本書224ページ

Q1

解答 ❶、❹

解説 OSPFはAS（*Autonomus System*）内部で動くIGP（*Interior Gateway Protocol*）です。

Q2

解答 SPFアルゴリズム（Shortest Path First）、またはリンクステートアルゴリズム、ダイクストラアルゴリズム

解説 本書ではリンクステート型のルーティングプロトコルについてあまり詳しく触れていません。それだけで本が1冊書けてしまうくらい内容の濃いルーティングプロトコルなのです。基本的な用語だけでも抑えておきましょう。

Q3

解答 ❸

解説 ディスタンスベクタ型のルーティングプロトコルはルーティング情報を隣接ルーターから収集します。

Q4

解答 ❶

解説 ルーティングループが発生してしまうといつまでたってもデータが目的地まで到達できなくなるので、確実に避けなければなりません。
特にディスタンスベクタ型のルーティングプロトコルでは隣のルーターからしか情報をもらえないため、いくつかの技術を使ってルーティングループを防ぐのです。

解答／解説集

解答 ❸

解説 ルーティングプロトコルにはいくつか種類があり、その目的やネットワークの規模によって使われ方が異なります。RARPはルーティングプロトコルでなく、MACアドレスからIPアドレスを取得するためのプロトコルです。

解答 ❷

解説 RIPのメトリック（ルーティングに使用する指標）はホップ数です。あて先までが最小ホップ数のルートを選択します。IGRPやEIGRPは伝送遅延をメトリックの一部とします。OSPFは帯域（つまり回線速度）がメトリックになります。

PART 9　練習問題解答

本書260ページ

Q1

解答 ❹

解説 URLのスキームがhttpsとなっているので、WebブラウザはHTTPS（*HTTP over SSL*）プロトコルでサーバーと通信します。HTTPSで使われるポート番号は443番です。"index.cgi?port = 123"は、HTTPサーバー上のindex.cgiというプログラムに対して、portというパラメータに123を渡す、という意味でTCPポート番号とは無関係です。

Q2

解答 ❶、❷、❹

解説 236ページの 表9-01 に主なスキームの種類としてアプリケーション層プロトコルが記載されています。FQDNはドメイン名についてすべてのレベルが表記されたものになります。

Q3

解答 ❸

解説 POP3はメールを受信するためのプロトコルです。❶はRADIUS、❷と❹はSMTPの説明です。

Q4

解答 URL
http:はHTTPプロトコルを使ったアクセスをすることを意味します。

解説 http:をスキームと呼び、これにスラッシュ（/）が2つとFQDN（*Fully Qualified Domain Name*）の組み合わせをURLと呼びます。また、FQDNをドットで区切った1つ1つをドメイン名と呼びます。実際の名称の定義と普段使っている単語の間に少々ギャップがある場合もあるので注意しましょう。

Q5

解答 ❸

解説 パブリッククラウドでは組織内に専用のクラウド環境を用意しなくてよく、必要な時に必要なだけ自由にサーバーやソフトウェアなどのリソースを使用できます。

解答/解説集

PART 10 練習問題解答

本書292ページ

 ❹

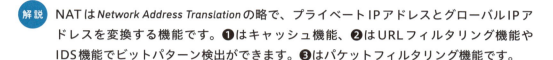 NATは *Network Address Translation* の略で、プライベートIPアドレスとグローバルIPアドレスを変換する機能です。❶はキャッシュ機能、❷はURLフィルタリング機能やIDS機能でビットパターン検出ができます。❸はパケットフィルタリング機能です。

 ❶

解説　268ページの 表10-05 にあるように、Smurf攻撃は送信元アドレスに攻撃先アドレスを設定したICMP Echo Requestをブロードキャストアドレス宛に送信することで帯域を消費させる攻撃です。
❷はSYN flood、❸はUDP flood、❹はスパムメールの説明です。

Q3

 ❸

解説　許可したい通信について、送信元と宛先のポート番号の組み合わせがわかればよいです。PC(クライアント)からWebサーバーへの通信は、宛先ポート番号が80番(HTTP)で、送信元はウェルノウンポート以外を使うので1024番以上となります。サーバーからクライアント方向ではその逆の組み合わせになり、送信元ポート番号が80番、宛先ポート番号が1024番以上となります。この組み合わせのTCPコネクションが通過する場合はファイアウォールで許可され、それ以外のTCPコネクションは破棄されます。

 ❷

解説　SSL (*Secure Sockets Layer*) も TLS (*Transport Layer Security*) もセッション層で通信を暗号化し、クライアントとサーバー間のアプリケーションデータを暗号化します。SSLはもともとネットスケープ社によって開発されましたが、その後IETFがTLSとして標準化しました。クライアントとWebサーバー間ではHTTPS (*HTTP over SSL*) が使われます。

15